쉽/게/ 배/우/는
MS Project
프로젝트 관리

MS Project

쉽/게/배/우/는 MS Project 2024 프로젝트 관리

저 자	안재성
초판 1쇄 인쇄	2025년 3월 5일
초판 1쇄 발행	2025년 3월 5일

관련도서

쉽게 배우는 MS Project 2003	2006년 2월 20일 발행
쉽게 배우는 MS Project 2007	2007년 3월 23일 발행
쉽게 배우는 MS Project 2013	2014년 3월 01일 발행
쉽게 배우는 MS Project 2016	2017년 9월 15일 발행
쉽게 배우는 MS Project 2019	2021년 7월 15일 발행

발 행 처	JSCAMPUS
발 행 인	안재성
기 획	JSCAMPUS
편 집	JSCAMPUS
제 작	영신사

등 록 번 호	제974712호
등 록 일 자 ·	2021년 5월 15일

출판사업부 02)538-0931, 이메일 : jsc@jscampus.co.kr

글·그림 저작권 JSCAMPUS
이책의저작권은 저작권자에게 있습니다. 저작권자와 출판사의 허락 없이 내용
의 일부를 인용하거나 발췌하는 것을 금합니다.

★책값은 뒤표지에있습니다.

ISBN 979-11-974712-1-6

JSCAMPUS는독자여러분을 위한좋은책만들기에 정성을 다하고있습니다

MS Project

안 재 성 지음

쉽/게/배/우/는 MS Project 프로젝트 관리

서문

MS PROJECT는 프로젝트 관리 업무에 매우 유용한 툴입니다. 그러나 많은 사람들은 MS PROJECT가 업무에 반드시 필요함에도 불구하고 사용법이 어려워 쓰지 못하는 경우가 많이 있었습니다. 그런 분들께 도움을 드리고자 이 책을 출간하였습니다.

MS PROJECT는 MS EXCEL에 비교하면 기능 측면에서 단순하고 간단한 툴입니다. 그런데 왜 많은 사람들은 MS EXCEL에 비해 MS PROJECT가 사용하기 어렵다고 생각할까요? 그 이유는 MS EXCEL을 사용할 때에는 관련된 수학 이론을 이미 알고 있는 상태이기 때문에 쉽게 느끼며 사용할 수 있는 것입니다. 만일 수학적 기초 지식이 없는 사람에게 MS EXCEL을 쓰라고 한다면 너무 어렵게 느끼고 전혀 사용할 수 없는 경우가 대부분일 것입니다.

이와 마찬가지로 MS PROJECT 역시 프로젝트 관리 이론을 이해하여야만 사용할 수 있는 툴입니다. 많은 사람들이 MS PROJECT를 사용하기 어려워하는 가장 핵심적인 이유는 MS PROJECT의 구현 기능이 어려운 것이 아니라, 프로젝트 관리 이론을 제대로 이해하지 못하기 때문인 것입니다.

이점에 착안하여 이 책을 집필 하였습니다.

이 책을 쓰면서 최대한 프로젝트 관리 이론을 쉽게 설명하려 노력하였고, 꼭 필요한 기능 위주로 자세히 기술하였습니다. 또한 MS PROJECT의 사용법을 독자분들에게 쉽게 알려드리기 위해 MS PROJECT MAP을 제공하여 지도를 보며 원하는 곳을 가는 방식으로 설명하였습니다. 이 책에서 제공한 MS PROJECT MAP을 따라가다 보면 원하는 목표 즉, MS PROJECT 사용법을 자연스럽게 익힐 수 있을 것입니다.

아무리 좋은 장비도 쓰기가 어려워 사용하지 못한다면 고철 덩어리에 불과할 것입니다. 많은 분들이 이 책을 통하여 MS PROJECT 사용법을 쉽게 습득하여 효율적으로 업무에 활용하셨으면 합니다.

이 책을 보시는 모든 분들의 성공적인 프로젝트 수행을 기원합니다.

목차

Part 1
MS Project 개요

OO1

▌ MS Project를 활용하는 프로젝트가 늘어나는 이유　　03

　Chapter　1. 간단한 MS Project 사용법　　05
　　1.1 Microsoft Project 소개　　07
　　1.2 Microsoft Project 화면 구성　　09
　　1.3 작업 시간　　10
　　2.1 MS Project 사용 절차　　15

　정리하기　　27

Part 2
계획 수립

O29

▌ MS Project 계획 수립하기　　31

　Chapter　2. 기본 정보 설정　　33
　　1.1 달력 정의　　35
　　1.2 Project calendar, Task calendar, Resource calendar　　35
　　2.1 달력 만들기　　39

Chapter 3. WBS 작성   49
   1.1 WBS(Work Breakdown Structure) 개요   51
   1.2 WBS 작성 절차   52
   1.3 WBS 분해(WBS decomposition)   53
   2.1 WBS 작성   58
   2.2 WBS 보기   63
   2.3 WBS 변경   64

Chapter 4. 작업 기간 설정   65
   1.1 작업 기간의 개념   67
   1.2 작업 기간 산정   69
   2.1 작업 시간 열 삽입하기   72
   2.2 작업 종류 설정   74
   2.3 기간 고정하기   76

Chapter 5. 작업 연관관계 정의   81
   1.1 연관관계 정의   83
   1.2 지연(Lag) 시간과 선행(Lead) 시간   85
   2.1 연관관계 설정 및 삭제   87
   2.2 지연(Lag) 시간과 선행(Lead) 시간 설정   90

Chapter 6. 자원 정의   93
   1.1 자원의 개념   95
   2.1 자원 입력   98

Chapter 7. 자원 배정   109
   1.1 자원 배정   111
   1.2 자원 배정 평준화   111
   2.1 자원 배정하기   114
   2.2 자원 배정 세부 관리   118
   2.3 자원 정보, 배정 정보, 작업 정보와의 상호 연관성   124

2.4 자원 배정 평준화   126

2.5 창 나누기를 통한 자원 배정 현황 보기   134

Chapter 8. 작업 제한 설정   137

1.1 작업 제한   139

2.1 작업 제한 설정   143

2.2 마감일 설정   150

2.3 되풀이 작업 설정   152

2.4 중요 시점 삽입   153

Chapter 9. 초기 계획 수립   155

1.1 초기 계획(Baseline) 개념   157

1.2 WBS 유지 관리 방법   159

1.3 초기 계획 변경   161

1.4 초기 계획 버전 관리   162

2.1 초기 계획 관리   166

2.2 초기 계획 변경   167

2.3 초기 계획 삭제   169

2.4 초기 계획 버전 관리   170

정리하기   172

Part 3
진척 관리   175

▌MS Project 진척 관리하기   177

Chapter 10. 진척 입력   179

    1.1 진척 입력   181

    2.1 진척 입력하기   184

Chapter 11. 진척 관리   195

    1.1 기성고 분석(Earned Value Analysis)   197

    1.2 기성고 분석을 위한 구성 요소   200

    2.1 프로젝트 진척 관리 사례   209

Chapter 12. 일정 관리   215

    1.1 일정(Schedule)   217

    1.2 일정 기준   218

    1.3 여유 시간(Float or Slack)   218

    1.4 초기 계획 일정, 실제 일정, 현재 계획 일정   219

    1.5 일정 상태 분석을 위한 통제지표   221

    1.6 현시점까지의 프로젝트 진척 현황   225

    2.1 일정 관리 현황   227

    2.2 현시점까지의 프로젝트 진척 현황   240

    2.3 시스템 또는 단계 별 진척 현황   242

    2.4 프로젝트 진척 현황을 한 눈에 확인   244

Chapter 13. 비용 관리   245

    1.1 원가 산정(Cost estimating)   247

    1.2 원가 산정 기법   247

    1.3 예산 할당(Cost budgeting)   248

    1.4 원가 통제(Cost control)   249

    2.1 비용 관리 기초   252

    2.2 CPI와 다른 기성고 지표   261

    2.3 비용 세부 관리   265

Chapter 14. 위험 관리   273

  1.1 프로젝트 위험 관리(Project risk management)   275

  1.2 위험 관리 계획(Risk management planning)   275

  1.3 위험 식별(Risk identification)   277

  1.4 위험 분석(Risk analysis)   278

  1.5 위험 대응 계획(Risk response planning)   279

  2.1 Stoplight - 특수한 사용자 정의 필드   282

  2.2 값 목록   288

Chapter 15. 보고서 관리   291

  1.1 시각적 보고서 기능   293

  1.2 MS Project의 보고서 기능   294

  2.1 시각적 보고서 만들기   297

  2.2 하이퍼링크로 문서 연결하기   302

  2.3 메모 활용   304

  2.4 엑셀로 내보내기   308

  2.5 Gantt 차트에 메모 작성하기   312

  2.6 그림 복사   313

정리하기   315

Part 4
고급 기능

317

▌MS Project 고급 기능 사용하기   319

Chapter 16. 엑셀 파일과 MS Project 연동   321

  1.1 의사소통   323

1.2 의사소통 방법 323

1.3 효과적인 의사소통을 위한 PM의 역할 325

2.1 MS Excel과 MS Project의 연동 328

2.2 MS Office의 연동 335

Chapter 17. 필터링 및 그룹화 341

1.1 필터링 343

1.2 그룹화 344

1.3 정렬 344

1.4 개요 코드 344

2.1 필터링 실습 346

2.2 그룹화 실습 357

2.3 정렬 367

2.4 개요 코드 368

Chapter 18. 사용자 정의 377

1.1 사용자 정의란? 379

2.1 기존 테이블과 보기 조합하기 383

2.2 사용자 정의 필드 385

2.3 사용자 정의 테이블 389

2.4 사용자 정의 보기 392

2.5 사용자 정의 폼 399

Chapter 19. 프로젝트 통합 관리 411

1.1 프로젝트 통합 관리(Project integration management) 413

1.2 통합 자원 관리(Resource pool) 414

2.1 프로젝트 통합 관리 417

2.2 통합 자원 관리 426

정리하기 431

Part 5
MS Project 활용

433

▌MS Project 활용하기 435

Chapter 20. MS Project 실습 437
1.1 프로젝트 시작 날짜 정하기 440
1.2 달력 만들기 441
1.3 세부 작업 이름 입력 442
1.4 기간 입력 444
1.5 작업-단계 계층 구조화 445
1.6 연관관계 설정 446
1.7 자원 정의 447
1.8 초기 계획 저장 448
1.9 프로젝트 진척 입력 및 성과 분석 450
1.10 주요 경로(Critical path) 451

찾아보기

456

Microsoft Project Map

계획 수립

- 프로젝트 시작 날짜 지정
- 달력 만들기
- 작업 입력
- 기간 입력
- 연관관계 설정
- 자원 정의
- 자원 배정
- 초기 계획 저장

계획 변경

진척 관리

- 진척 입력
- 성과 분석
- 보고서 작성

MS Project

MS Project 개요

Key Point

- 프로젝트의 작업, 기간, 자원에 대한 모든 정보를 추적 관리한다.
- 프로젝트 관리 계획을 수립하고 가시화시킨다.
- 프로젝트의 계획을 효율적으로 산정한다.
- 네트웍을 통해 프로젝트와 관련되는 사람들 간의 정보를공유시킨다.

MS Project

MS Project를 활용하는 프로젝트가 늘어나는 이유 • • •

프로젝트

를 관리하면서 컴퓨터를 기반으로 하는 소프트웨어의 도움을 받지 않는 경우를 생각해 보자. 그런 경우 프로젝트와 관련된 대용량의 자료를 보관하기가 쉽지 않다. 일반적으로 프로젝트는 다양한 정보를 기반으로 진행된다. 따라서 프로젝트는 비용에 관한 정보, 산출물에 관한 정보, 일정에 관한 정보, 분석 정보 등 무수한 정보를 사용하여 프로젝트의 진행을 관리하지 않을 수 없다. 이 때 절대적으로 필요한 것이 컴퓨터와 전용 소프트웨어이다. 컴퓨터의 방대한 자료 저장 능력, 검색 능력, 비교연산 능력을 효과적으로 활용하면 최단 시간 내에 프로젝트에서 필요한 자료를 얻을 수 있으며, 적절한 조치를 적기에 취할 수 있어 자료 처리에 소요되는 시간을 절약하고 효율적으로 업무를 처리할 수 있게 된다. 프로젝트 관리 소프트웨어의 다른 이점은 각종 보고서를 다양한 형태로 출력하여 프로젝트와 관련된 사람 간에 정보를 공유할 수 있다는 것이다. 좀더 발전된 형태로 나아가면 웹 브라우저를 통한 정보의 공유까지도 확장이 가능해 진다. 이런 것들이 많은 프로젝트에서 MS Project를 사용하는 이유이다.

또한, MS Project는 일정 관리 데이터베이스로서, MS Project의 내부에는 일정과 관련된 자료를 저장할 수 있는 테이블들이 들어있다. 이 테이블 구조는 관계형 데이터베이스로 되어 있다. MS Project를 한마디로 표현한다면 일정 수립 및 진척 관리를 위한 엔진이다. 예를 들어 자원의 비용이 변동되면 관련되는 작업의 모든 비용이 재계산된다. 일련의 작업이 어떠한 이유로 인해 지연되는 경우 이후 연관된 작업들이 순차적으로 지연되어, 결국 프로젝트의 종료 날짜가 얼마나 지연되는지를 계산해 준다. 이와 같은 일정관리 엔진을 사용하지 않고 수작업에 의해 계산한 결과는 매우 신뢰도가 낮거나 동일한 결과를 내기 위해서라면 매우 많은 노력이 들게 될 것이다.

MS Project

간단한 MS Project 사용법

1. MS Project를 사용하는 이유와 구성에 대하여 알아본다.
2. MS Project의 핵심 개념인 작업 시간을 이해한다.
3. 작업 시간 산정과 관련하여 작업의 종류에 대해 알아본다.
4. MS Project의 사용 맵을 통해 MS Project의 사용 절차를 이해한다.
5. 프로젝트 일정 변경 시 여러 작업의 제한을 해제하는 방법을 알아본다.
6. 초기 계획의 저장 및 관리 방법을 알아본다.
7. 진척 입력 방법을 익히고 MS Project에 적용하여 본다.

MS Project는 그 사용법을 익히기 전에 기본적으로 프로젝트 관리에 대한 기본 개념이 확립되어 있어야 한다. 「Chapter 1. 간단한 MS Project 사용법」에서는 MS Project에서 나오는 중요한 개념인 작업 시간에 대하여 이해하여 본다. 그 다음 MSProject의 사용법으로 프로젝트 관리시에 MS Project를 어떻게 사용하는가에 대한 전반적인 절차에 대하여 익혀본다.

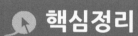

1.1 Microsoft Project 소개

프로젝트 관리의 기본은 프로젝트 착수 시에 최대한 정확하게 계획을 수립하는 것이다. 하지만 프로젝트가 실행되는 과정에서 프로젝트의 진척상황을 주기적으로 점검하고, 프로젝트의 위험, 문제, 변경사항을 반영하여 프로젝트 계획을 수정하고 관리하는 것 또한 성공적인 프로젝트 수행을 위해 필수적이다. 따라서 프로젝트 관리자는 프로젝트 생명주기 동안 많은 양의 정보를 수집하고 판단 및 처리해야 하며, 프로젝트의 이해당사자와 정확한 의사소통으로 프로젝트가 성공적으로 완료되도록 해야 한다. 본서에서는 프로젝트 관리를 지원하기 위한 대표적인 솔루션인 도구로 Microsoft Project 솔루션을 소개한다.

Microsoft Project 제품군을 간략히 설명하면 다음과 같다.

■ Desktop Solution : 클라우드 / 온 프레미스 솔루션

프로젝트 관리자가 전사 자원과의 연동 없이 단독으로 진행하는 프로젝트에서 사용한다. 그러나 프로젝트 규모가 커서 한 명의 PM(프로젝트 관리자)이 모든 프로젝트 작업을 관리하기 힘들 때는 프로젝트를 서브 프로젝트로 나누어 PL(프로젝트 리더)에게 프로젝트 권한을 위임하는 것이 좋다. 각 PL들이 작성한 프로젝트 파일은 PM의 마스터 프로젝트 파일에 통합되어 관리된다. 서브 프로젝트들을 통해 프로젝트 통합 관리를 수행 할 수 있는 기능을 MS Project는 제공하고 있다.

- Microsoft Project Online, MS Project Standard / Professional : 단일 프로젝트 관리자

■ EPM Solution : 클라우드 / 온 프레미스 솔루션

기업에서 수행되는 프로젝트는 각 프로젝트의 성공적인 수행을 위해 전사차원에서 프로젝트의 지원과 통제가 필요하다. EPM의 역할에 따른 Microsoft EPM 제품별 특성을 살펴보면 아래와 같다.

[Microsoft Project Server] 조직의 상위 관리자는 조직의 전략적 목표 에 맞게 프로젝트 선정과 우선순위를 결정하고 프로젝트 수행 과정을 조직의 전략적 목표 에 맞춰 모니터링 한다. 이러한 포트폴리오 관리자의 역활을 수행할 수 있도록 Microsoft Project Server는 포트폴트오 관리기능을 제공한다.

Microsoft Project Server는 수행되는 연관 프로젝트들을 통합 관리하는 프로그램 관리자를 위하여 과거에 수행된 프로젝트의 수행내용을 바탕으로 각 프로젝트의 현재상황을 적시에 판단하여 프로젝트 위험요소에 대처하고 단위 프로젝트에 전사 자원의 지원과 통제 활동을 수행할 수 있도록 프로그램 관리 기능을 제공한다.

[Microsoft Project Professional] 프로젝트 관리자는 전사 자원을 활용하여 프로젝트 계획을 작성하고 수행하면서 팀원에게 작업을 배정하고 진척상황을 관리하는 역할을 수행한다.

[Microsoft Project Web Access] 클라우드솔루션을 이용하여 팀원은 Outlook 또는 Web 화면을 통해 자신에게 배정된 작업을 확인하고 진척상황을 보고하며, 프로젝트 이해관계자들 또한 Web 화면을 통해 프로젝트 상황을 확인하게 된다.

- Microsoft Project Server : 전사 프로젝트 임원진, 경영층, 프로그램 관리자, PMO
- Microsoft Project Professional : 전사 프로젝트의 프로젝트 관리자
- Microsoft Project Web Access : 전사 프로젝트의 팀원 및 이해관계자

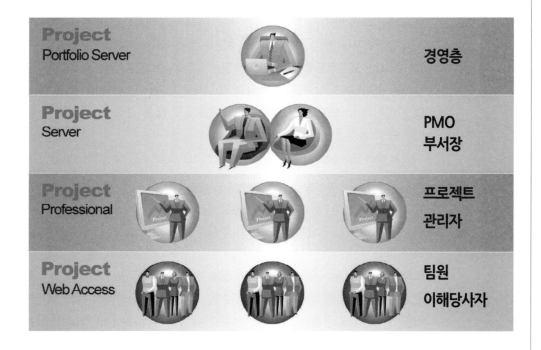

1.2 Microsoft Project 화면구성

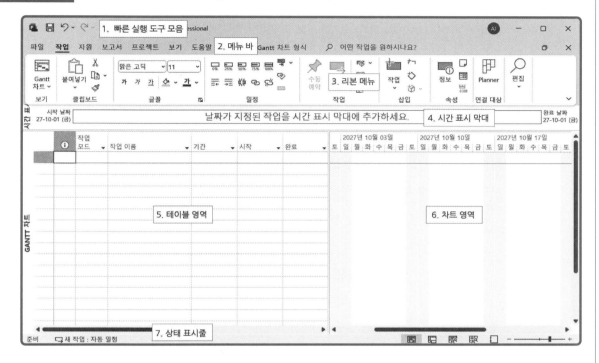

Microsoft Office Project 의 화면구성은 위 그림과 같다. 처음 시작 시 상태 표시줄에서 새 작업을 자동 일정 예약으로 바꿔주어야 한다.

1. 빠른 실행 도구 모음 : 자주 사용하는 메뉴를 빠른 실행 도구 모음에 추가하여 아이콘 형식으로 사용한다.

2. 메뉴 바 : 9개의 메뉴가 등록되어 있다.

3. 리본 메뉴 : 각 메뉴의 세부 메뉴가 등록되어 있다.

4. 시간 표시 막대 : 현재 작업 중인 작업의 일정을 표시한다.

5. 테이블 영역 : Microsoft Office Project 는 많은 양의 데이터를 사용하여 프로젝트를 관리한다. 따라서 수행하는 작업에 따라 적절한 테이블을 사용하여야 한다.

6. 차트 영역 : 간트 차트 영역으로 작업의 일정과 연관 관계을 시각적으로 표현한다.

7. 상태 표시줄 : 프로젝트의 상태를 나타낸다.

1.3 작업시간

1.3.1 작업 시간(Work value)

MS Project에 나오는 작업 시간이란 무엇일까?

작업 시간이란, 어떤 작업의 크기 또는 작업량을 말한다. 그래서 MS Project에서는 작업량과 동의어로 사용된다. 작업 시간은 알기 쉽게 공수로 이해될 수 있다. 공수는 mm, md, mh 등 여러 가지가 있지만 일반적으로 mh를 의미한다. 작업 시간의 크기를 결정짓는 두 가지 요인은 아래의 공식에서와 같이 기간과 단위이다.

$$작업\ 시간(작업량) = 기간 \times 단위(자원)$$

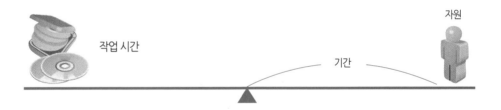

작업 시간의 크기가 크면 기간과 자원의 크기가 커야 하고, 작업 시간의 크기가 작으면 기간이나 자원의 크기를 작게 가져가야 한다.

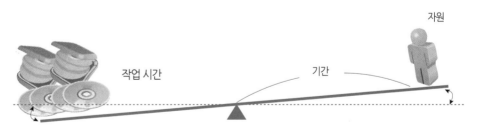

만일 작업 시간의 크기가 원래보다 커지면, 위 그림과 같이 이전과 동일한 기간과 자원으로는 부족하게 되어 기간이나 자원의 증가를 필요로 한다.

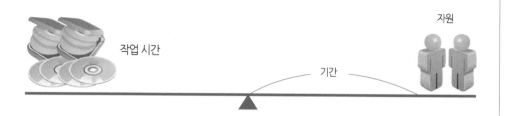

작업 시간의 증가에 따라 기간을 그대로 두고 자원을 증가시키는 경우가 기간 고정이다. 반대로 자원을 그대로 두고 기간을 증가시키는 경우가 단위 고정이다.

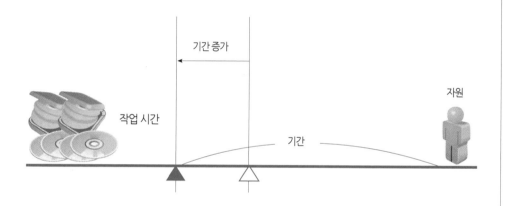

기간은 어떤 작업의 시작하는 날과 끝나는 날 간의 거리를 일자(day)로 구한 값이다. 단위는 어떤 작업을 하는데 들어가는 자원의 크기를 %로 구한 값이다.

1.3.2 작업 시간 산정

작업 시간에서 단위는 한 사람이 하루 종일 일하는 경우를 100%로 나타낸다. 하루 종일이라는 것을 다시 풀어서 쓰면, 8시간 근무 시간인 경우 8시간 동안 일하는 경우를 말한다. 50%는 4시간, 200%는 16시간 또는 두 사람이 공동으로 일을 수행하는 경우를 뜻한다.

아래에 몇 가지 작업 시간 산정 예를 보자.

	기간	단위	작업 시간(작업량)
예제 1	1일	100%	8시간
예제 2	2일	100%	16시간
예제 3	1일	200%	16시간

　표에서 보는 바와 같이 예제 2는 기간이 길어서 16시간이고, 예제 3은 단위가 커서 16시간이다. 따라서 단순히 기간만을 두고 봤을 때는 아래 작업이 더 중요해 보이지만 작업 시간 관점에서는 기간의 크기와 달리 두 작업은 동일하다. 이것을 통해 작업 시간이야 말로 작업의 크기를 측정하는 진정하고 유일한 지표임을 알 수 있다. 아무리 작업의 기간이 길어서 프로젝트를 시작하는 날부터 끝나는 날까지 매일 하도록 하되, 적은 자원이 투입되어 있다면 비록 단 하루의 짧은 기간이지만 많은 자원이 투입된 작업보다 작업 시간이 적을 수 있다. 따라서 작업 시간을 구하지 않고 프로젝트를 관리하는 것은 마치 한 눈 감고 권투를 하는 권투 선수에 비유할 수 있다. 권투 선수가 사물을 제대로 보려면 두 눈을 통해 보여지는 사물의 입체적인 위치 정보를 필요로 하는데, 작업 시간이 없다면 단순히 기간만을 유일한 정보로 사용할 수 밖에 없으므로 정확한 상황 판단이 어려워지게 된다.

$$\text{작업 시간} = \text{기간} \times \text{단위}$$

　공식이 의미하는 바는 작업 시간을 구하는 것 이외에도 큰 의미가 있으며, 그것은 우리가 보통 프로젝트 삼각형이라고 부르는 이론을 그대로 반영하고 있다.

1.3.3 작업의 종류

　MS Project에서 작업의 종류를 기간 고정, 단위 고정, 작업 시간 고정으로 구분할 수 있는데 기간 고정이란, 공식에서 기간 값을 고정시키는 경우를 말한다.

$$\text{작업 시간} = \boxed{\text{기간}} \times \text{단위}$$

　기간을 고정시키면 작업 시간의 변화는 단위만 변하게 만든다. 또는 단위를 늘리게 되면 작업 시간이 변하며 기간은 처음 그대로 유지된다. 작업 시간을 고정시키게 되면 기간과 단위가 서로 영향을 준다. 기간이 늘어나면 상대적으로 단위가 줄어들게 되며 단위가 늘어나면 기간이 줄어들게 된다. 일정한 작업 시간을 맞추기 위해 두 개의 값이 서로 균형을 이루며 변하는 상태로 된다.

만일 단위를 고정시키게 되면 어떻게 될까? 어떤 작업에 투입된 자원의 배정 단위는 변하지 않는 대신 작업 시간과 기간만이 서로에게 영향을 준다. 즉, 기간이 늘어나면 작업 시간이 늘어나고 작업 시간이 줄어들면 기간이 줄어든다. 단위가 절대로 바뀌지 않는다. 이것은 프로젝트 삼각형의 모양을 그대로 반영한 것이다.

범위 = 작업 시간이며, 시간 = 기간, 비용 = 자원으로 각각 대응 가능하다.

- 기간을 고정시키는 경우의 예는 아래와 같다.
  - 빌딩을 건축 중인데, 해당 일정에 맞추어야 한다.
  - 컨퍼런스를 계획 중이며, 지금부터 납기가 정해져 있다.
  - 회계 시스템을 개발 중이며, 연내 오픈하여 업무를 처리해야 한다.

- 자원의 단위를 고정시키는 경우의 예는 아래와 같다.
  - 재고 관리 시스템을 개발해야 하는데, 이때 사용하는 제반 자원에 대한 비용은 합의된 대로여야 한다.
  - 팀장이 새로운 프로젝트를 지시하면서 자원은 팀원과 팀내 가용 자원으로 제한한 경우이다.
  - 도서관을 건축하기 위해 지역 유지로 부터 5억원을 확보하였으며, 이 범위에서 가능한 도서관을 만들어야 한다.

◎ MS Project 활용하기

02

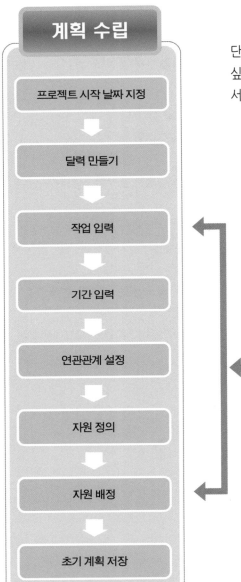

계획 수립

프로젝트 시작 날짜 지정

↓

달력 만들기

↓

작업 입력

↓

기간 입력

↓

연관관계 설정

↓

자원 정의

↓

자원 배정

↓

초기 계획 저장

계획 변경

진척 관리

진척 입력

↓

성과 분석

↓

보고서 작성

본 교재는 MS Project 사용 맵을 중심으로 단계 별로 구성되어 있다. 따라서 현재 알고 싶어 하는 MS Project의 기능을 손쉽게 찾아서 학습할 수 있도록 하였다.

2.1 MS Project 사용절차

● 간단한 MS Project 사용하기

초보 사용자들은 MS Project 로 진척 관리하기가 매우 어렵고 거창한 작업이라고 생각하기 쉽다. 하지만 MS Project 로 프로젝트를 관리하는 일은 아래와 같이 매우 쉽고 간단하다.

:: 프로젝트 관리 시 MS Project 사용 절차 ::

① 계획 수립
② 프로젝트 일정 변경 반영
③ 초기 계획 설정
④ 진척 입력
⑤ 결과 분석

---

1 계획 수립

처음에 MS Project를 시작하면 아래와 같이 기본 보기로 Gantt 차트 보기가 나타난다.

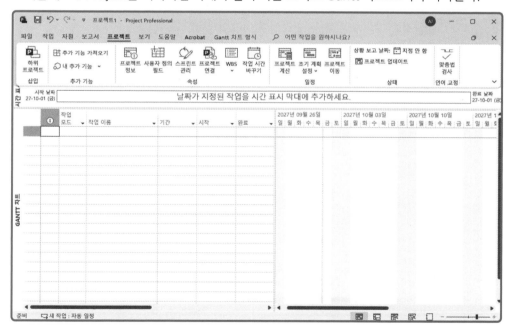

"작업 이름" 필드에 프로젝트의 세부 작업을 하나씩 입력한다.

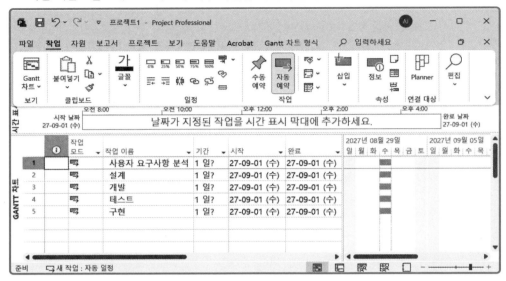

작업은 프로젝트 시작 날짜를 기준으로 일렬로 정렬하면서 나타난다. 기간을 적당한 크기로 산정한 다음 기간 값을 입력하면 아래와 같이 나타난다.

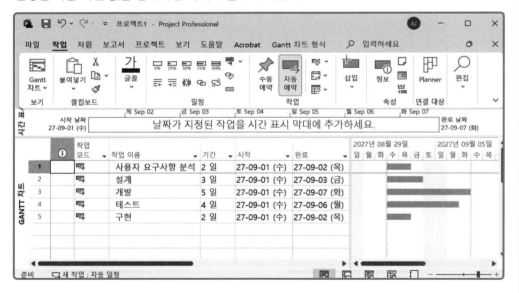

많은 초보자들이 범하기 쉬운 오류는 시작 날짜를 옮기는 것이다. 시작 날짜를 옮기게 되면, 아래와 같이 시작 날짜가 옮겨지게 되나 대신 제한이 설정되어 버린다.

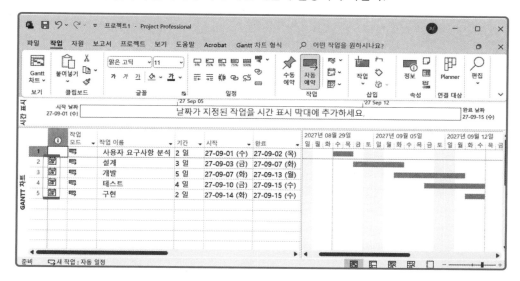

이러한 제한은 날짜가 변동되는 경우 모든 작업의 시작 날짜와 완료 날짜를 모두 일일이 바꾸어 주어야 하는 불편을 초래한다. 이런 불편을 겪지 않으려면 모든 작업이 '가능한한 빨리' 옵션으로 프로젝트 시작 날짜에 시작하도록 제한을 해제해야 한다. 제한을 해제하는 방법은 다음과 같다.

::Note::

여러 작업의 제한 해제 방법
① 모든 작업을 드래그하여 선택한다.
② 마우스 오른쪽을 눌러 [정보] 메뉴를 선택한다.
③ "여러 작업 정보" 창이 나타나면, "고급" 탭으로 이동한다.
④ 제한의 종류를 '가능한 한 빨리' 로 설정한다.

다음은 여러 작업의 제한 해제 방법에 따라 진행하였을 때 마지막으로 나타나는 화면이다.

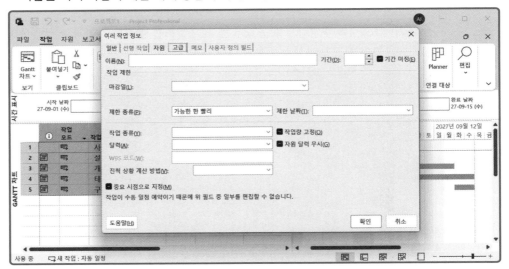

아래 화면과 같이 모든 작업이 시작 날짜에 정렬된 상태로 복귀된다.

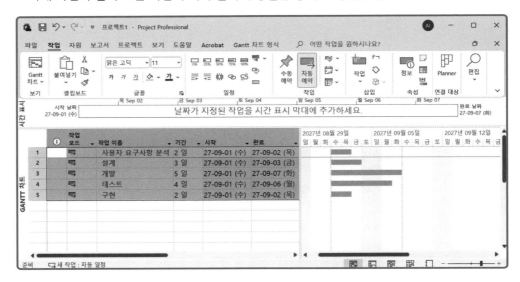

상단의 〈작업 연결〉 아이콘을 누른다.

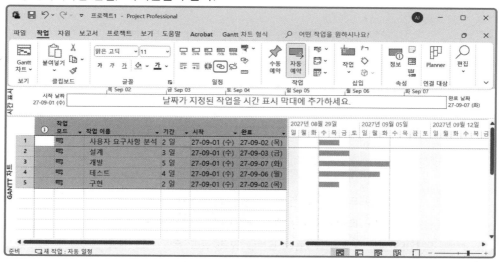

　모든 작업은 앞 작업과 뒷 작업이 순차적으로 연결되면서 시작 날짜와 완료 날짜가 계산되어 나타난다. 연관관계를 통해 작업의 시작 날짜와 완료 날짜를 동적으로 연결하는 것이 MS Project이며 작업의 유지 보수를 용이하게 하는 방법이다.

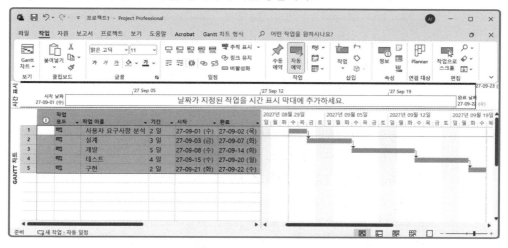

　현재 상태로 프로젝트를 수행하고자 한다면 초기 계획을 저장하여야 한다.

[프로젝트 > 초기 계획 설정 > 초기 계획 설정] 을 선택한다.

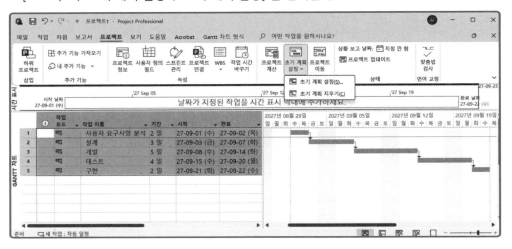

아래와 같이 "초기 계획 설정" 창이 나타나면, 〈확인〉 버튼을 눌러 초기 계획 설정을 한다.

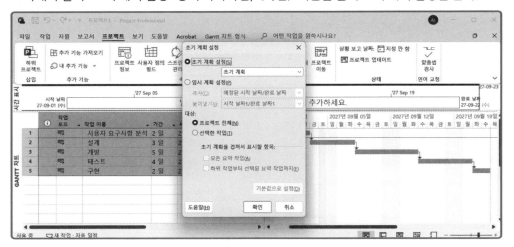

초기 계획 설정이 되었는지를 시각적으로 확인해 볼 수 있는 곳은 [프로젝트 > 프로젝트 정보]를 선택하여 "프로젝트 정보" 창이 나타나면, 왼쪽 하단의 〈통계〉 버튼을 눌러 초기계획 행을 확인해 보면 알 수 있다.

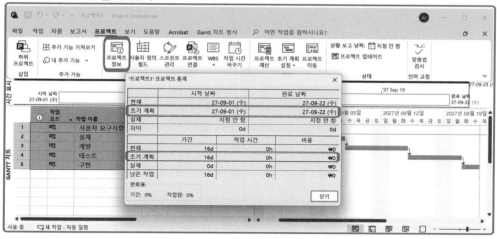

또는 [작업 > Gantt차트 > 진행 상황 Gantt] 메뉴를 선택하면, 초기 계획 Gantt 막대가 현재 계획 Gantt 막대 하단에 나타난다.

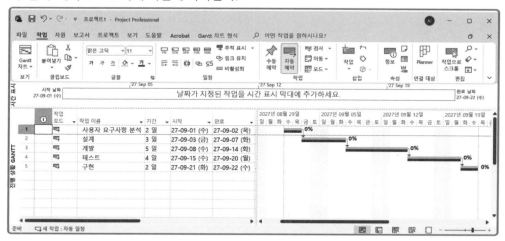

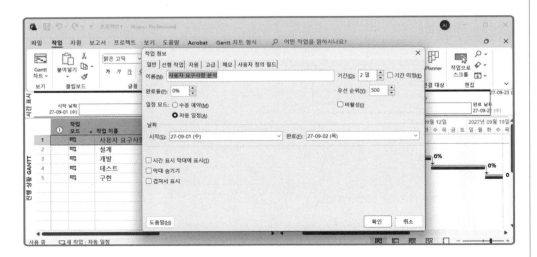

이 상태에서 프로젝트를 관리하여 보자. '사용자 요구사항 분석'을 시작으로 프로젝트
는 시작한다. 만일 이 프로젝트의 첫 번째 작업인 사용자 요구사항 분석이 계획된 날짜에 시작
할 수 있다면 그대로 두고 진척 정보 즉, 완료율을 입력하여야 한다.

완료율 입력은 [작업 > 정보] 메뉴를 클릭하여 작업정보에서 완료율을 입력하면 된다.

하지만, 계획된 날짜보다 하루 늦게 시작할 수밖에 없다면 어떻게 할까? 현재 시작 날짜를 옮겨놓아야 한다. 그러면 아래 화면과 같이 모든 현재 작업들이 하루 늦게 시작하고 하루 늦게 끝나는 결과가 되어 나타난다.

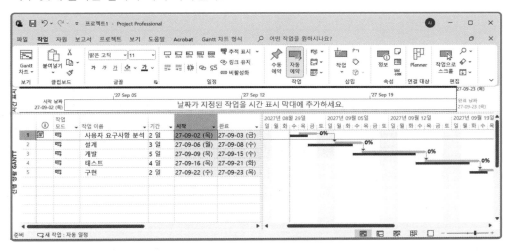

그것은 초기 계획과 비교되어 현재 계획과 실적이 얼마나 차이를 갖는지를 알 수 있게 해준다.

만일 '사용자 요구사항 분석' 이라는 작업을 초기 계획과 동일한 날짜에 완료하게 되는 경우, 그것을 MS Project에 반영 시 어떤 모습으로 나타날까? 그것은 아래 화면과 같다.

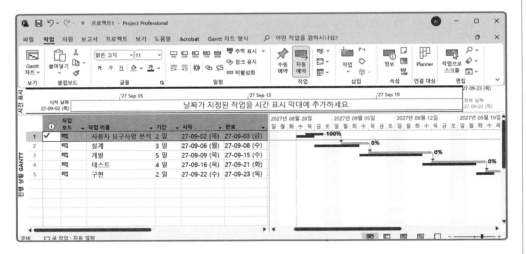

이런 모습이 되기 위해서는 사용자 요구사항 작업기간을 1일로 하고, 작업 이름을 두 번 눌러 나타나는 작업 탭에 표시된 완료율을 100%로 설정함으로써 가능해진다.

이러한 상황은 사용자 요구사항 분석은 당초 계획보다 하루 늦게 시작되어 하루 늦게 끝날 예정이었으나, 실제로는 기간을 하루 줄여 당초 일자와 동일한 날짜에 완료되어 전체적으로 프로젝트는 지연되지 않고 정해진 날짜에 끝날 것으로 기대할 수 있다.

MS Project 는 다양한 보고서 기능을 제공한다. 프로젝트 개요, 작업시간, 비용, 요주의 작업, 지연 중인 작업 등에 관한 보고서를 제공한다.

프로젝트 개요 보고서는 프로젝트 전체 진행 상황을 나타내주며 주요활동의 완료율을 도식화하여 쉽게 파악 할 수 있도록 한다. [보고서 > 대시보드 > 프로젝트 개요] 메뉴를 통해 기능을 활성화 시킨다.

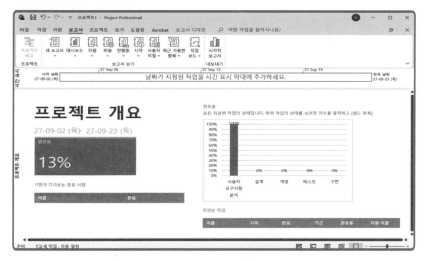

프로젝트 일정에 영향을 주는 요주의 작업들을 나타내 준다. 요주의 작업은 프로젝트 일정 관리의 주요 대상이다. [보고서 > 진행중 > 요주의 작업] 메뉴를 통하여 기능을 활성화 시킨다.

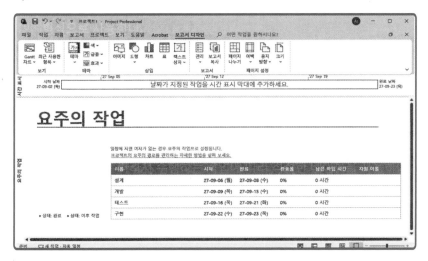

프로젝트 관리에 유용한 다양한 보고서 서식 형태를 Microsoft Excel 과 Microsoft Visio 파일 형태로 만들어 내보내 줄 수 있는 기능을 제공한다. [보고서 > 시각적 보고서] 메뉴를 통하여 활성화 시킨다.

정리하기

Chapter 1

간단한 MS Project 사용법 [프로젝트 관리 시 MS Project 사용 절차]

MS Project를 사용하여 프로젝트를 관리하는 방법을 간단하게 정리하면 다음과 같이 수행 할 수 있다.

계획 수립 → 프로젝트 일정 변경 반영 → 초기 계획 설정 → 진척 입력 → 결과 분석

이상의 순서에 따라 프로젝트를 수행함으로써 보다 효율적이고 성공적으로 프로젝트를 종료할 수 있다.

Part 계획 수립 02

Key Point

- 프로젝트 달력 정의가 중요한 이유
- WBS를 작성하는 이유
- 자원에는 어떤 것이 있는가?
- 자원의 효율적인 배정
- 작업 기간을 산정하는 것은 경험의 산물
- 작업의 연관관계란 무엇인가?
- 작업 제한에는 어떤 것이 있는가?
- 초기 계획이란 무엇인가?

MS Project

MS Project 계획 수립하기

MS Project 사용법을 크게 3 가지 프로세스로 구분하면,

먼저 초기 계획을 수립하기 위한 프로세스와 초기 계획을 시작으로 프로젝트를 수행하면서 진행되는 진척 관리 프로세스 그리고 진척에 따른 변경사항을 반영하는 계획 변경 프로세스로 나눌 수 있다.

이는 프로젝트 관리의 프로젝트 라이프 사이클(project life cycle) 을 감안한 체계적인 구성이다. MS Project를 통하여 프로젝트를 관리하고자 할 때, 초기 계획 수립은 기본 정보를 설정하고 WBS를 작성하여 범위를 세분화한 다음 자원을 정의하여 배정한다. 그리고 순차적으로 작업 기간을 설정하고 연관관계를 정의하며 작업 제한을 설정하도록 한다. 또한 자원의 정의와 배정은 작업 기간, 작업 연관관계, 작업 제한과 병행하여 처리되기도 한다. 이상의 일련의 과정이 맞춰지면 초기 계획을 확정하게 된다.

초기 계획 수립은 본격적으로 MS Project를 사용하여 프로젝트를 관리하기 위한 준비를 마친 상태라고 보면 된다. 이러한 PM의 MS Project 사용은 체계적인 프로젝트 관리를 가능하게 하며, 이는 곧 성공하는 프로젝트에 한 걸음 더 가까이 다가간 것이라 하겠다.

MS Project

기본 정보 설정

1. Forward scheduling과 Backward scheduling에 대하여 알아본다.
2. Project calendar, Task calendar, Resource calendar를 이해한다.
3. 달력 템플릿을 생성하여 기본 정보를 설정하고 프로젝트에 연결하여 본다.
4. 생성된 달력을 Gantt 차트에 나타낼 수 있다.

「Chapter 1. 간단한 MS Project 사용법」에서는 MS Project에 대한 전반적인 내용을 간략히 살펴보았다. 이번 장에서는 MS Project를 시작할 때 반드시 수행하여야 하는 기본 정보로써 프로젝트 달력의 정의를 이해하여 본다.

1.1 달력 정의

   프로젝트 일정 기준에는 프로젝트 시작 날짜를 기준으로 하는 Forward scheduling과 종료 날짜를 기준으로 하는 Backward scheduling이 있다. 뒤에서 다시 설명하겠지만 프로젝트 일정 계획은 모든 작업의 시작/종료 날짜를 정의하는 것이 아니라, 작업의 기간과 작업 간의 연관관계를 통해 작업의 시작/종료 날짜를 도출하는 것이라는 올바른 절차를 따르지 않는다면 Forward/Backward scheduling을 논하는 것에 아무런 의미가 없음을 알아야 한다.

1.1.1 Forward scheduling

   프로젝트 시작 날짜를 기준으로 작업의 기간, 작업 간의 연관관계를 통해 예상 종료 날짜를 도출해 내는 방식으로 제한조건이 없는 작업은 모두 가능한 빨리 시작(ASAP : as soon as possible)의 성격을 갖는다.
   Ex. "3월 11일에 프로젝트를 시작하면 언제 프로젝트가 끝나는가?"

1.1.2 Backward scheduling

   프로젝트 종료 날짜를 기준으로 작업의 기간, 작업 간의 연관관계를 통해 예상 시작 날짜를 도출해 내는 방식으로 제한조건이 없는 작업은 모두 가능한 늦게 시작(ALAP : as late as possible)의 성격을 갖는다.
   Ex. "10월 1일에 Open하려면 최소 언제 프로젝트를 착수해야 하는가?"

1.2 Project calendar, Task calendar, Resource calendar

   프로젝트 일정 계획은 달력을 기준으로 정의된다. 공휴일이나 휴가, 토요일 근무 여부, 작업 시간 등을 반영한 프로젝트 달력을 먼저 정의한 후 일정 계획을 세워야 한다.

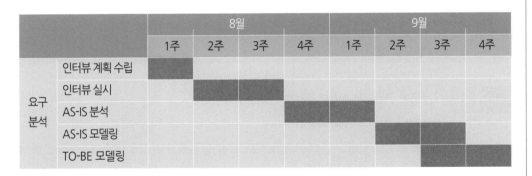

		8월				9월			
		1주	2주	3주	4주	1주	2주	3주	4주
요구 분석	인터뷰 계획 수립	■							
	인터뷰 실시		■	■					
	AS-IS 분석				■	■			
	AS-IS 모델링						■	■	
	TO-BE 모델링							■	■

위의 표는 프로젝트에서 많이 사용하고 있는 일정 계획 방식이다. 깔끔하게 잘 만들어진 일정 계획이지만 이와 같은 일정 계획으로는 실제로 프로젝트를 관리할 수가 없다.

8월은 31일까지이기 때문에 월을 4등분한 위와 같은 일정 계획은 실제 작업 기간과 틀리다. 또한 9월 2주차는 추석 연휴 기간이기 때문에 실제로 2주차에는 이틀밖에 근무를 하지 않는다. 하지만 계획서 상에서 AS-IS 모델링 작업은 2주간 수행되는 작업이기 때문에 늦어질 것이 자명하다. (불행한 경우이겠지만 위의 일정 계획을 작업자에게 보여주면서 추석 때도 나와서 근무하라고 다그치는 PM들도 있을 것이다) 달력 상의 기간이 아닌 프로젝트에서 실제로 일할 수 있는 기간에 대한 고려는 반드시 일정 계획 수립에 선행되어야 한다.

1.2.1 Project calendar

프로젝트 달력에는 다음과 같은 것들이 반영되어 있어야 한다.

- 근무 시간
  - 일주일에 며칠을 근무하는가?
  - 몇 시에 업무를 시작해서 몇 시에 끝나는가?
  - 점심 시간은 몇 시부터 몇 시까지인가?

- 공휴일
  - 공휴일은 언제인가?
  - 공휴일은 아니지만 창립기념일이나 야유회와 같이 프로젝트에만 적용되는 공휴일은 언제인가?

1.2.2 Task calendar

작업에 자원이 할당되지 않거나 작업 달력을 특별히 지정하지 않으면 프로젝트 달력이 모두 적용된다. 하지만 모든 작업들이 프로젝트 달력에 영향을 받지 않는 경우도 있을 것이다. 주 5일 근무를 실시하는 프로젝트에서 고객과의 워크숍이 금, 토 2일의 일정으로 계획되었다. '워크숍 실시'라는 작업이 프로젝트 달력의 적용을 받게 된다면 MS Project는 토요일은 근무 일자가 아니므로 금, 월 2일의 일정으로 계획할 것이다. 이와 같은 특정 태스크에는 토요일도 근무하는 달력을 지정해야 한다.

1.2.3 Resource calendar

특정 자원의 근무하는 시간이 담긴 달력이다. 개인 휴가, 교육, 훈련 등이 반영된 달력이다.

MS Project 활용하기

02

계획 수립

프로젝트 시작 날짜 지정

⬇

달력 만들기

⬇

작업 입력

⬇

기간 입력

⬇

연관관계 설정

⬇

자원 정의

⬇

자원 배정

⬇

초기 계획 저장

계획 변경

진척 관리

진척 입력

⬇

성과 분석

⬇

보고서 작성

달력 만들기

프로젝트 달력은 프로젝트의 일정 산정의 기준이 되는 요인이므로 정확하게 설정해 두어야 한다. 만일 달력이 잘못 만들어져 있으면 기간이나 작업 시간의 계산에 영향을 미치게 되므로 주의하여야 한다.

2.1.1 달력 템플릿 생성

먼저 MS Project에서 기본적으로 제공되는 달력 템플릿을 열어서 복사한다. [프로젝트 〉 작업 시간 바꾸기] 메뉴를 선택한다.

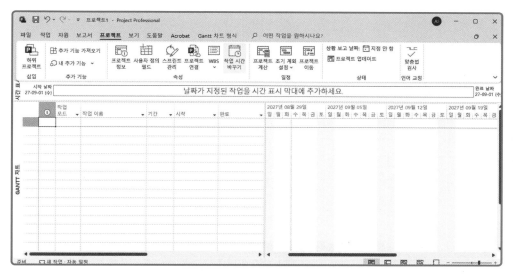

아래와 같이 "작업 시간 바꾸기" 창이 나타난다.

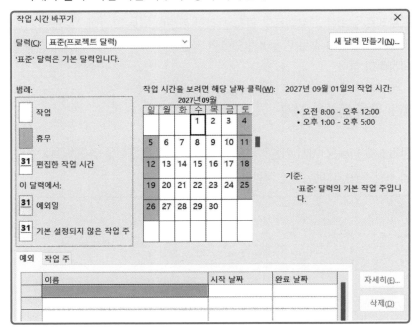

"대상" 목록을 열어 보면 달력 템플릿을 선택할 수 있다.

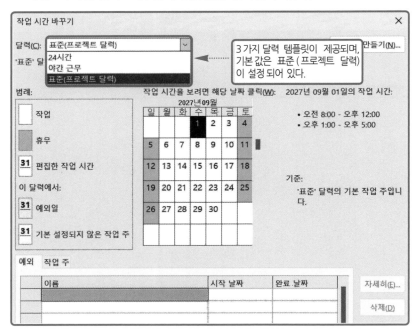

달력 만들기의 기본은 기존의 템플릿을 복사하여 프로젝트에 맞는 달력으로 변경시켜 사용하는 것이다. 따라서 프로젝트의 날짜 구성과 가장 근접한 달력 템플릿을 선택한 다음, 이것을 복사하는 것이 달력 만들기의 첫 번째 작업이다. 달력 템플릿의 세부적인 속성은 아래와 같으며 수행하고자 하는 프로젝트의 시간 환경과 가장 가까운 달력을 선택한 후 복사하여야한다.

달력 유형	내용 및 주요 용도	설정 예
표준	토요일 전체가 휴무로 설정되어 있음. 토요 휴무를 적용하는 고객사를 대상으로 하는 프로젝트 수행 시 재활용 가능	
24시간	조 편성에 의해 24시간 가동하는 공장 프로젝트에 적합	
야간 근무	낮에는 작업을 멈추고 야간에만 일하는 프로젝트에 적합	

제공되는 달력 템플릿을 복사하기 위해서는 〈새 달력 만들기〉버튼을 눌러 아래와 같이 "기본 달력 새로 만들기" 창을 띄운다.

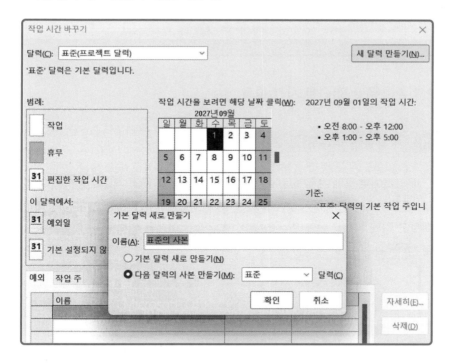

달력의 "이름" 을 프로젝트에서 알아보기 쉽도록 특정하게 정의한 다음 〈확인〉 버튼을 눌러 이 창을 닫는다. 그러면 달력 하나가 새로 만들어지게 된다.

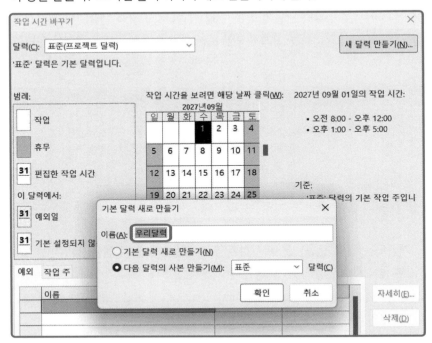

2.1.2 휴무일 및 근무 시간 설정

1 새 달력에서의 휴무일 설정

새 달력에는 실제 프로젝트에서 적용하는 휴무일이 아직 제대로 반영되어 있지 않은 상태이다. 프로젝트의 공식적인 휴무일을 달력에 반영하기 위해서는 휴무일에 해당하는 날짜를 선택하고 아래 "예외" 탭에 있는 이름에 휴무일의 이름을 입력한다. 이름을 입력하면 기본적으로 "휴무 시간" 으로 지정된다.

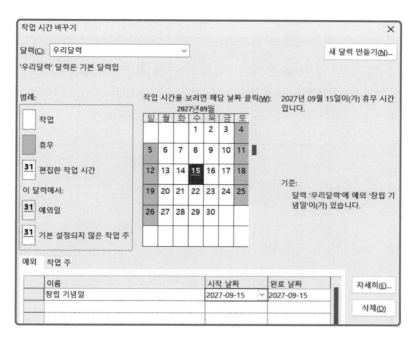

"예외"일의 세부 설정을 변경하기 위해서 오른쪽의 "자세히" 버튼을 클릭하면 "세부정보"를 수정할 수 있는 창이 뜬다. "세부정보" 창에서는 특정일의 "휴무" 여부와 "작업시간"을 지정할 수 있다. "예외일"은 격주 휴무나 매년 반복되는 "공휴일", "기념일", "창립 기념일" 등의 주기를 가지고 반복되는 휴무일 또는 작업시간을 지정할 수 있다.

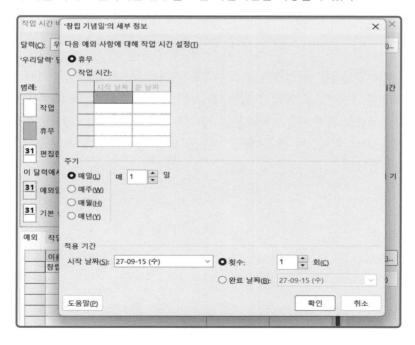

프로젝트의 근무 시간은 프로젝트 별로 다양하게 나타날 수 있다. 근무 시간을 정확히 설정할 필요가 있는 경우에는 요일 별 설정을 일괄적으로 바꿀 수 있는 "작업 시간 바꾸기" 의 '작업 주' 탭을 선택한다.

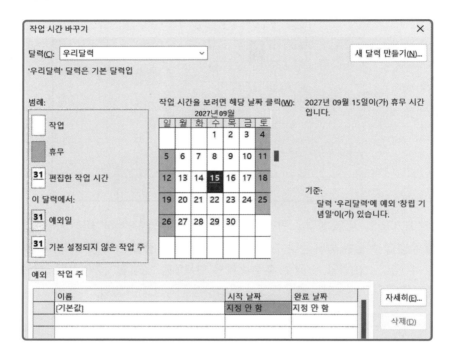

테이블의 '[기본값]' 을 선택한 후 오른쪽의 '자세히' 버튼을 클릭한다. 월요일부터 금요일까지 요일을 선택한 후 '해당 요일을 특정 작업으로 설정합니다' 지정 버튼을 선택한다. 근무시간 조정을 위해 시작 날짜와 완료 날짜의 시간을 수정한다. 날짜를 수정한 후 포커스를 다른 곳으로 이동하지 않고 "확인" 버튼을 누를 경우 수정한 값이 반영되지 않음으로 주의해야 한다.

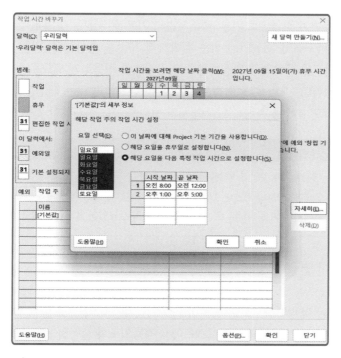

근무 시간 조정을 위하여 [옵션→일정]으로 이동한다.

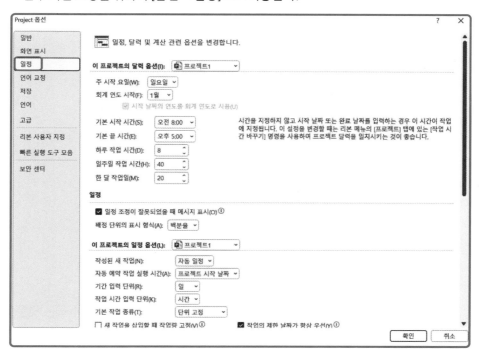

여기에서 다시 한 번 수작업으로 기본 시작 시간과 기본 끝 시간을 앞의 근무 시간대와 동일한 근무 시간대로 바꾸어야 MS Project는 정확하게 시간을 계산한다. 만일 바꾸지 않으면 두 시간대의 교집합만을 유효하게 인정하게 되어 9-5제로 적용하게 되므로 하루 7시간이 계산되는 오류가 발생한다. 따라서, 엄밀하게 시간 관리를 요하지 않는 대부분의 프로젝트에서는 원래 설정된 상태인 8시 출근, 5시 퇴근의 시간 범위를 그대로 사용할 것을 권장한다.

> : : Note : :
>
> ① 달력의 시간대는 항상 기본 값인 8-5제를 적용 하도록 한다.
> ② 격주 토요일 근무제인 경우에는 "작업 시간 바꾸기" 의 "예외" 설정을 통해 설정할 수 있다. 예외 사항의 세부 정보에서 주기를 "매주" 로 선택하고 2주마다 토요일이 휴무일이 되도록 설정한다.

2.1.3 프로젝트에 연결하기

프로젝트에 달력을 매핑한다. 기본 달력이 완성되었지만 아직 새로 만든 달력이 프로젝트에 적용된 것은 아니다. 기본 달력이 프로젝트에서 적용되도록 설정하려면, [프로젝트 > 프로젝트 정보] 메뉴를 선택하여 "프로젝트 정보" 창이 나타나면 달력을 선택하여야 한다.

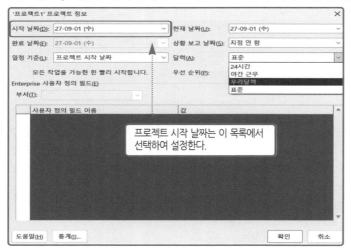

2.1.4 Gantt 차트 보기에 나타내기

프로젝트의 모든 일정에 새로운 기본 달력의 시간이 적용되도록 하는 것은 이상의 세 가지 과정으로 가능하다. 정리하면 다음과 같다.

① 달력 템플릿 선택 및 복사
② 새 달력에서의 휴무 설정
③ 8-5제, 9-6제 설정

마지막으로 Gantt 차트 보기에 나타나도록 만들어야 한다.

Gantt 차트 보기의 오른쪽 차트 영역 상단에 마우스 포인트를 위치시킨 후 마우스 오른쪽을 누르면 팝업 메뉴가 나타난다. [날짜 표시줄] 항목을 선택한다.

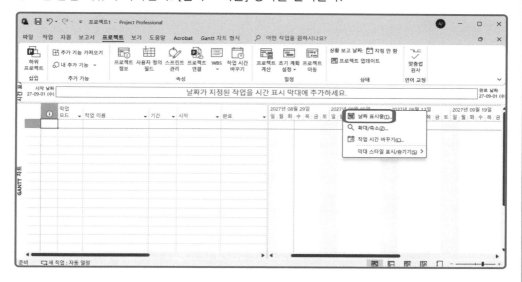

'휴무 시간' 탭으로 이동한 다음 '달력' 목록에서 '우리달력' 을 선택한다.

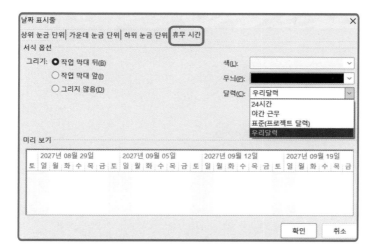

〈확인〉 버튼을 눌러 닫으면, 우리달력의 설정대로 적용된 Gantt 차트 상의시간대에는 표준 달력과 달리 공휴일이 표시된다.

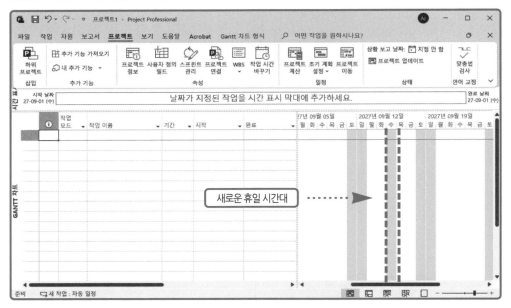

: : Note : :

달력 만드는 방법 요약
① MS Project에서 기본적으로 제공되는 달력 템플릿을 열어서 복사한다.
② 만들어진 달력에 휴무일을 반영하고 근무 시간을 설정한다.
③ 만들어진 달력을 프로젝트에 연결시킨다.
④ Gantt 차트 보기에 달력이 보이도록 한다.

WBS 작성

1. WBS의 정의를 이해한다.
2. WBS의 작성 절차를 알아본다.
3. WBS의 분해 시 고려사항이 무엇인지 알아본다.
4. WBS의 코드를 만들 수 있다.

지금까지 MS Project에 기본 정보를 설정하여 프로젝트 달력을 만들어 보았다. 다음은 WBS (Work Breakdown Structure)의 의미를 이해하고 작성 절차와 분해에 관하여 살펴본다. 더불어 MS Project의 WBS의 작성 및 변경 방법을 알아본다.

1.1 WBS(Work Breakdown Structure) 개요

● WBS 정의

프로젝트 전체의 업무 범위를 정의하기 위해 산출물 중심으로 프로젝트 요소들을 그룹화한 것 또는 반복되는 분해를 통해 더 작고, 더 관리하기 쉬운 크기로 나누어진 프로젝트의 산출물을 체계화한 문서이다. 작성자는 프로젝트 관리자이며, 다음과 같은 목적이 있다.

● 목적

- 프로젝트에서 가장 중요한 문서로서 프로젝트 업무 범위에 대한 PM과 고객 간, PM과 상위 관리자 간의 계약이다.
- 원가, 일정, 자원 등 다른 계획을 위한 초석이 된다.
- 고객의 계약 외 추가 업무 요구(scope creep)에 대응하는 방법으로써 사용된다.

● 특징

- 계층적 분해
- 산출물 중심의 액티비티 그룹화
- 프로젝트 계획 시 처음 작성하며, 프로젝트 전반에 걸쳐 중요한 문서

● 사용 범위

- 업무 범위에 대해 외부적으로는 PM과 고객 간의, 내부적으로는 PM과 상위 관리자와의 계약
- 원가, 일정, 자원 관리 등의 다른 계획을 위한 기본
- Scope creep 발생 시 고객을 설득시킬 수 있는 증거물

● 요구사항

- 명확해야 한다 : 보는 사람에 따라 다르게 해석되지 않는다.
- 완전해야 한다 : 누락되거나, 지나치거나, 겹치는 부분이 없어야 한다.
- 합의되어야 한다 : 프로젝트 범위는 수행되기 전에 모든 이해당사자의 의견을 수렴하여 합의해야 한다.
- 관리가 쉬워야 한다 : 기간과 비용을 정확히 산정하고, 담당자를 명확히 지정하며, 성과를 현실적으로 평가할 수 있어야 한다.

: : Note : :

Scope creep
고객이 합의한 계약서 상에 명시되어 있지 않은 기능을 추가로 요청하여 업무 범위가 늘어나게 되는
것이다.

1.2 WBS 작성절차

WBS는 작성 시 다음의 고려사항을 반영하여야 한다.
1) 프로젝트 범위 기술서(project scope statement)를 바탕으로 프로젝트의 목적을 인식
   한다.
2) 프로젝트 목적을 달성하기 위한 기능적 요구사항을 정의한다.
3) 기능적 요구사항을 달성하기 위한 주요 액티비티(critical activity)를 정의한다.
4) 주요 액티비티를 원가와 일정이 산정 가능하고 개인이나 조직에게 할당할 수 있으며 진척
   도를 관리할 수 있는 수준까지 분해한다.
5) 관리를 용이하게 하고 액티비티의 누락을 방지하기 위하여 계층적 분해를 실시한다. 액티
   비티들을 조직화하고 그룹화한다. 다음과 같은 기준으로 조직화할 수도 있다.

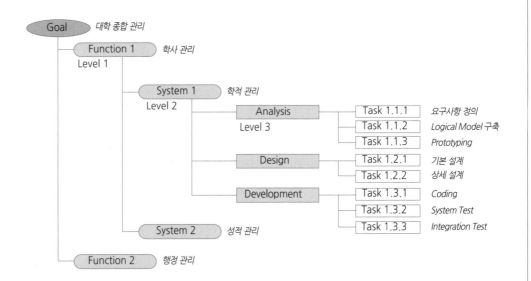

[대학 종합 관리 시스템 WBS]

1.3 WBS 분해(WBS decomposition)

WBS가 적절한 수준으로 분해되는 것과 WBS 전체를 통하여 분해 수준의 일관성을 가져가는 것은 중요한 일이다.

● WBS의 계층적 분해

Level	계층적 분해	설명
1	Project	프로젝트
2	Deliverable	주요 인도물
3	Subdeliverable	주요 인도물을 구성하는 인도물
4	Lowest subdeliverable	최종 상세 인도물
5	Cost account	담당자 지정과 통제를 위한 work package 그룹화
6	Work package	수행 작업

● 개별적으로 의미가 있고 독립적

개인이나 프로젝트 팀의 특정 수행 조직에게 할당하며 다른 액티비티와 맞물리지 않고 독립적으로 수행 가능한 수준으로 분해되어야 한다. 액티비티는 타 액티비티의 수행상태와 밀접하게 연관되는 것이 당연하지만 자체적으로 수행할 시에는 충분히 독립적인 것이 바람직하다.

● 수행 기간 및 예산 산출 가능

액티비티는 명확한 수행 기간을 가져야 한다. 그렇지 않다면 프로젝트 기간이 늘어나서 납기를 맞추지 못할 것이 자명하다. 여기서 수행 기간과 관련하여 한 가지 고려해 볼 요소가 있는데 바로 품질 기대치이다. 품질 기대치가 높으면 기간이 길어지는 것이 보통이기 때문이다. 따라서 해당 액티비티를 할당받은 작업자가 납기를 맞추기 위해 품질 기대치를 고려하지 않는다거나 축소하는 경우를 방지하기 위해서 수행 기간을 정할 때 품질 기대치에 대하여 명시해 주는 것이 좋다.

● 산출물의 명확한 이해 가능

무엇을 최종적으로 완료하면 종료되는지에 대해서 모호하게 액티비티를 분해하거나 정의해서는 안된다. 반드시 작업자가 명확히 이해 가능한 산출물을 명시해야 하며, 산출물은 설계서, 의사결정, 사양, 문서, 테스트 등 여러 가지 것들이 될 수 있다.

● **수행하는 사람이 익숙**

　WBS에 액티비티명을 분해 및 정의할 때 작업자가 쉽고 이해 가능하게 정의하는 것이 좋다. 즉, 예를 들어 비슷한 성격의 이전 프로젝트에서 정의한 WBS명을 사용하는 등의 방법이 좋다는 것이다. 반복적인 사용으로 검증을 거쳐 표준화되면 작업자가 할당 받았을 때 액티비티명만 보고도 무엇을 해야 하는지 명확하게 기준이 서고, 과거 프로젝트의 이력 정보와 경험을 활용하여 기간을 줄이고 양질의 산출물을 낼 수 있다.

:: Note ::

Many tree but no forest
WBS를 분해할 때 보면 액티비티만 연속적으로 나열한 WBS를 가끔 볼 수 있다. 동일한 성격과 필요성에 따라서 그룹화를 하고 단계를 내리는 것이 관리 측면에서 유용하다. 프로젝트 관리자는 나무를 관리하는 것도 중요하지만 나무들이 모여 이루어지는 숲의 형태를 검사 및 관리하는 일이 더욱 중요하다.

1.3.1 WBS 작성 시 유의사항

1) WBS의 최하위 단위를 작업 패키지(work package)라고 한다. 다른 용어로 cost account 라고도 한다.
2) 통상 단위 작업 패키지는 80시간(2주) 내외의 기간을 가지도록 분해하는 것이 바람직하다.
3) WBS의 구성요소는 유니크한 ID(넘버링 체계)를 가지는 것이 바람직하며, 이를 code of account 라고 한다.
4) 각 작업 패키지의 상세한 내용을 기술한 것을 WBS 사전(WBS dictionary)이라고 한다.
5) WBS의 분해는 각 작업 패키지 별로 일정과 원가를 산정 가능할 때까지 하여야 한다.

1.3.2 작업 패키지(Work package)의 적정 수준

1) 너무 개괄적으로 분해된 것은 아닌가?
　① 작업의 기간, 공수, 비용을 산정할 수 있는가?
　② 작업 간의 연관관계를 찾을 수 있는가?
　③ 작업에 담당자를 지정할 수 있는가?

2) 너무 자세하게 분해된 것은 아닌지?
　① 작업이 WBS에 포함될 필요가 있는가?
　② 작업이 단순한 체크리스트나 to-do list인지 아니면 일정 공수가 투여되는 실질적인
　　작업인지?
　③ 프로젝트 수행 통제 중에 이 작업들에 대해 모두 관리가 가능한지?

1.3.3 작업 패키지 적정 수준 평가 법칙

1) 1%~10% 법칙
　프로젝트의 규모를 고려한 적정 작업 패키지 수준 평가 방법
　Ex. 3개월 기간의 프로젝트 → 달력 상의 90일의 기간 → business day 65일
　　적정 작업 패키지 수준 : 0.65일(65일의 1%) ~ 6.5일(65일의 10%)

2) 1 reporting period의 법칙
　① 작업 지연에 대한 위험을 최소화하기 위한 방법
　② 프로젝트의 최소 감시 주기 이내로 분해해야 함
　Ex. 최소 감시 주기 → 주간 보고, 작업의 기간을 3주로 정의 → 첫 번째, 두 번째 주간
　　회의 시에는 '진행 중' 이라는 보고만 받게 되고, 계획 상의 종료 날짜가 지난 후에야
　　성과를 평가할 수 있음 → 위험 요소 증가

1.3.4 인도물과 액티비티

인도물(deliverable)은 액티비티(activity)의 결과로서 생성된다.

1) 인도물의 예
　■ 리포트
　■ 디자인
　■ 교육시킨 작업자
　■ 소프트웨어 설계서
　■ 도면

2) 액티비티의 예
- 리포트 작성
- 디자인 설계
- 작업자 교육
- 소프트웨어 설계서 작성
- 도면 스캔

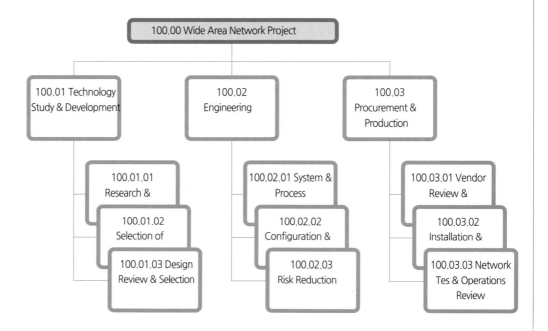

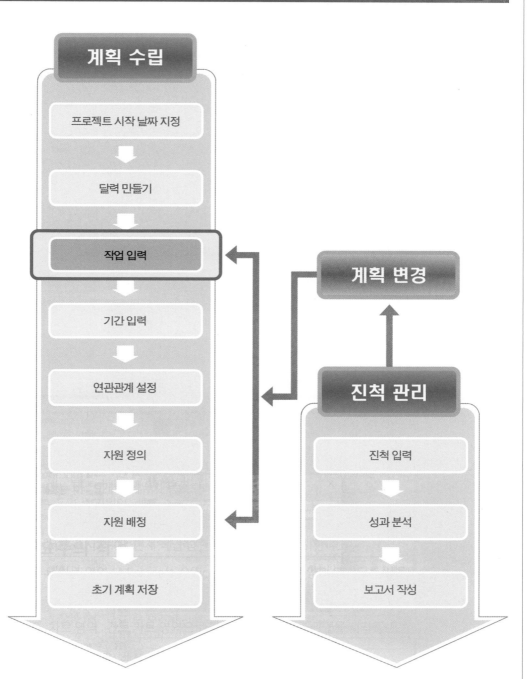

2.1 WBS 작성

2.1.1 WBS 입력

[작업 > Gantt 차트] 메뉴를 선택한다. 그 다음 "작업 이름" 필드의 셀에 프로젝트 명을 입력한다.

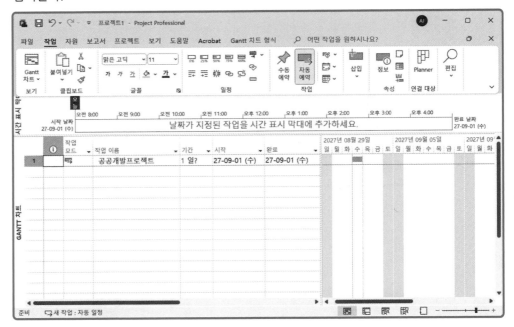

두 번째 행부터 분해 수준에 해당하는 단위나 산출물을 입력한 후, 숫자로 보여지는 "ID" 필드를 드래그하여 블록 설정하고 [한 수준 내리기] 메뉴를 선택해 프로젝트의 하위 작업으로 내린다. 한 수준 내리기는 [작업] 탭에서 [작업 수준 내리기] 버튼을 선택하여 실행한다.

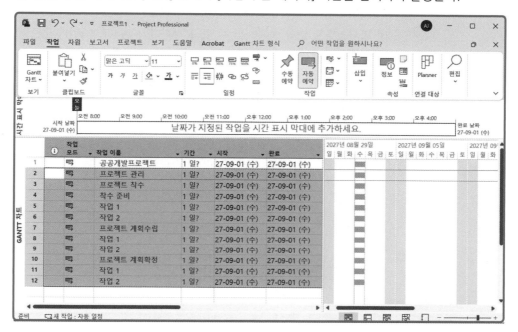

동일한 방식으로 최종 단계까지 모두 분해한다.

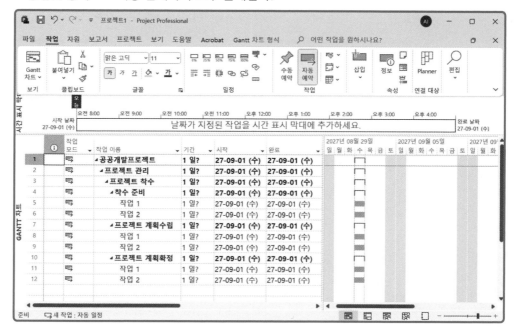

2.1.2 WBS 코드 만들기

WBS의 용도는 복잡한 작업의 내용을 일일이 기억하지 않아도 된다는 점이다. 따라서 수 많은 작업의 이름을 구분하기 보다는 고유한 코드명으로 관리하면 보다 명확하게 관리될 수 있으며 의사소통도 보다 정확해질 수 있다. MS Project에서 WBS 코드는 입력하는 방식이 아니라 생성하는 방식으로 만들어진다.

상단 메뉴에서 [프로젝트 > WBS > 코드 정의] 메뉴를 선택한다.

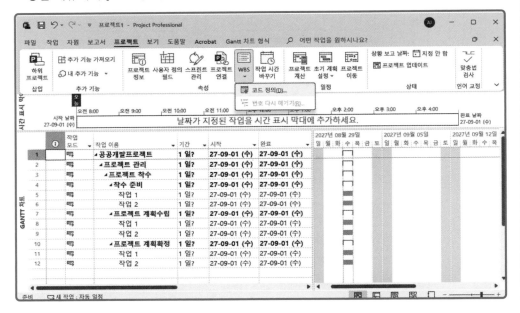

아래와 같이 "WBS 코드 정의" 창이 열리면 "프로젝트 코드 접두어" 를 입력하고 "순서" 필드에서 목록의 '번호 (순서대로)'를 선택한 다음 〈확인〉 버튼을 누른다.

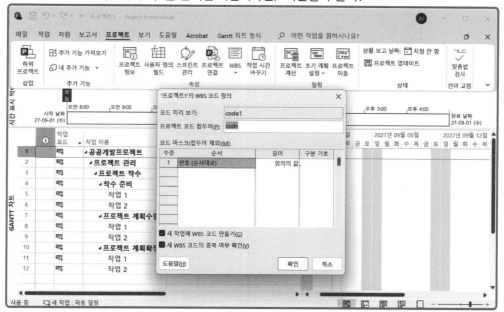

〈확인〉 버튼을 누르는 순간 모든 WBS가 계층적인 구조에 맞게 생성되며 이제 이것을 테이블 상에 나타나도록 하는 작업을 수행하여야 한다.

WBS를 삽입하고자 하는 위치를 정하고 바로 뒤 필드 전체를 선택한 다음 마우스 오른쪽을 눌러 [열 삽입] 항목을 선택한다.

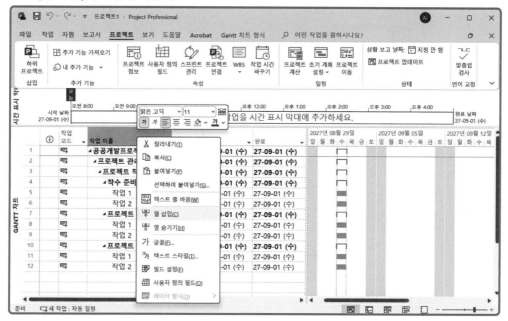

"열 이름 입력" 창이 뜨면 목록에서 'WBS' 라는 이름을 가진 필드를 선택한다.

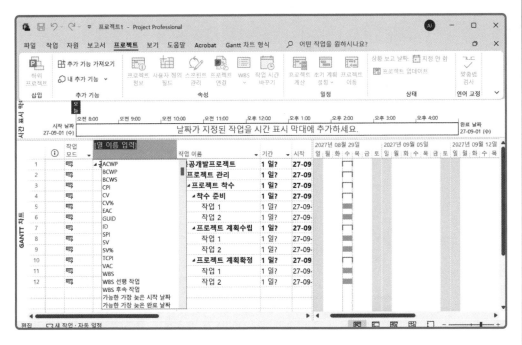

〈확인〉 버튼을 누르는 순간 테이블 상에 WBS 코드가 삽입되어 나타난다.

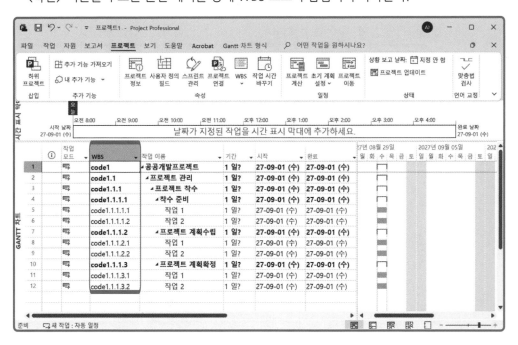

2.2 WBS 보기

2.2.1 작업 숨기기 및 보이기

작업 숨기기는 테이블의 "작업 이름" 필드의 작업명 앞에 검정 삼각 아이콘을 클릭하면 하위 작업들이 숨는다. 반대로 작업명 앞에 흰색 아이콘을 클릭하면 하위 작업들이 보인다.

2.2.2 수준 별로 보기

툴 바에서 〈보기 〉 개요〉 아이콘을 선택한다.

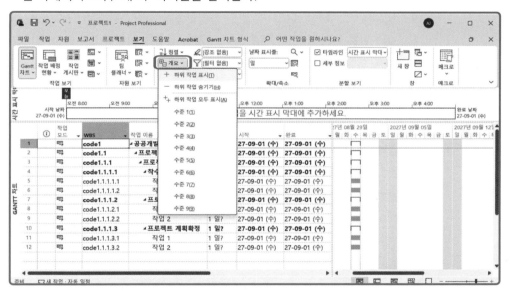

개요 수준에 따라 선택한다. 3레벨 분해 수준까지만 보고자 한다면 개요 [수준 3] 메뉴를 선택하면 된다.

2.3 WBS 변경

2.3.1 작업 이름 변경

"작업 이름" 필드의 '작업명' 을 선택하고 F2 키를 누른다. 그 다음 이름을 변경하고 Enter 키를 누르거나 셀을 빠져 나오면 된다.

2.3.2 작업 삽입

먼저 삽입 하고자하는 위치의 아래 행 작업을 선택한다. Insert 키를 누르면 비어있는 행이 삽입된다. 그 다음 여러 작업을 삽입하고자 하면 원하는 개수만큼 블록 설정을 한 후 Insert 키를 누르면 된다. 예를 들어, 3개의 작업을 삽입하고자 하는 경우 3개의 작업을 복수로 블록 설정하고 Insert 키를 누른다.

2.3.3 작업 삭제

작업을 완전하게 삭제하고자 하는 경우 작업의 ID를 클릭하여 행 전체를 선택한 후, 작업 삭제를 선택한다.

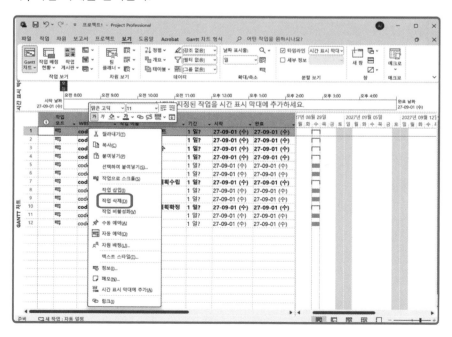

작업 기간 설정

1. 작업 기간의 개념을 이해한다.
2. 변수 고정에 따른 작업 시간의 결과를 알아본다.
3. 작업 기간 산정의 속성에는 어떠한 것이 있는지 알아본다.
4. 작업 종류를 설정할 수 있다.

[Chapter 3. WBS 작성] 에서는 MS Project를 사용하여 WBS를 작성하여 보았다. 다음은 자원 배정에 따른 작업 기간의 설정을 알아보기 위하여 먼저 작업 기간의 의미를 이해하고 작업의 종류에 대하여 알아본다. MS Project의 사용법으로는 이론 학습에서 배운 작업 기간의 입력에 대한 방법을 알아본다.

1.1 작업 기간의 개념

1.1.1 기간과 작업 시간의 차이

기간(duration)이란, 달력 상의 작업(업무)지속 날짜이다. 작업이 목요일에 시작해서 다음 주 화요일에 종료되었다면 목, 금, 월, 화 4일의 기간을 가지게 된다. 작업 시간 (work) 이란, 맨아워(man-hour), 맨데이(man-day)등 작업의 공수이다. 작업이 목요일에 시작해서 다음 주 화요일에 종료되고 2명의 자원이 배정 된다면 8일의 작업 시간(8md)를 가지게 된다.

기간, 작업 시간, 자원 단위는 함수로써 서로 밀접하게 관련이 있다. MS Project는 이 관계를 자동으로 계산해 주기 때문에 때때로 사용자들은 본인이 입력했던 수치가 자동으로 변경되었다라는 오해를 하기도 한다. 또한 프로젝트에서 흔히 사용하는 공수는 맨데이 (man-day), 맨먼스(man-month)라고 부른다. (man이라는 단어는 남성을 지칭하기 때문에 외국에서는 person-day, person-month라는 단어를 주로 사용하기도 한다.) man-day의 man은 사람, 즉 자원의 개수이고day는 기간이다. 이를 함수화하면 다음과 같다.

$$작업시간 = 자원 \ 단위 \times 기간$$
$$man\text{-}day = man \times day$$

세 가지 변수 중 하나를 고정시키고 하나를 변경하면 남은 하나는 자동으로 변경되게 된다. 즉 3개의 변수 중 2개를 제공하면 나머지 하나는 자동으로 MS Project가 계산을 해주게 된다. 만약 세 번째 변수를 사용자가 임의의 수치로 변경하게 되면 첫 번째와 두 번째 수치는 자동으로 다시 계산된다.

1.1.2 변수 고정

1) 기간 고정

기간이 고정된 경우 작업량이 늘어나면 단위는 늘어난다.

원래 고객이 원하는 것 보다 더 많은 것을 해달라고 할 때 작업량은 증가하게 된다. 이 증가된 작업량을 처리할 수 있는 방안은 유일하게 작업자의 단위를 늘리는 것이다. 하루 8시간근무에서 10시간으로 매일 2시간씩 잔업을 하지 않을 수 없다.

2) 단위 고정

단위가 고정되면 늘어나는 작업량에 따라 기간이 늘어난다.

원래 고객이 원하는 것 보다 더 많은 것을 해달라고 할 때 작업량은 증가하게 된다. 이 증가된 작업량을 처리할 수 있기 위해서는 기간이 늘어나게 된다. 그 이유는 단위를 늘릴 수 없는 상황이기 때문이다.

3) 작업 시간 고정

작업 시간이 고정된 경우 기간이 늘어나면 단위가 줄어든다.

정해진 분량의 작업량을 하는데 기간이 당초 계획보다 늘어나면 그 일을 하는데 배정된 사람들의 일하는데 소요되는 시간은 줄어든다. 따라서 하루에 8시간씩 일하지 않고 6시간씩 늘어난 기간 안에 수행하면 된다. 반대로 기간이 줄어들면 그 일을 하는데 써야 하는 단위의 크기가 늘어나서 잔업이 불가피해진다.

1.2 작업 기간 산정

1.2.1 작업 기간 산정의 절차

앞서도 언급했지만 프로젝트에서 일정 계획을 수립할 때, 일반적으로 달력이나 자원의 수를 고려하지 않고 "몇 일에 시작해서 몇 일에 종료된다." 라고 바로 정하는 경우가 많다. 하지만 작업의 기간은 실제로 업무를 하는 기간(business day)과 몇 명의 자원이 배정되느냐에 따라 정해지므로 이를 통해 기간을 도출하는 것이 올바른 절차이다.

프로젝트에서 기간을 산정하는 절차는 작업을 구성하는 파라메터를 고려하는 것에서 시작한다. 이 파라메터는 규모, 난이도 등이 되는데 프로그래밍 작업의 경우 얼마나 많은 입력 화면이 필요한가를 알아야 할 것이고, 건설 프로젝트의 경우 몇 평의 건물을 지어야 할 것인가를 알아야 할 것이다.

각각의 산업은 각각의 측정지표(metric)을 가지고 있다. 프로그래밍 작업의 경우 규모 측정을 본수, 스텝수, LOC, Function Point 등으로 측정한다. 평균적으로 1FP/md의 생산성을 갖는 프로그래머들로 구성된 팀에 20FP의 규모를 갖는 작업이 있다. 이를 작업 시간으로 환산하게 되면 20md를 얻을 것이다. 두 번째로 고려해야 할 것은 몇 명의 자원이 투여될 것인가이다. 2명이 투여된다면 작업의 기간은 10md가 될 것이고, 4명이 투여된다면 5md가 될 것이다. 여기서 구한 기간은 business day이지 calendar day가 아니다.

마지막으로 달력을 고려하여 시작/종료 날짜를 산정한다. 5일의 기간이 소요되는 작업이 월요일에 시작한다면 금요일에 종료되어 5일의 calendar day를 가지겠지만, 목요일에 시작하는 경우, 목, 금, (토, 일,) 월, 화, 수 7일의 calendar day를 가지게 된다. 사용자는 business day만 입력하면 된다. MS Project가 자동적으로 달력을 고려한 시작 /종료 날짜를 구해주기 때문이다.

1.2.2 작업 기간 산정의 속성

작업의 기간은 자원 배정량을 고려하지 않고 공수만 고려해서 산정했는지 아니면 자원 투입량을 고려해서 산정했는지에 따라 그 속성이 달라지는데 전자를 공수중심의 기간 산정 (effort-driven estimating), 후자를 자원 중심의 기간 산정 (resource-driven estimating)이라 칭한다.

1) 공수중심의 기간 산정(effort-driven estimating)

작업의 공수를 기간으로 입력하는 경우이다. 자원이 배정될수록 작업의 기간은 그에 반비례하면서 줄어들게 되지만 공수는 변하지 않고 고정되어 있다. 작업의 속성은 작업 시간 고정으로 설정한다.

2) 자원중심의 기간 산정(resource-driven estimating)

배정되는 자원까지 고려한 실제 기간을 "기간" 필드에 입력하는 경우이다. 이미 자원 배정량을 고려한 작업 기간이기 때문에 자원을 배정하더라도 기간은 변하지 않는다. 작업의 속성은 기간 고정에 작업량 고정을 체크하지 않은 상태로 설정한다.

프로젝트에서 흔히 사용하는 일정 산정 방법은 자원중심의 기간 산정 방법이다. 몇 명이 일하게 될지 염두에 두고 작업의 기간이 몇 일 소요될 것이라고 산정하기 때문이다. 이와 같은 방법으로 산정하는 경우 모든 작업을 기간 고정-작업량 고정 unchecked로 설정해야 기간이 변경되는 것을 방지할 수 있다. 하지만 이와같이 산정하게 되면 작업의 성격과 상관없이 모든 작업의 속성을 기간 고정으로 설정해야 하는 것이 단점이다.

예를 들어 '수행 환경 구축' 이라는 작업에 대해 기간을 산정할 때 처음부터 2명의 인력이 투입되어 2일동안 일하는 작업으로 생각하고 "기간" 필드에 '3일' 의 기간을 입력하였다. 이와 같은 방식은 기간 산정 시에 자원 배정량을 고려하고 있기 때문에 자원중심의 기간 산정이고, 따라서 작업의 속성을 기간 고정-작업량 고정 unchecked로 설정해야 1명 배정한 후, 1명 더 배정 시의 기간이 1일로 변경되는 것을 방지할 수 있다. 만약 이와 같은 상황에서 프로젝트 기간을 단축시키기 위해 수행 환경 구축에 2명의 자원을 더 투여하여 하루만에 끝나는 작업으로 만들어 보자. 위 작업은 구축해야하는 범위가 정해져 규모가 정해져 있는, 즉 공수가 고정되어 있는 작업이기 때문에 자원을 더 배정할수록 기간은 줄어들 것이다. 하지만 이미 기간 고정-작업량 고정 unchecked로 설정되어 있기 때문에 기간이 1일로 줄어들지 않고 공수만 4md에서 8md로 늘어나는 오류를 범하게 된다.

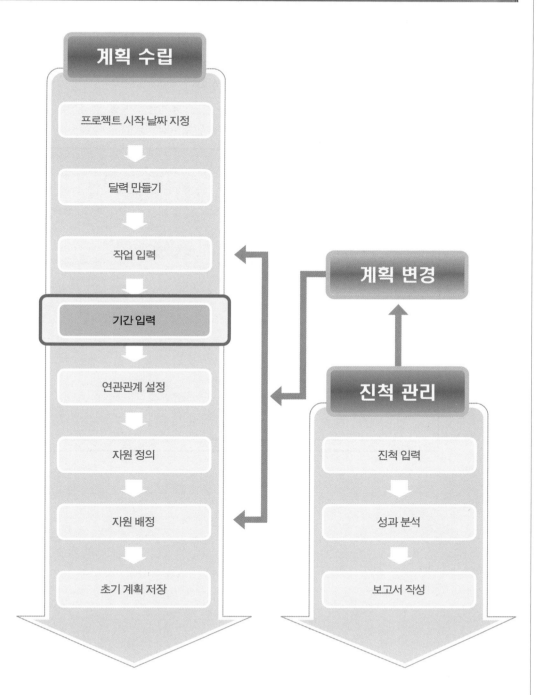

2.1 작업시간 열 삽입하기

자원이 배정되는 순간 나타나는 변화는 작업 시간이 계산되어 저장된다는 점이다. 작업 시간이 계산되어 저장되는 것을 확인해 보기 위해서 작업을 입력하고 자원을 배정한 다음 작업 시간 열을 찾아서 현재의 테이블에 삽입시켜야 한다. 이미 열 삽입하는 방법에 대해 이전 장에서 간단하게 설명하여 알고 있을 것이다. 이번 장에서는 화면을 통하여 "작업 시간" 필드를 삽입함으로써 다시 한번 상세히 살펴보도록 하자.

작업을 입력하고 자원 이름 필드에 자원을 입력한다.

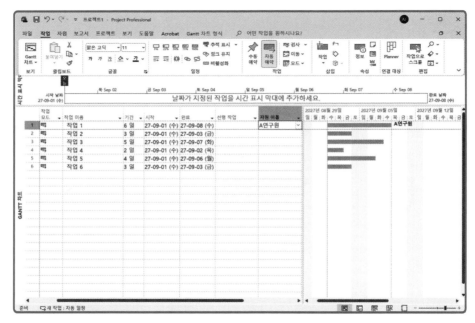

"기간" 필드를 선택한 다음 마우스 오른쪽을 눌러 아래 화면과 같이 팝업 메뉴가 나타나면 [열 삽입] 항목을 선택한다.

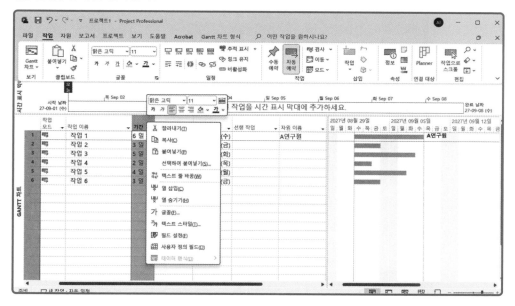

필드에서 '작업 시간'을 선택한다.

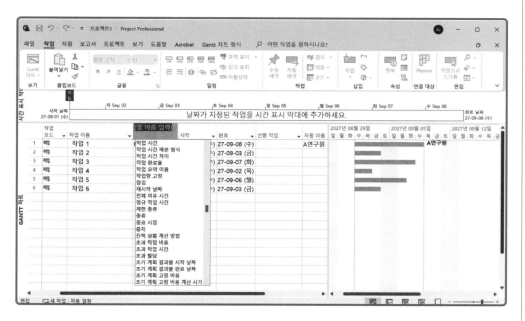

아래 화면과 같이 자원이 배정된 작업은 작업 시간이 계산되어 나타난다.

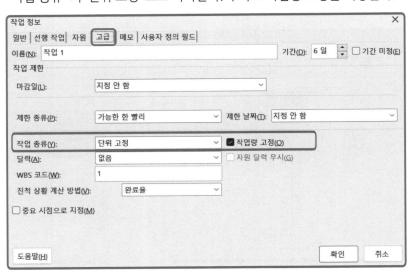

2.2 작업 종류 설정

설정하고자 하는 작업을 더블 클릭하여 "작업 정보" 창이 나타나면 "고급" 탭으로 이동한다.
"작업 종류" 가 '단위 고정' 으로 나타난다. 추가로 작업량 고정을 지정한다.

바로 옆에 있는 "작업량 고정"에 체크가 되어 있으면 최초 산정된 작업량의 크기를 그대로 유지하려는 속성을 갖는다는 것을 의미한다. 만일 자원이 추가되면 기존에 산정된 작업량을 그대로 유지하기 때문에 늘어난 단위에 반비례하여 기간이 줄어들게 된다. 만일 기간이 그대로 유지되고자 한다면 작업량 고정 체크를 해제하면 작업량이 최초 값보다 커지면서 기간을 그대로 두게 된다.

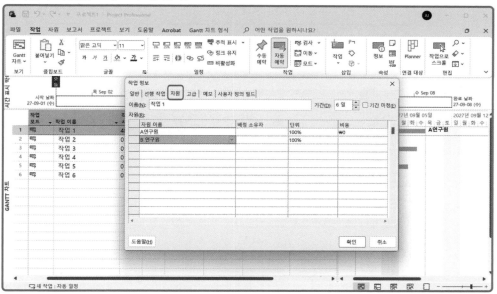

이상의 예에서 작업1의 자원을 기존에 A 연구원에다 1명 더 추가하여 B 연구원을 100% 추가시키면 원래 기간 6일이 3일로 줄어든다.

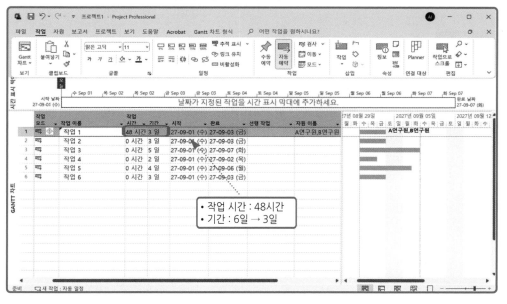

기간이 줄어든 이유는 기본적으로 단위 고정에다가 작업량도 보존되기 때문이다. 값의 변화에 대해 MS Project가 취할 수 있는 유일하게 대응하는 변화가 기간이기 때문이다.

이 상황에서 기간을 6일로 만들고 작업량을 늘리고자 한다면 스마트 태그를 선택하여 처리한다. 자세히 읽어 보면 그 의미를 알 수 있다.

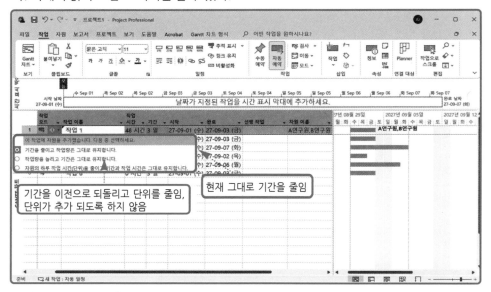

원하는 대로 옵션을 바꾸면 그대로 바뀌게 된다.

2.3 기간 고정하기

이번에는 기간을 고정시키고 여러 가지 값에 변화를 주는 연습을 해 본다. 기간을 고정시킨다는 것은 기간을 정해진 값 이상이나 이하로 바뀌지 않게 만드는 것이다. 프로젝트의 어느 시점에서 기간은 절대적으로 중요한 요소로 작용할 수 있다. 가령 프로젝트 종료 시점에 임박해서 수행하는 작업의 경우 기간을 최우선으로 관리해야만 한다.

MS project "작업정보"의 "고급" 메뉴를 열어보면 "작업 종류"는 '단위 고정'으로 기본 세팅
되어 있다.

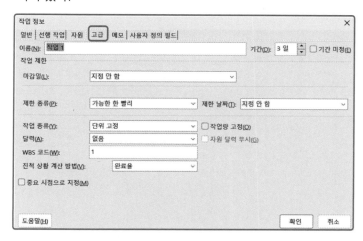

"단위고정"에서는 작업시간을 48시간에서 60시간으로 증가시켜 작업량에 변화를 주면 기
간은 3일에서 3.75일로 바뀐다.

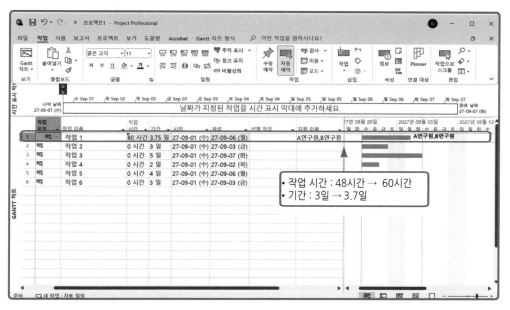

이번에는 작업시간을 다시 60시간에서 48시간으로 줄이면 기간이 3.75일에서 3일로 변하는 것을 알 수 있다.

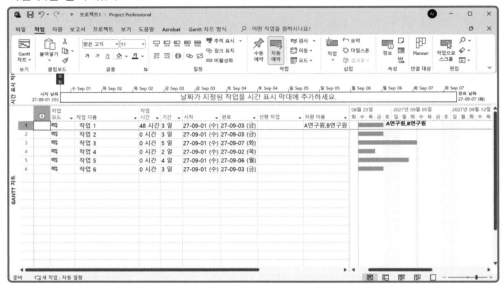

MS project "작업정보"의 "고급" 메뉴를 열고 "작업 종류"를 '기간 고정'으로 선택한 다음 〈확인〉 버튼을 누르면 작업종류가 기간고정으로 바뀐다.

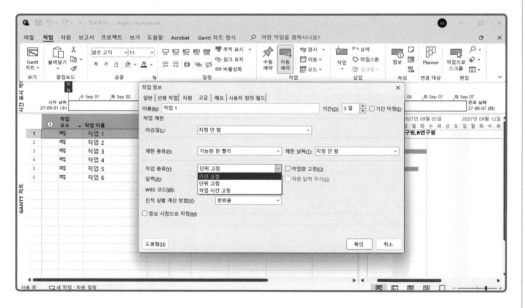

"기간고정"에서는 "단위고정"과 달리 작업시간을 48시간에서 60시간으로 늘려 작업량에 변화를 주어도 기간이 3일로 고정되어 변하지 않는 것을 알수 있다.

기간산정이 중요한 프로젝트에서는 일반적으로 "작업종류"를 "기간고정"으로 셋팅하여 사용하는 것이 업무에 편리하다.

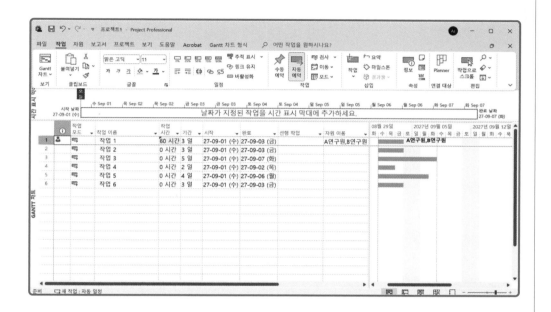

: : Note : :

작업 시간을 쉽게 구하는 법
MS Project 사용 초보자는 기간 고정을 통해서 기간이 바뀌지 않도록 한 다음 자원을 배정하면
작업 시간을 쉽게 구할 수 있다.

MS Project

작업 연관관계 정의

1. 연관관계(dependency)의 정의를 이해한다.
2. 연관관계의 종류와 설정 방법을 알아본다.
3. 지연(lag) 시간과 선행(lead) 시간의 차이를 이해한다..
4. 지연 시간과 선행 시간을 설정할 수 있다.

MS Project의 작업 기간 설정 단계까지의 이론과 실습을 병행하여 살펴보았다. 다음은 연관관계(dependency)의 의미를 이해하고 사용할 수 있도록 한다. 그 다음 MS Project의 사용법으로는 이론학습에서 공부한 연관관계의 설정 및 삭제하는 방법을 배워보자.

핵심정리

O1

1.1 연관관계 정의

1.1.1 연관관계(dependency)란 무엇인가?

연관관계란, 두 작업의 시작 날짜 또는 종료 날짜 사이의 논리적인 관계이다.

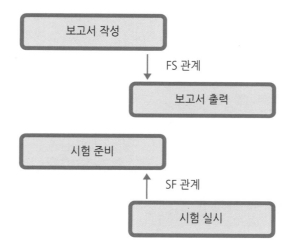

위의 그림에서 보고서 작성은 선행 작업 (predecessor), 보고서 출력은 후행 작업 (successor)이라고 불리운다. 보고서 작성이 종료되고 난 후에만 보고서 출력을 시작할 수 있기 때문에 보고서 작성이 늦어지게 되면 보고서 출력 일정은 그에 따라 늦어지게 된다.

연관관계(dependency)는 시간적인 순서라고 생각하기가 쉽다. 두 작업 중에 시간적 순서로 앞에 있는 작업을 선행 작업으로, 뒤에 있는 작업을 후행 작업이라고 여긴다. 위의 그림 중 두 번째 경우, 시간적으로 보았을 때 시험 준비가 시험 실시보다 먼저 일어나므로 선행 작업이라고 생각하지만 그렇지 않다. 연관관계는 시간적인 순서라기보다는 원인과 결과의 관계이기 때문이다.

시험의 경우 날짜가 정해져 있고 그 날짜가 될 때 까지는 계속 시험을 준비하게 된다. 그러다가 시험이 실시되는 순간 시험 준비라는 행위는 종료하게 된다. 만약 시험 일정이 늦춰지게 된다면 시험 준비라는 행위도 계속 지속될 것이다.

MS Project에서 연관관계를 통해 얻는 이점은 프로젝트의 일정과 관련된 정보를 손쉽게 고칠 수 있다는 데 있다. 예를 들어 1,000개의 작업으로 구성된 WBS가 있다고 하자. 이 1,000개의 작업은 각각 시작 날짜와 완료 날짜를 갖는다. 만일 이 작업 중 일부 시작 날짜와 완료 날짜가 바뀌게 되면, 이 작업과 관련 있는 모든 작업의 시작 날짜와 완료 날짜는 바뀌어져야 한다. 이것을 수작업으로 일일이 바꾸는 작업은 매우 어렵다. 통상 엑셀을 사용하여 수립한 계획의 대부분이 이와 같은 방식이어서 프로젝트 시작부터 끝까지 일정을 수정·변경하면서 유지하는 경우를 거의 볼 수 없다.

　MS Project에서 연관관계가 제공되는 이유도 여기에 있다. 하나의 작업 날짜 변동은 이후 작업의 자동적인 날짜 변동으로 손쉽게 WBS을 최신 버전으로 유지해 나갈 수 있다.

1.1.2 연관관계 종류

연관관계에는 모두 4 가지 종류가 있으며 아래 표와 같다.

FS(Finish-to-Start)	**완료 후 시작**
SS(Start-to-Start)	**동시 시작**
SF(Start-to-Finish)	**시작 후 종료**
FF(Finish-to-Finish)	**동시 완료**

●**F-S 관계(Finish-to-Start)**
: 문서 작성이 종료하면 문서 출력을 시작한다.

●**S-S 관계(Start-to-Start)**
: 벽돌공이 작업을 시작하는 순간 목수가 작업을 시작한다.

●**S-F 관계(Start-to-Finish)**
: 시험이 시작되면 시험 준비는 종료된다.

●**F-F 관계(Finish-to-Finish)**
: 문서 작성이 끝나면 이틀 후에 번역이 완료된다.

1.2 지연(Lag) 시간과 선행(Lead) 시간

　　FS관계의 작업이더라도 선행 작업이 종료되었다고 후행 작업이 바로 시작될 수 없는 경우가 있다. 예를 들면 '콘크리트를 바르다' 라는 작업과 '도배를 하다' 라는 작업이 있을 때 콘크리트를 바르다가 선행 작업, 도배를 하다가 후행 작업인 FS관계를 가질 것이다. 하지만 콘크리트를 바르다라는 작업이 종료되었다고 도배를 하다라는 작업이 바로 시작될 수 있겠는가? 이 경우 콘크리트가 완전히 마를 때까지 기다리고 난 후에야 후행 작업이 시작될 수 있을 것이다. 이와 같이 두 작업 간의 관계에서 기다려야 하는 시간을 지연(lag) 시간이라고 부른다.

　　이와는 달리 중첩되어 두 작업을 병행할 수 있는 경우가 있다. 매뉴얼 작성과 매뉴얼 교정 이라는 두 작업의 경우 매뉴얼 작성이 선행 작업, 매뉴얼 교정이 후행 작업이 되는 FS관계를 가질 것이다. 매뉴얼 작성이 50% 완료되었을 때 완료된 분량에 대해서만 교정하는 작업이 시작할 수 있을 것이고, 이 경우 나머지 50%의 매뉴얼을 작성하는 동안 매뉴얼 교정이 병행해서 수행될 것이다. 이와 같이 두 작업이 부분적인 연관관계를 가져 두 작업이 병행하는 시간을 선행(lead) 시간이라고 부른다.

MS Project 활용하기

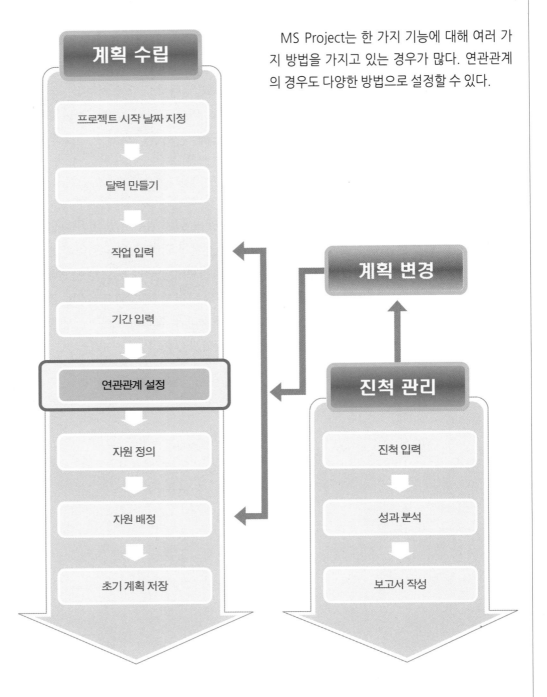

MS Project는 한 가지 기능에 대해 여러 가지 방법을 가지고 있는 경우가 많다. 연관관계의 경우도 다양한 방법으로 설정할 수 있다.

2.1 연관관계 설정 및 삭제

2.1.1 연관관계 설정

1 툴바에서 작업 연결 아이콘을 사용

연관관계를 갖는 두 개의 작업을 선택하고, 툴 바에서 〈작업 연결〉 아이콘을 누른다.

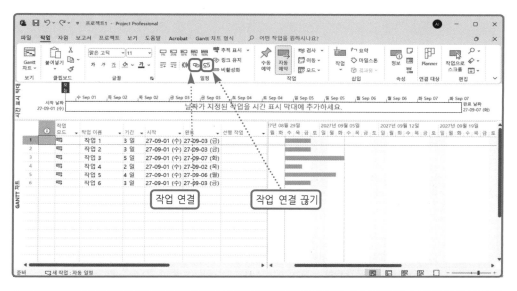

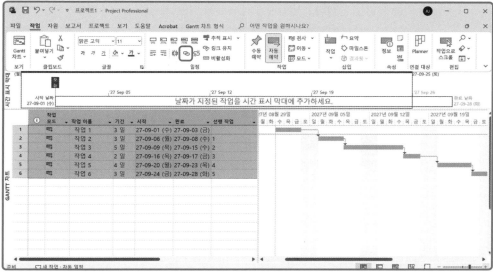

2 작업 ID 사용

"선행 작업" 필드에 연관관계가 있는 작업의 ID 번호를 입력한다.

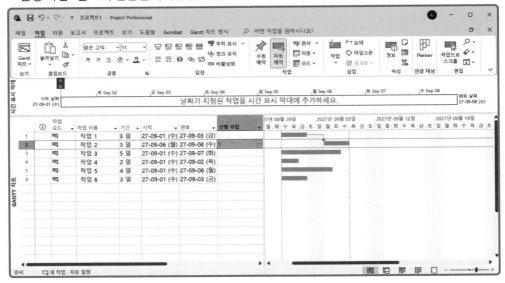

3 직접 연관관계 종류 설정

작업명을 더블 클릭하여 나타나는 "작업 정보" 창에서 "선행 작업" 탭으로 이동한 다음, 해당되는 작업을 선택하고 연관관계의 종류를 정한다.

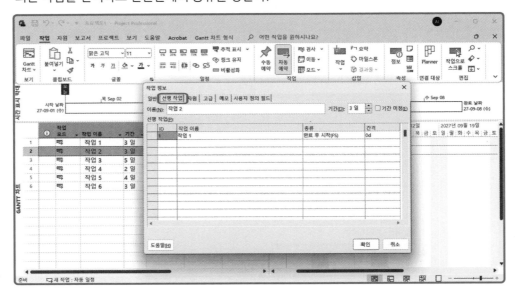

2.1.2 연관관계 삭제

연관관계를 삭제할 작업들을 선택한다. 연속적으로 작업이 있는 경우 Shift 키를 누른 상태에서 방향키를 아래로 내려 복수 블록 설정을 할 수 있으며, 작업이 떨어져 있는 경우 Ctrl키를 누른 상태에서 마우스로 각각 선택하면 된다.

그 다음 툴 바에서 〈작업 연결 끊기〉 아이콘을 선택하거나 Ctrl+Shift+F2 키를 누르면 두 작업 간의 연관 관계가 삭제된다.

또는 Gantt 차트에서 삭제할 연관 관계를 표현한 화살표를 더블 클릭하여 "작업 의존 관계" 창을 띄운다. 그 다음 〈삭제〉 버튼을 누른다.

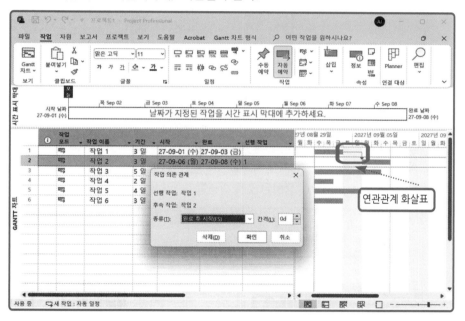

마지막으로 "선행 작업" 필드에서 입력된 작업ID를 삭제하여도 연관관계가 삭제된다.

2.2 지연(Lag) 시간과 선행(Lead) 시간설정

Gantt 차트에서 연관관계를 표현하는 화살표를 더블 클릭하여 "작업 의존 관계" 창을 연다.

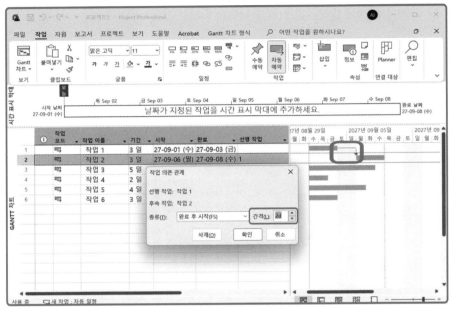

"간격" 의 기본값을 2d로 입력하고 〈확인〉 버튼을 누르면 다음 화면처럼 두 작업 사이에 2일의 지연(lag) 시간이 생성된 것을 확인할 수 있다.

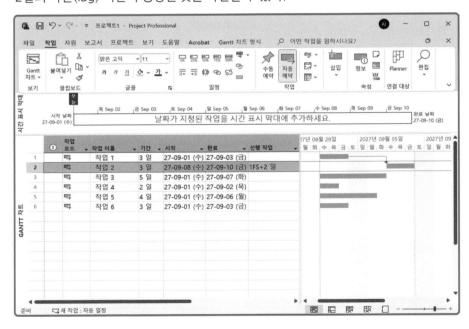

"간격" 필드에 지연(lag) 또는 선행(lead)의 기간 만큼 입력한다.

경우	간격 필드에 입력 방법
3일의 lag	3d
3일의 lead	-3d
선행 작업 기간의 50%만큼 지연된 후 후행 작업이 시작	50%
선행 작업이 50% 완료되었을 때 후행 작업이 시작	-50%

MS Project

자원 정의

1. 자원 정의를 이해한다.
2. 자원의 종류를 알아본다.
3. MS Project에서 자원 정의를 할 수 있다.

지난 장에서 MS Project의 작업 간 연관관계를 정의하고 설정하는 방법을 학습하였다. 다음은 자원 배정 이전에 자원을 정의하여 본다. 자원 정의와 종류에 관한 이론을 학습한 후, MS Project의 사용법으로는 자원을 입력하는 방법을 배운다. 자원 정의는 이후 과정의 중요한 자료가 되므로 관심을 기울여 살펴본다.

1.1 자원의 개념

1.1.1 자원 정의

자원은 프로젝트 수행에서 사용되는 인력, 재료, 비용 자원을 의미한다. 프로젝트에서 자원은 프로젝트의 비용을 결정하는 하나의 요인이 된다. 따라서 개별 자원을 정의할 때에는 자원의 이름과 함께 그 자원의 비용을 정의할 필요가 있다. 이런 투입 자원 비용의 합을 구하면 결국 프로젝트 수행에 필요한 전체 비용이 구해지게 된다. 자원에 따라 계산 시기가 다를 수도 있다. 예를 들어 해외 출장을 위해 항공권을 사용한다고 할 때 항공권이라는 자원의 비용 계산을 해외 출장을 다녀 온 뒤가 아니라, 출장을 떠날 때 이미 지불되어야 하므로 해외출장이라는 작업이 시작되는 날 비용이 지출된 것으로 처리해야 한다. 만일 집을 짓는 데 드는 시멘트를 사용하는 경우에는 시멘트라는 자원의 투입 시기는 대체적으로 시멘트가 사용된 양에 비례해서 지출된 것으로 표현하는 것이 사실에 가깝다고 할 수 있다. 계산시기가 회사마다 다를 수도 있으므로 시멘트 구입이라는 작업에 이미 시멘트라는 자원 비용이 지출된 것으로 처리할 수도 있다. MS Project에서는 이런 모든 경우의 자원 활용을 감안하도록 기능을 제공하고 있다.

1.1.2 자원의 종류

1) 인력
작업 시간 필드에 배정된 시간이 포함된다. 인력 자원이 배정되어 일정 시간 동안 일하게 되며 프로젝트의 비용을 발생시키므로 인력의 단가를 명시해야 프로젝트의 비용 관리가 가능하다.

2) 설비 또는 기계
작업 시간 필드에 배정된 시간이 포함되지 않는다. 따라서 설비 자원의 경우는 자원의 종류를 재료로 설정한다. 설비 자원의 경우 비용을 발생시키는 것도 있고 발생시키지 않는 것도 있다. 팀원 교육을 위해 강의실을 사용해야 할 때 회사의 회의실을 사용하는 경우도 있을 것이고, 외부의 강의실을 대여하는 경우도 있을 것이다. 비용이 발생하는 후자의 경우는 설비 자원의 단가를 명시해야 비용 관리가 가능하다.

비용이 발생한다고 이를 재료 자원이 아니라 작업 자원으로 설정하게 되면 강의실을 대관한 시간 만큼 작업 시간 필드에 추가된다. 작업 시간은 공수의 개념이므로 설비 자원의 시간이 추가 되는 것은 옳지 못하다. 재료 자원으로 설정된 자원은 자원 평준화가 되지 않으므로 OVER BOOKING이 가능하다. 설비 자원을 포함시켜 자원 관리를 하는 경우 이에 주의해야 한다.

3) 재료

소모성 자원으로 작업 시간 필드에 배정된 시간이 포함되지 않는다. 재료는 소모될 때마다 비용이 발생하므로 재료의 단가를 명시해야 비용 관리가 가능하다.

4) 비용

비용은 작업량이나 작업 기간에 영향을 받지 않는 작업을 수행하기 위해 투입된 제경비를 추적하거나 실제로 소요된 프로젝트 경비를 확인하는데 사용될 수 있으며 실제 소요된 비용을 재무 시스템과 연동시킬 수 있다. 재료와는 달리 소요 단위당 동일한 단가가 존재하지 않고 실제 소요된 경비를 사용자가 입력해야 한다. 출장 비용, 서류 접수 비용, 컨설팅 비용 등의 예산 항목을 관리하는데 유용하다.

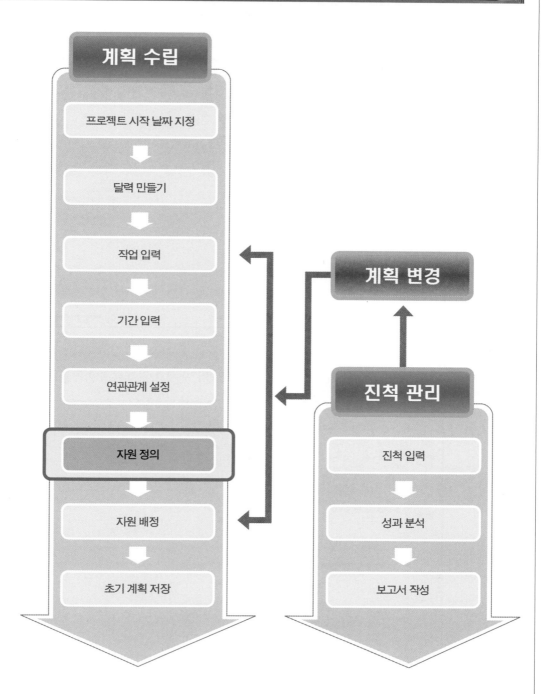

2.1 자원입력

2.1.1 자원 시트 열기

[보기 > 자원 시트] 메뉴를 선택한다.

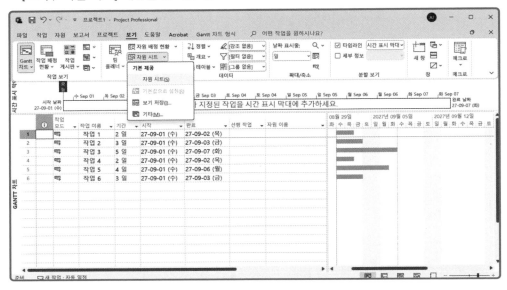

아래 화면과 같은 자원 시트 보기가 나타난다. 먼저 자원 이름과 종류를 정의한다.

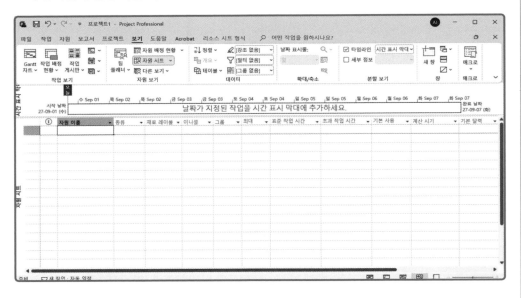

자원 시트의 입력 테이블의 기본값 필드 구성표

필드명	입력 데이터	설명
ID	숫자	자원 번호
자원 이름	텍스트	자원 명칭
종류	텍스트	작업, 재료, 비용
재료 레이블	텍스트	자원 단위(kg, m3, ton)
이니셜	텍스트	자원 이름의 첫글자
그룹	텍스트	자원 그룹 이름(부서명, 작업 명칭등)
최대 단위	백분율/숫자	자원 단위를 기준으로 작업을 완수하기 위한 작업 자원의 사용 가능한 최대 용량(백분율 또는 숫자)
표준 작업 시간 급여	통화	정규 작업 시간당 급여
초과 작업 시간 급여	통화	초과 근무 시간당 급여
기본 사용 비용	통화	자원을 사용할 때마다 발생하는 기본 비용
계산 시기	열거식	비용이 자원에 지불되는 시기 (시작 날짜, 완료 날짜, 완료율에비례)
기본 달력	열거식	해당 자원에 대하여 해당되는 달력 지정
코드	텍스트	자원 분류용 코드

2.1.2 자원 종류 선택

자원의 종류에는 작업과 재료 그리고 비용으로 구분할 수 있는데, 작업은 앞서 설명한 인력 자원으로써 노동력을 의미하며 재료는 물질적인 자원을 의미한다. 비용은 작업을 수행하는데 투입되는 경비이다. 인력 자원은 다시 일반 자원 (generic resource)과 비 일반 자원 (specific resource) 으로 나누어진다. 일반 자원이란, 특정한 작업자의 이름으로 정의하는 대신 작업자의 기술 분야, 역할로서 자원을 구분하는 방법이다.

[자원의 종류]

자원 구분		사례	비고
작업	일반 자원	자바 개발자, DB튜닝 전문가, DB설계자, 테스터, 프로그래머, 용접 기술자, 무대 미술가, 연출자	
	비일반자원	Alex, 김○○, Smith, 이○○, 박○○	
재료(물질적 자원)		컴퓨터, 종이, 유류대, 시멘트, 전기사용량, 임대료	
비용		출장비, 등록비, 세미나, 교육	

※ 용역비는 작업 자원의 하나로 분류하는 것이 바람직하다.

자원 시트에서 입력 가능한 첫 번째 필드는 "자원 이름" 을 작성하는 곳이고, "종류" 필드의 셀을 선택하면 아래와 같이 '작업', '재료', '비용' 중에서 하나의 종류를 정할 수 있다.

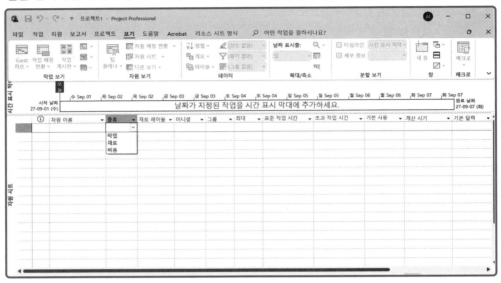

종류 별로 자원을 하나씩 정의하면 아래와 같이 입력된다.

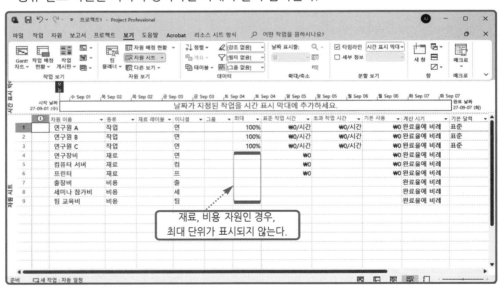

재료, 비용 자원인 경우,
최대 단위가 표시되지 않는다.

자원 이름과 종류를 정한 다음에는 "재료 레이블" 필드에 재료 자원의 사용 단위를 작성한다. 재료 레이블을 정하는 기준은 조사를 통해 단가를 정확히 알아 볼 수 있는 수준으로 해야 추후에 자원의 배정을 통한 비용 산정이 쉬워진다.

예를 들어, 항공권인 경우에는 특정 지역까지의 평균 항공권의 금액으로 해야 하므로 자원 이름을 정할 때에는 단순히 항공권이라는 표기보다는 서울에서 미국 LA까지 가는 항공권이라고 정의하는 것이 보다 구체적으로 금액을 알 수 있으므로 바람직하다고 할 수 있다.

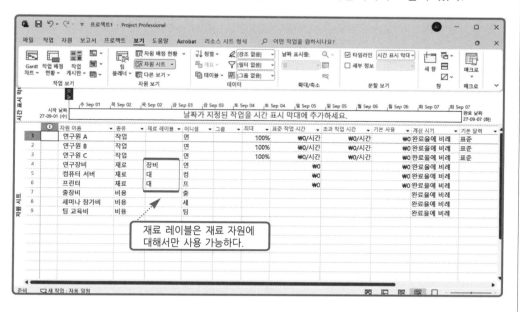

재료 레이블은 재료 자원에 대해서만 사용 가능하다.

2.1.3 표준 작업 시간 급여 입력하기

그 다음 단계는 각 자원의 사용에 따라 발생하는 비용을 정의하는 단계로서 "표준 작업 시간 급여(사용 비용)" 필드에 입력한다. "표준 작업 시간 급여" 필드의 특정 자원에 해당하는 셀을 선택한 다음 상단의 수식 입력줄에 현재 통용되는 화폐 단위로 금액을 입력하면 된다. 이때 시간당 단가가 아닌 경우에는 아래와 같이 단위를 수정하면서 입력한다.

- 월(月) 단위로 인건비를 지급하는 경우 : 10,000 / 달
- 주(週) 단위로 인건비를 지급하는 경우 : 10,000 / 주
- 일(日) 단위로 인건비를 지급하는 경우 : 10,000 / 일

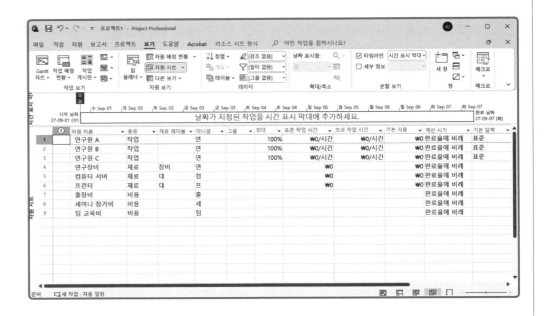

각 자원의 단가를 모두 입력하면 다음과 같다. 재료 자원인 경우 각 재료 레이블 단위 별로 단가를 작성하고 작업 자원(인력 자원)인 경우에는 인건비 지급 시기 별로 작성한다.

일반 자원인 경우 최대 단위가 의미있게 사용될 수 있다. 프로젝트 내에서 동일한 기술 영역에 속하는 인력을 1명 이상 투입할 경우에는 최대 단위를 200%, 300%, 400%로 표기할 수 있는데, 이것은 각각 2명, 3명, 4명을 투입하는 것을 의미한다.

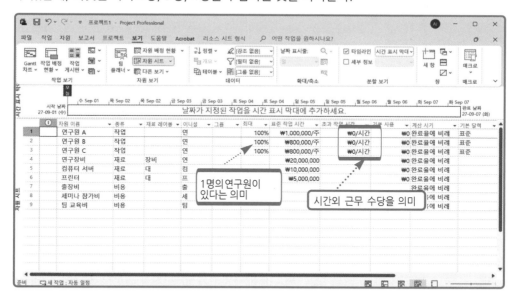

"초과 작업 시간 급여"는 시간외 근무 수당을 지급하는 경우에 설정하는 필드이다.

:: Note ::

자원 정의 방법 요약
① 자원 시트를 연다.
② 자원의 이름을 입력한다.
③ 재료(물질), 작업(사람의 노력)에서 자원 성격을 고려하여 자원의 종류를 정한다.
④ 최대단위, 표준 작업 시간 급여, 초과 작업 시간 급여를 정한다.

2.1.4 비용 자원 입력하기

비용 자원은 작업량이나 작업 기간에 영향을 받지 않는 자원이기 때문에 최대단위, 표준 작업 시간 급여, 초과 작업 시간 급여 등을 입력하지 않는다. 따라서 비용 자원을 작업에 배정할 시에 해당 작업에서 소요되는 비용을 직접 입력한다.

아래 화면과 같이 작업별 비용자원을 작업에 직접 입력 한다.

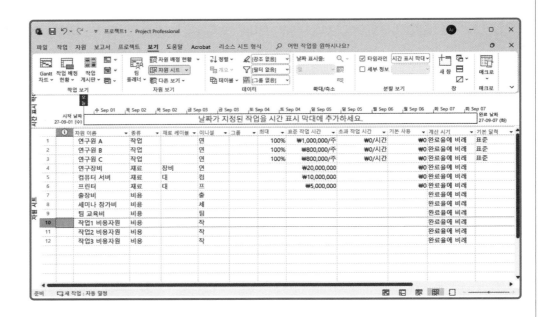

Gantt 차트 보기로 돌아가서 작업을 더블 클릭하여 "작업 정보" 창을 연다. "자원" 탭으로
이동한 다음 '자원 이름' 필드에 배정하고자 하는 자원 이름을 선택하고 '비용' 필드에 소요되
는 비용을 입력한다.

비용을 입력하면 테이블 영역과 차트영역에 해당 자원의 비용이 표시되게 된다.

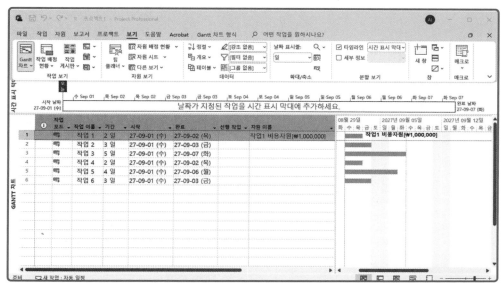

2.1.5 예산 자원 입력하기

프로젝트에 예산 비용을 입력함으로서 프로젝트가 배정된 예산하에서 수행되는지 추적할 수 있다. 아래와 같이 예산 필드를 사용하여 비용 자원을 예산 비용 자원으로 지정한다.

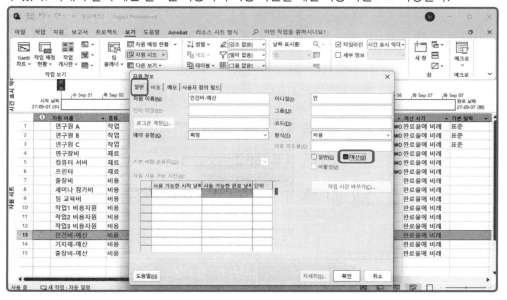

예산 자원으로 지정된 비용 자원은 프로젝트 요약 작업에만 배정할 수 있다. 프로젝트 요약 작업은 [Gantt 차트 형식 → 프로젝트 요약 작업 표시] 체크박스를 선택하면 프로젝트 테이블에 프로젝트 요약 작업이 첫번째 행 (ROW 0)에 나타난다. 프로젝트 요약 작업에 예산 자원을 배정한다.

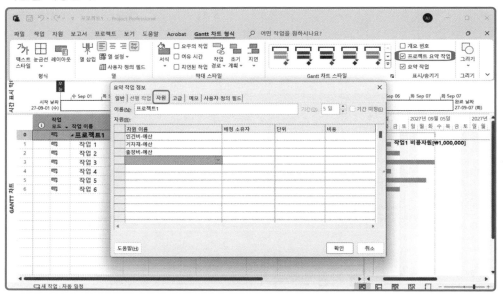

예산을 입력하기 위해서 "작업 배정 현황" 또는 "자원 배정 현황" 보기를 열고 "예산 비용" 열을 삽입한다. 다음으로 예산 비용 필드에 각 예산을 순차적으로 입력한다.

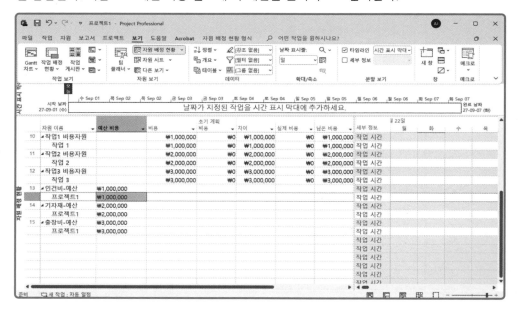

예산 비용 필드에 예산을 입력하면 예산의 총 금액이 프로젝트 요약 작업에 표시된다. 예산이 입력되면 "예산 비용", "비용", "실제 비용" 필드를 이용하여 프로젝트의 계획 및 실제 비용과 비교할 수 있다.

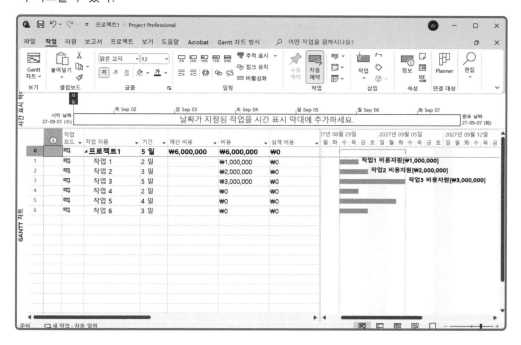

: : Note : :

예산 비용 입력 방법 요약
① 자원시트에서 비용 자원을 예산 자원으로 지정한다.
② 프로젝트 테이블에 요약 작업을 표시하도록 설정한다.
③ 요약 작업에 예산 자원을 배정한다.
④ "작업 배정 현황" 또는 "자원 배정 현황" 보기의 "예산 비용" 필드에 예산 비용을 입력한다.

MS Project

Chapter 07

자원 배정

1. 자원 배정 평준화의 의미를 이해한다.
2. MS Project에서 자원 배정의 다양한 방법을 알아본다.
3. MS Project에서 자원 배정 평준화를 원하는 방식으로 설정할 수 있다.
4. 자원 배정을 한 후 현황을 살펴볼 수 있다.

「Chapter 6. 자원 정의」에서 자원의 개념과 종류에 대하여 알아보았다. 이번 장에서는 MS Project에서 정의된 자원의 배정에 대하여 살펴보자. 자원 배정에 따른 운용 방법과 자원 배정 평준화 이론을 학습한 후, MS Project의 자원 배정 설정 및 배정된 자원의 평준화 방법을 다양한 방식으로 익혀 본다.

핵심정리

1.1 자원배정

● 올바른 자원 운용 방법

자원을 배정할 때에는 일일 업무 가능 시간 (availability) 을 고려해서 작업을 배정해야 한다. 이를 고려하지 않고 동일한 날짜에 8시간, full-time의 작업 2개를 한 사람에게 배정하게 되면 동시에 2개를 수행해야 하므로 200%의 가동률을 보이게 된다. 이와 같은 경우, 실제로 그 날짜가 다가오게 되면 16시간의 작업을 수행하게 되는 것이므로 잔업을 고려한다 하더라도 일정이 지연될 위험성이 존재한다.

또한 가동률이 100%가 안되는 자원들을 찾아내어 작업을 배정해 주어야 한다. 자원이 특정일에 0%의 가동률을 보였다면 해당 자원은 그 날짜에 배정된 업무가 없으므로 프로젝트에 투입되었지만 계획상 놀고 있다는 얘기이다. 이는 프로젝트의 생산성을 떨어뜨리므로 작업을 할당하여 100%에 근접하는 가동률을 만들어야 효율적인 자원 운용이 된다.

MS Project를 가지고 실제로 위와 같이 모든 자원의 가동률을 프로젝트 전 기간(적어도 해당 자원이 업무를 수행하는 기간)동안 100%로 맞추는 일은 많은 노력이 필요한 일이다. 업무 분해 수준이 그 정도로 상세하지 못해서일 수도 있고, 현 계획 수립 단계에서 각 자원의 업무를 그 정도로 정확하게 파악할 수 없기 때문이기도 하다.

하지만 특정 날짜에 자원이 놀고 있지 않다면 그 자원은 분명히 맡아서 하는 일이 있다. 이를 숨김없이 프로젝트 일정 계획에 포함시켜야지만 올바른 프로젝트 일정, 올바른 프로젝트 공수, 올바른 프로젝트 원가 정보를 얻을 수 있다.

초기 계획 수립 단계에서 모든 자원의 가동률을 100%로 맞출 수 없다 하여도, 향후 수행될 1~2주 기간 동안만은 맞추어 주는 것이 바람직하다. 이것은 바로 Rolling wave approach를 생각하면 될 것이다.

1.2 자원 배정 평준화

자원 배정 평준화 (resource leveling) 를 이해하기 위해서 잠시 아래의 사례를 살펴보자. 하루 8시간 분량의 작업1과 작업2에 한 사람을 동시에 배정해서 수행한다면 하루 8시간 근무하는 조건에서 200%의 단위로 배정되게 될 것이다. 200%라는 단위의 크기는 현실적이지 못하다.

작업 1(하루 8시간)

작업 2(하루 8시간)

이런 상태를 자원의 과도 할당 상태라고 한다. 과도 할당 상태를 해소시키는 방법은 다음과 같다.

① 작업1과 작업2의 작업량을 각각 4시간씩 둘을 합쳐서 8시간이 되도록 한다.

② 자원을 한 사람 더 배정하여 각각 100%씩 200%를 만든다.

③ 작업1이 끝난 뒤 작업2를 하도록 하며 기간을 두 배로 연장시킨다.

자원 배정 평준화란, ③의 경우를 MS Project가 제공하는 자동 기능을 이용하여 자원의 배정 상태를 정상적으로 만드는 것을 말한다.

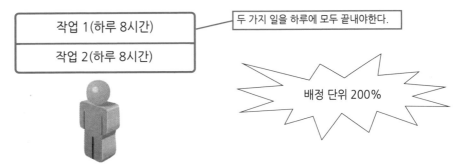

작업 1(하루 8시간)

두 가지 일을 하루에 모두 끝내야한다.

작업 2(하루 8시간)

배정 단위 200%

〈 자원 배정 평준화 이전 자원의 과도 할당 상태 발생 〉

작업 1(하루 8시간)

작업 2(하루 8시간)

〈 자원 배정 평준화 또는 기간 연장을 통해 자원의 배정 상태를 정상화시킨 이후 〉

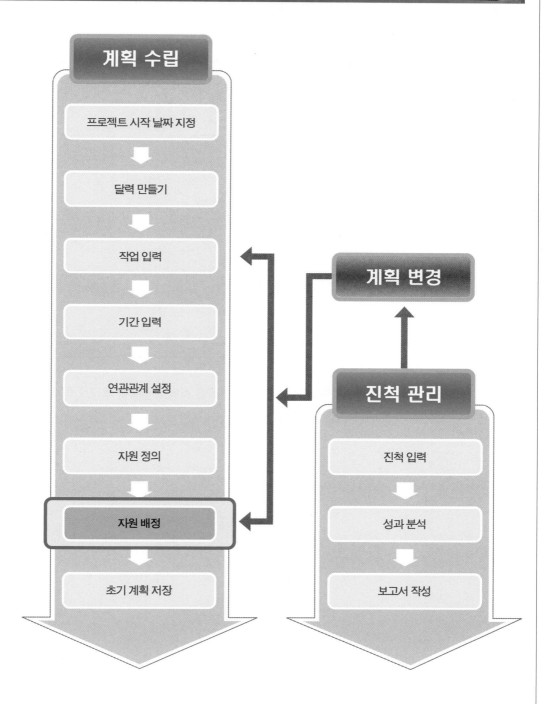

2.1 자원 배정하기

자원 시트에 자원을 정의한 다음에 할 일은 Gantt 차트 보기로 돌아가 각 작업에 가용한 자원을 배정하는 일이다. Gantt 차트 보기로 돌아가기 위해서 상단 메뉴의 [작업 > Gantt차트]를 선택한다.

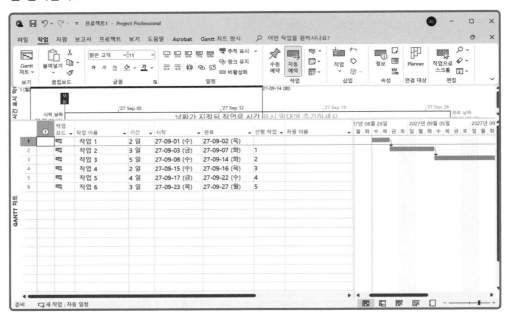

해당 작업을 클릭하면 작업 정보 창이 열리고 자원을 선택한 후 작업에 해당하는 자원 이름을 선택하여 해당 작업에 자원을 배정한다.

작업을 더블 클릭하여 "작업 정보" 창을 연다.

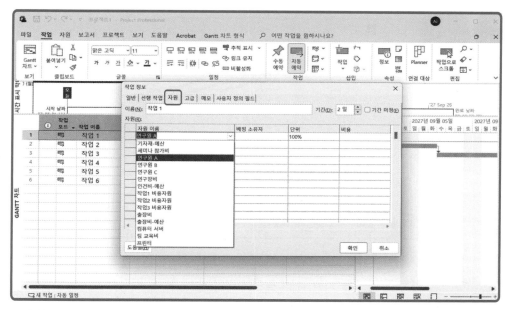

"자원" 탭으로 이동한 다음 "자원 이름" 필드를 선택한다. 그 다음 목록을 열어 배정하고자 하는 자원 이름을 선택하고 배정 단위를 변경한다. 기본값인 100%로 설정한 후 〈확인〉 버튼을 눌러 배정을 확정한다.

복수의 자원을 배정하기 위한 방법으로는 여러 행에 자원을 정의하면 가능하다.

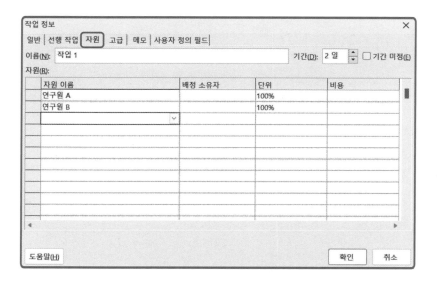

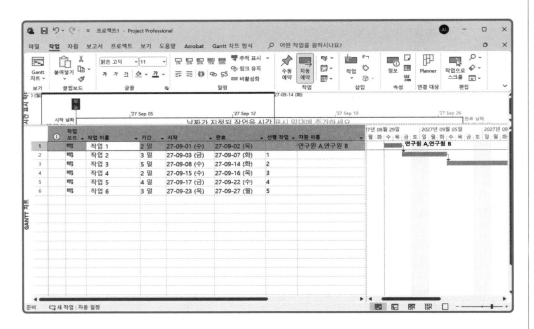

　　복수의 자원을 배정하면 테이블의 "자원 이름" 필드에 두 개의 자원이 ',' 로 분리되어 입력된다. 따라서 "자원 이름" 필드에 직접 복수 자원을 배정할 때에는 ',' 를 사용하면 간단히 여러 자원을 배정할 수 있다.

자원 배정 창을 통한 자원 배정

상단 툴 바의 〈자원 배정〉 아이콘을 누르면 자원 배정 전용 기능을 사용하여 자원을 배정할 수 있다.

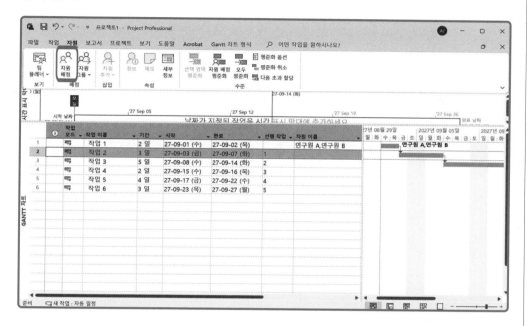

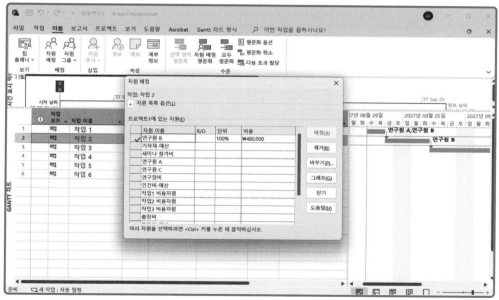

2.2 자원 배정 세부 관리

2.2.1 자원 배정 현황 보기

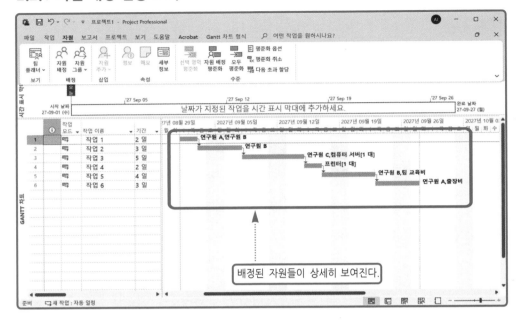

배정된 자원들이 상세히 보여진다.

위 화면과 같이 작업 시간이 산정된 상태에서 [보기 > 자원 배정 현황] 메뉴를 선택한다.

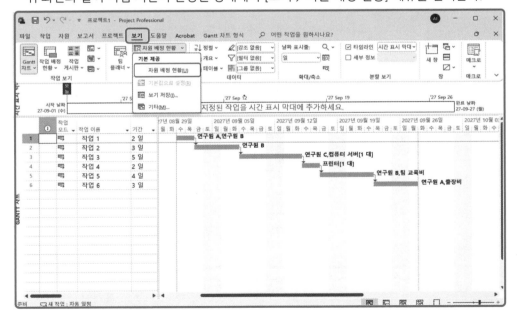

아래 화면과 같이 자원 배정 현황 보기가 나타난다.

작업1의 자원은 연구원 A, 연구원 B 두 명이 각각 100%씩 배정 되어있어 하루 8시간 동안 일하는 것으로 나타나며, 다른 작업의 경우 작업자의 배정 단위가 100%로 되어있어 모두8 시간으로 나타난다. 자원 배정 현황은 자원 이름의 관점에서 각각의 자원이 수행하는 작업의 이름과 각각의 작업이 언제 어느 정도의 시간으로 수행되는지를 나타내어 주는 보기이다.

이번에는 작업 별 자원의 작업 시간 현황을 보기 위해 작업 배정 현황을 보기로 한다.

2.2.2 작업 배정 현황 보기

작업 배정 현황을 보기 위해 [보기 > 작업 배정 현황] 메뉴를 선택한다.

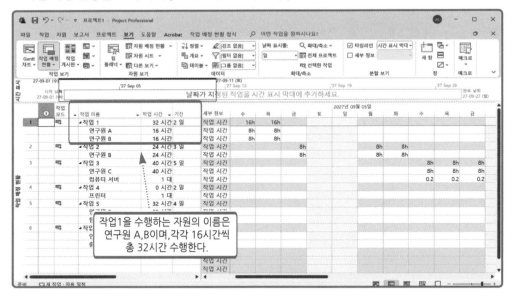

작업1을 수행하는 자원의 이름은
연구원 A,B이며,각각 16시간씩
총 32시간 수행한다.

이 보기에서는 작업을 중심으로 그 작업을 수행하는데 드는 자원의 작업 시간 세부 사항을 알 수 있다. 위의 화면에서 아직 자원이 배정되지 않은 '작업4'에 연구원 C를 배정하고자 하면 작업 이름을 더블 클릭하여 "작업 정보" 창을 연다. "작업 정보" 창에서 "자원" 탭으로 이동한다.

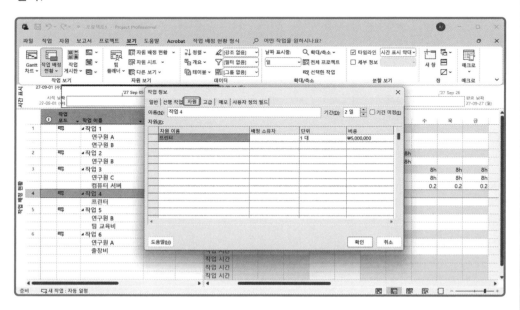

자원 이름과 단위를 설정한 다음 〈확인〉 버튼을 누르면 작업4에도 새롭게 자원이 배정되어 작업 배정 현황 보기에 나타난다.

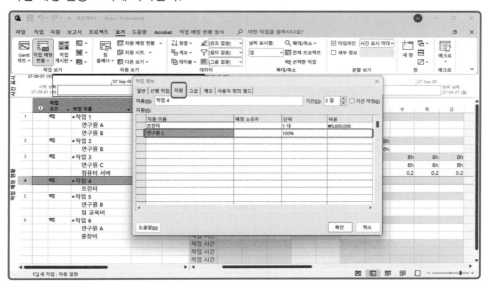

화면과 같이 자원 이름을 연구원 C로 설정한 다음 단위는 100%로 설정하여 〈확인〉 버튼을 누른다.

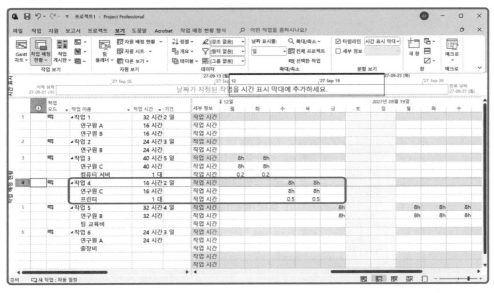

작업4에 배정된 자원의 이름과 단위의 크기에 해당되는 작업 시간의 값을 날짜 별로 확인해 볼 수 있다.

2.2.3 자원의 교체

현재 배정된 자원을 다른 자원으로 바꿀 수 있으며 바뀐 자원의 이름을 자원 배정 현황에서
확인할 수 있다. "작업 정보" 창에서 "자원" 탭으로 이동 한 다음 자원 이름을 현재 자원에서
바꾸고 싶은 자원으로 변경한 다음 〈확인〉 버튼 누른다.

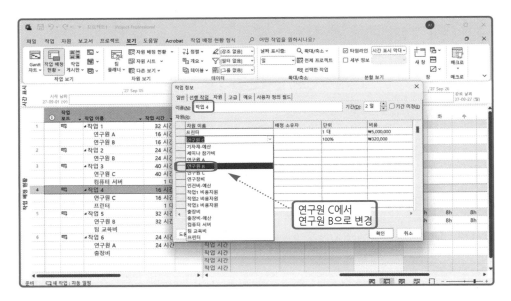

아래 화면과 같이 작업 배정 현황에 연구원 B로 바뀐 사항이 나타난다.

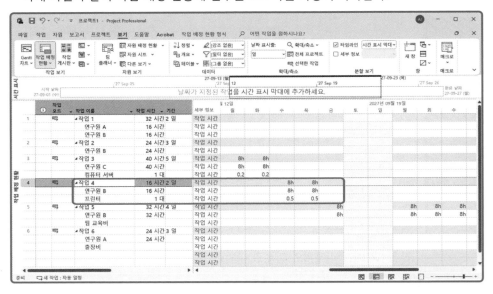

2.2.4 복수 자원 배정

두 명의 자원을 한 개의 작업에 50%씩 배정시키고 작업 배정 현황에 나타나는 작업 시간을 살펴보자. 그것은 오전과 오후로 나누어 두 사람이 교대로 이 일을 하는 경우를 의미한다.

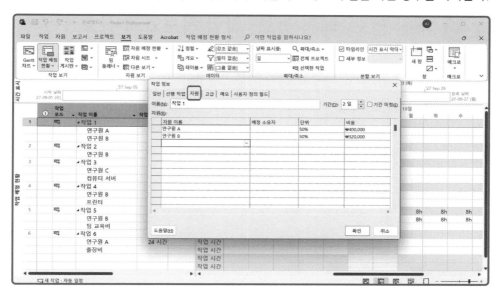

두 사람이 공동으로 함께 일을 수행하는 경우에는 각각 100%씩 배정하면 된다.

2.3 자원 정보, 배정 정보, 작업 정보와의 상호 연관성

작업 배정 현황의 해당 자원 이름을 더블 클릭하면 나타나는 창이 "배정 정보" 창이다.

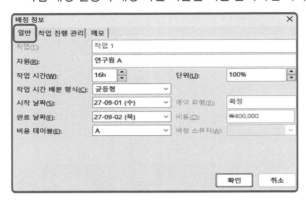

여기에서 각 자원의 작업 별 작업 시간과 단위를 알 수 있으며 "작업 진행 관리" 탭으로 이동하면 이후에 실제 진척 정보를 입력할 수도 있다. "비용" 과 "비용 테이블" 의 입력 값은 "자원 정보" 창에서 이미 설정된 것이며, 설정 값을 바꾸고자 한다면 "자원 정보" 창을 [보기 >자원 시트] 메뉴를 선택하고 해당 자원 이름을 더블 클릭하여 열어서 바꿀 수 있다.

다음은 "자원 정보" 창의 "비용" 탭으로 이동한 것이다.

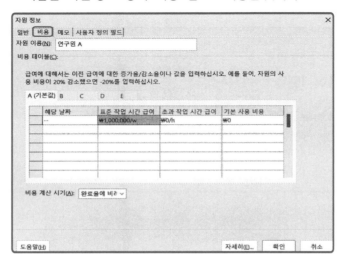

"비용" 탭에서 총 5개의 비용 테이블이 제공됨을 알 수 있다. 특별히 다른 비용 테이블을 쓰고자 한다면 A이외에 다른 비용 테이블에 비용을 정의하고 "배정 정보" 창에서 비용 테이블을 새로운 테이블로 설정하면 된다. 이렇게 비용 테이블을 다양하게 적용하는 이유는 동일한 자원이라도 전문 기술 영역 별로 인건비 단가가 다를 수 있기 때문이다. 또한 시기적으로도 다른 비용을 적용할 필요가 생길 수 있다. 급여를 인상해 주어야 하는 경우에는 동일한 비용 테이블에서도 시기를 다르게 설정하여 급여를 정의해 줄 필요가 있다.

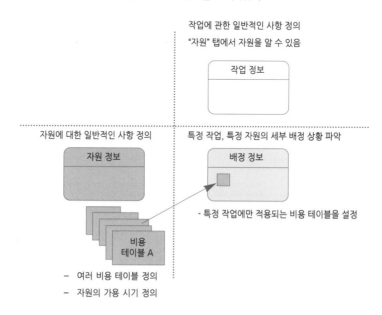

"작업 정보" 창에서는 작업에 관한 모든 정보를 볼 수 있다. 따라서 배정된 자원에 관련된 정보 (자원이름, 단위)를 "자원" 탭에서 알 수 있다. 보다 세부적인 정보를 보려면 "배정 정보" 창을 열어 보는 것이 바람직하다. "배정 정보" 창에는 자원 이름과 단위 이외에도 실제 작업 시간, 비용에 관련된 사항도 살펴볼 수 있다. 이런 상세 정보를 설정하기 위해 사용하는 것이 "자원 정보" 창이다. "자원 정보" 창은 특정 자원에 관련된 일반적인 내용을 가지고 있다. 여러 비용 테이블이나 자원의 가용성 등을 정의할 수 있다.

2.4 자원 배정 평준화

마지막으로 자원 배정 평준화는 MS Project에서 아래와 같이 표현될 수 있다.

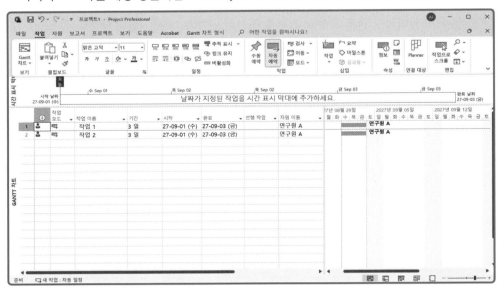

동일한 기간 동안 수행되는 두 개의 작업에 한 사람을 배정하면 자원이 능력 이상으로 할당되게 된다. [보기 > 자원 배정 현황] 메뉴를 선택하면 이름이 빨간색으로 나타나고 과도하게 할당된 날짜의 작업 시간이 빨간색으로 표시된다.

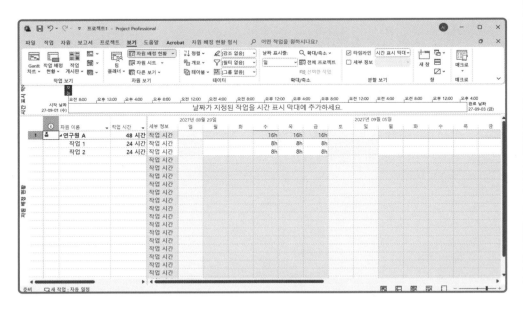

자원 배정 평준화 기능을 사용하여 기간을 연장시키고 자원의 배정 상태를 정상적으로 만들기 위해 [자원 〉 평준화 옵션] 메뉴를 선택하면 "자원 배정 평준화" 창이 나타난다.

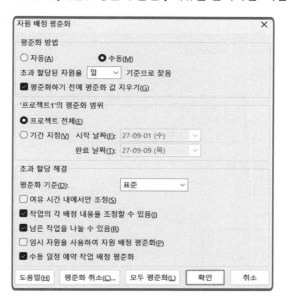

〈모두 평준화〉 버튼을 누르면 작업2의 시작 날짜가 변동되면서 아래와 같이 바뀌게 된다.

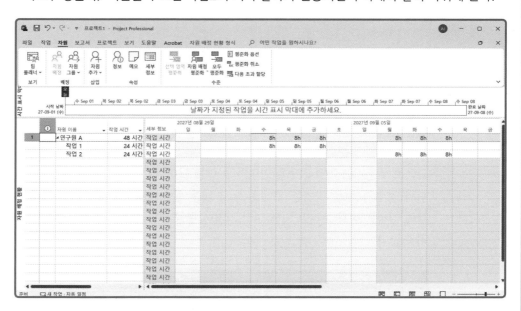

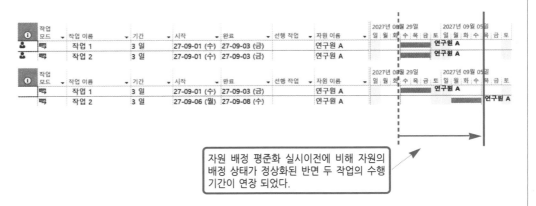

자원 배정 평준화 실시이전에 비해 자원의 배정 상태가 정상화된 반면 두 작업의 수행 기간이 연장 되었다.

● 자원 배정 평준화의 여러 가지 옵션

위의 자원 배정 평준화는 "표준" 옵션에 의해 이루어진 것이다. 표준을 포함한 총 3가지 "평준화 기준" 을 살펴보기로 하자.

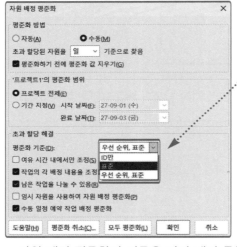

① ID만: ID만고려
② 표준 : 기간, 제한유무, 연관관계 등 고려
③ 우선 순위, 표준 : 우선 순위 값 최우선 고려

자원 배정 평준화의 기준은 여러 개의 중첩된 작업 중 어느 작업을 뒤로 보내고 어느 작업을 그대로 두는지에 관한 기준을 의미한다. 예를 들어 '우선 순위, 표준' 옵션을 적용하게 되면 우선 순위 점수가 높은 작업을 그대로 두고 낮은 순서대로 뒤로 보낸다. '표준'은 MS Project 내부에 설정된 비교 논리에 의해 여러 가지 사항을 복합적으로 고려하므로 사용자가 가장 이해하기 어렵다.

: : Note : :

"평준화 기준" 옵션 중에서는 '우선 순위, 표준' 을 사용하는 것이 바람직하다. 이 옵션은 사용자가 우선 순위 점수에 의해 뒤로 보낼 작업을 선택할 수 있기 때문이다.

　말 그대로 여러 평준화 대상 작업들 중 뒤로 보내는 순서를 ID에 의해서만 하겠다는 것을 의미한다. 다음과 같은 경우에 있어 ID만 고려하여 자원 배정 평준화를 실시하면, 그 아래의 화면과 같이 평준화 된다.

● **평준화 전**

● **평준화 후**

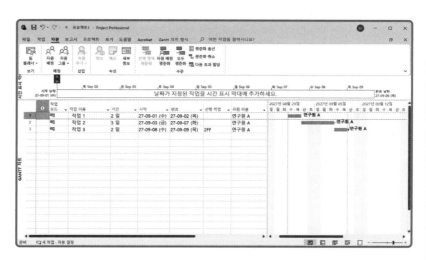

　연관관계나 기간의 크기보다는 ID의 값의 크기가 평준화 시에 뒤로 보내는 작업을 결정하는 요인이 된다는 것을 쉽게 알 수 있다.

이번에는 ID는 전혀 고려하지 않고 기간의 크기, 연관관계를 고려한다. 기간이 작을수록 뒤로 보내는 대상이 되며 연관 관계나 제한이 설정되어 있으면 제자리에 머물러 있을 수 있다.

● **평준화 전**

● **평준화 후**

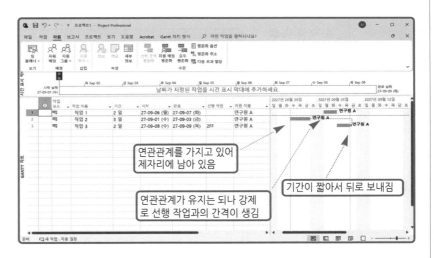

'표준' 옵션에서는 기간의 크기 보다는 연관관계가 더 중요한 요인으로 작용된다는 것을 알 수 있다.

: : Note : :

평준화를 실시한 다음에 다시 원래대로 되돌리기 위해서는 "평준화 옵션" 창에서 〈평준화 취소〉 버튼을 누르면 된다.

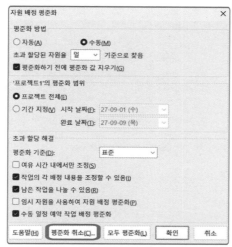

"평준화 취소" 창에서 이미 실시한 평준화 결과를 모두 무시하고 싶으면 '프로젝트 전체'로 선택한 다음 〈확인〉 버튼을 누르면 되고 일부만 무시하고 싶으면 '선택한 작업'을 선택하고 〈확인〉 버튼을 누른다.

---

3 옵션 C : 우선순위, 표준

우선 순위를 고려한다는 것은 각 작업에 우선 순위 점수를 차별적으로 부여하여 점수가 낮은 순서대로 뒤로 보낸다. 아래의 예에서 우선 순위 점수를 부여하고 옵션에서 '우선 순위, 표준'으로 선택하고 자원 배정 평준화를 실시하여 보자.

● 평준화 전

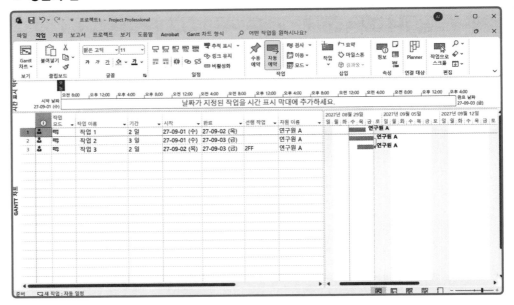

작업1을 더블 클릭하여 "작업 정보" 창을 연다. "일반" 탭으로 이동한 다음 "우선 순위" 점수를 부여한다.

> 작업1 : 300, 작업2 : 200, 작업3 : 100

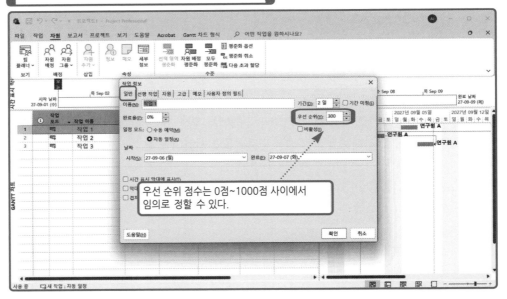

우선 순위 점수는 0점~1000점 사이에서 임의로 정할 수 있다.

[자원 > 자원 배정 평준화] 메뉴를 선택하고 "자원 배정 평준화" 창에서 "평준화 기준" 옵션을 '우선 순위, 표준' 으로 설정한 다음 평준화를 실시한다.

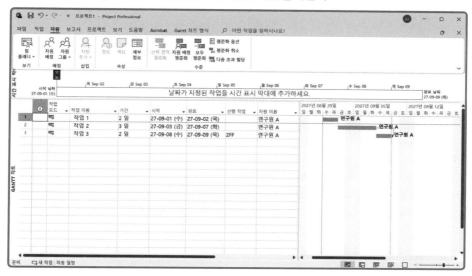

위 화면과 같이 우선 순위 점수에 의해 배정이 평준화 된다. 작업의 우선 순위 점수를 다르게 설정하여 평준화를 실시하여 보자.

이번에는 평준화를 취소한 다음 작업2와 작업3의 점수를 위와 다르게 작업2가 작업3보다 작은 경우를 만들어 본다.

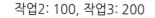

작업2: 100, 작업3: 200

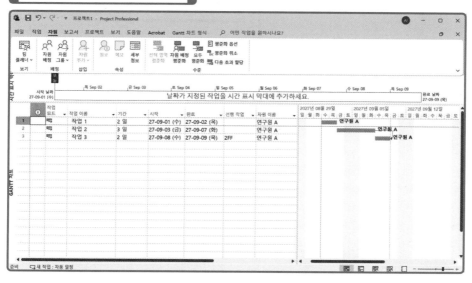

그래도 마찬가지 결과를 얻게 된다. 이것을 통해서 알 수 있는 사실은 우선순위 점수보다 더 중요한 것은 연관관계라는 점이다. 우선 순위를 최우선으로 고려하되 그 다음에는 표준을 고려하게 된다.

2.5 창나누기를 통한 자원 배정 현황 보기

Gantt 차트 보기에서 직접 자원의 배정 상태를 보면서 기간과 작업 시간을 종합적으로 관리하기 위해서는 창 나누기 기능을 사용할 필요가 있다.

상단 메뉴에서 [자원 > 세부 정보]를 선택한다.

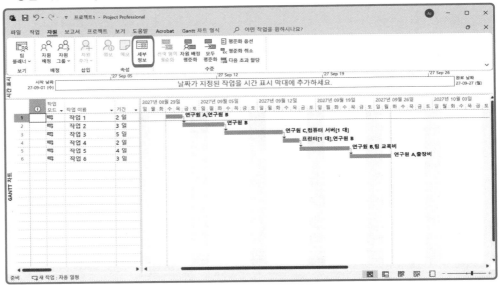

아래와 같이 Gantt 차트 보기를 반으로 나누면서 아래에는 자원 배정 정보가 나타난다.

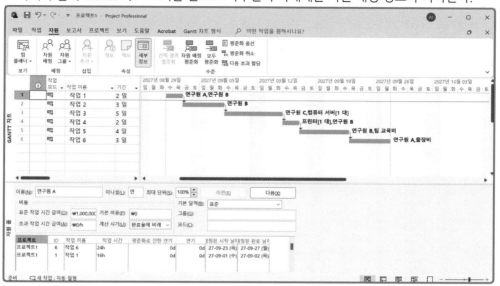

창 나누기는 일반적인 기능이며 다른 보기에서도 사용 가능하다. 아래는 작업 세부 정보 표시에서 동작시킨 창 나누기 한 결과를 보여주고 있다.

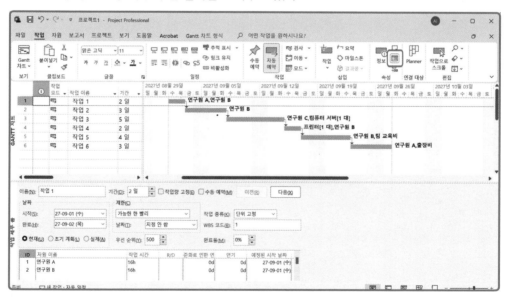

Chapter 08

작업 제한 설정

1. 작업 제한의 종류에 대하여 알아본다.
2. 마감일 설정의 특징을 알아본다.
3. 중요 시점을 만드는 방법을 살펴본다.

지난 장에서 MS Project의 작업 간 연관관계를 정의하고 설정하는 방법을 학습하였다. 이어서 제한 요소를 반영할 수 있도록 작업 제한에 대하여 알아본다. 먼저 제한 조건에 대한 이론을 학습한 다음 MS Project의 사용법으로 제한 설정 방법에 대하여 배운다. 또한 작업 제한 설정과 함께 마감일 설정, 중요 시점 삽입에 대하여 알아보자.

MS Project

1.1 작업제한

지금부터는 MS Project로 작성된 WBS(Work Breakdown Structure)를 더욱 실제 상황처럼 정교하게 만들어 가는 과정을 학습해 가기로 한다. 이 장에서는 제한 설정과 마감일, 중요 시점 삽입 방법을 배우게 될 것이다.

1.1.1 제한의 종류

일정에 제한을 두게 되면 작업이 특정 날짜에 영향을 받게 된다. 그 영향력의 세기가 어느 정도인지에 따라 또는 제한의 성격이 무엇인지에 따라 여러 가지 제한을 상황에 맞게 사용할 수 있다.

	시작 날짜에 주는 제한	완료 날짜에 주는 제한
가장 약한 제한	가능한 한 빨리	가능한 한 늦게
중간 제한	이후에 시작 이전에 시작	이후에 완료 이전에 완료
가장 강한 제한	날짜에 시작	날짜에 완료

다음은 위의 표에서 제시된 제한의 종류 중에서 가장 보편적으로 많이 쓰이는 작업 제한에 대하여 살펴본다.

1) 가능한 한 빨리

흔히 ASAP라는 표현을 쓴다. 프로젝트의 시작이 가급적 빠른 시간에 시작되도록 하는 것으로 연관관계가 설정되어 있다면, 앞 작업의 기간에 의해 시작 날짜가 자동으로 계산되어 시작 날짜가 가능한 한 빠른 시간으로 산정된다. 만일 선행 작업이 존재하지 않는다면 프로젝트 시작 날짜와 작업의 시작 날짜가 같아지는 속성을 말한다.

2) 가능한 한 늦게

프로젝트 시작 날짜 기준으로 계획을 수립하는 경우에는 가능한 한 빨리가 기본으로 설정되나, 프로젝트 완료 날짜 기준으로 계획 수립한다면 가능한 한 늦게 끝나도록 되어 프로젝트 완료 날짜에 모든 작업이 완료 날짜를 맞추게 되는 속성이다.

3) 이전에 완료

프로젝트의 대부분의 작업은 작업의 납기를 가진다. 이 납기를 표시하기에 가장 최적인 제한이 바로 이전에 완료이다. 이전에 완료를 설정하면 지정한 날짜 이전까지는 계속 지연되다가 이 날짜에 도달하면 일정이 충돌하면서 더 이상 뒤로 밀리지 않게 된다. 대신 선행 작업은 연관관계를 무시하고 계속 지연된다. 가장 널리 사용하는 제한 조건이다.

4) 이후에 시작

연관관계를 가진 두 개의 작업이 있을 때 앞 작업의 조기 완료는 자연히 뒷 작업의 조기 시작으로 이어질 수 있으나, 이후에 시작이라는 제한을 두게 되면 아무리 일찍 앞 작업이 끝나더라도 뒷 작업의 시작 날짜가 제한 날짜 앞으로 오지 못하게 된다.

5) 날짜에 시작

이 제한 조건을 설정하면 무조건 이 날짜로 시작 날짜가 바뀌게 된다. 매우 강한 제한 조건이며 거의 사용하지 않는다.

1.1.2 마감일 설정

제한과 더불어 함께 이해하면 좋은 개념으로 마감일이 있다. 보통 데드라인이라고 부르는 작업 별 목표 완료 날짜 또는 납기라고 부르기도 한다. 이러한 납기 설정을 앞에서 언급한 제한을 사용해도 되지만 제한은 강제적으로 설정한 날짜에 의해 움직이지 않도록 하는 반면 마감일은 지정한 날짜를 넘어 갈 수도 있다. 다만 마감일을 넘어서는 경우에는 표시기에 마감일을 넘기고 있다는 표시를 보여주게 된다. 이 표시에 의해 프로젝트 관리자는 자원을 더 투입한다든지 작업 시간을 줄이는 등의 적절한 조치를 취하여 납기 이전에 작업이 끝나도록 할 수 있다.

1.1.3 중요 시점 삽입

중요 시점이란, 마일스톤(Milestone)을 말한다. 프로젝트에 있어서 중요한 이벤트성 행사나 이정표 역할을 하는 작업이 있을 수 있다. 예를 들어 차를 몰고 잘 모르는 길을 따라 가는 경우 모든 길을 외울 필요는 없다. 다만 몇 가지 중요한 지형지물이나 대표적인 건물을 외우면 손쉽게 길을 찾을 수 있듯이 프로젝트를 관리하는 데에도 프로젝트에서 중요하게 다룰 작업 몇 개를 표시해 둘 필요가 있을 것이다. 중요 시점을 만드는 방법에는 두 가지가 있다.

중요 시점 만드는 방법

① 기간을 0으로 하는 방법

② 기간이 0이 아니면서 중요 시점으로 지정하는 방법

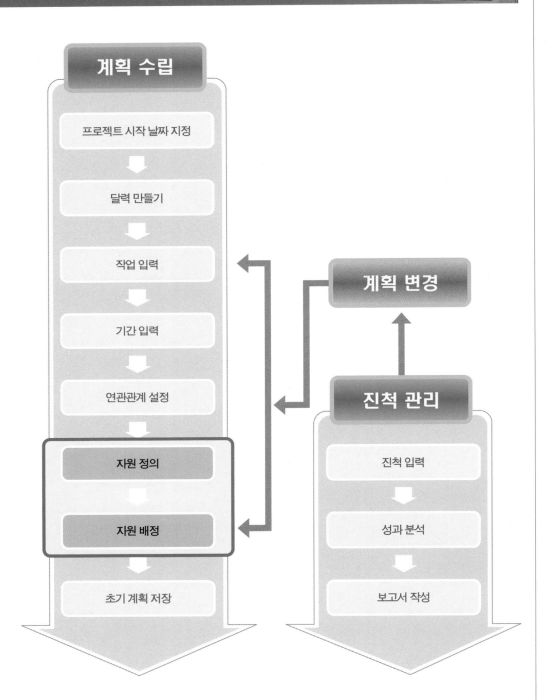

2.1 작업 제한 설정

제한의 설정은 프로젝트 시작 날짜 기준으로 계획 수립 시에는 '가능한 한 빨리' 가, 프로젝트 완료 날짜 기준으로 계획을 수립한다면 '가능한 한 늦게' 가 기본 옵션으로 설정된다. 다음은 이러한 기본 옵션 설정 외의 사용 빈도가 높은 제한 설정 방법에 대하여 기본 설정에서 변경하는 방법을 알아보자.

2.1.1 이전에 완료

제한을 설정하는 유일한 방법은 "작업 정보" 창의 "고급" 탭에서 제한의 종류를 결정하는 것이다. 아래와 같이 연관관계를 가진 두 작업이 있는 경우 앞 작업이 지연되면 뒷 작업도 뒤로 밀리면서 결국 지연되는 상황으로 가게 된다.

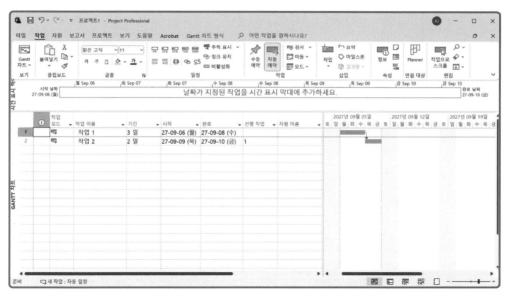

즉, 작업2는 외부적인 원인에 의해 지연되는데 날짜를 정해 두고 지연이 더 이상 되지 않도록 하려면 작업2를 더블 클릭하여 "작업 정보" 창을 연 다음 "고급" 탭으로 이동한다.

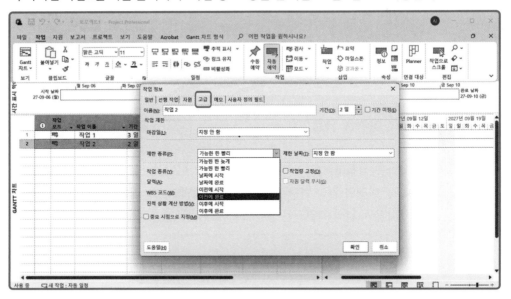

"제한 종류" 의 목록에서 '이전에 완료' 옵션을 선택하여 9월 10일 이전에 완료하도록 설정한다.

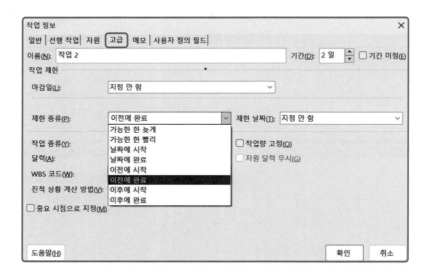

다음 화면과 같은 "계획 마법사" 창에서 제한 설정을 확인하는 내용이 나오는데 '계속합니다. 이전에 완료 제한을 설정합니다.' 옵션을 선택하여 제한 설정을 확정한다.

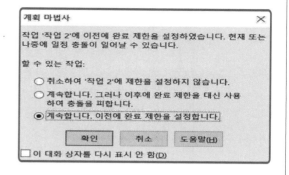

다시 Gantt 차트 보기로 돌아와 확인해 보면 아래 화면과 같다. "표시기" 필드상에 마우스를 가져가면 다음과 같은 제한 설정 내용을 확인해 볼 수 있다.

작업1의 기간이 연장되어 뒤에 있는 작업2의 시작 날짜와 완료 날짜를 연기시키는 일이 발생하면 작업2의 완료 날짜가 9월 10일이 되기 전까지는 계속 연기되다가 9월 10일과 만나면 다음과 같은 메시지가 나오면서 일정 충돌 여부를 사용자가 결정하도록 한다.

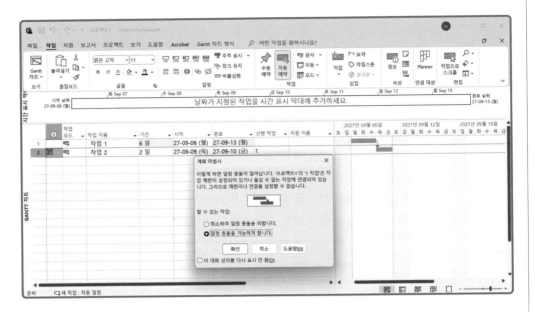

'일정 충돌을 가능하게 합니다.' 옵션을 선택한 다음 〈확인〉 버튼을 누르면 선행 작업인 작업 1은 계속 지연되는 반면 작업2는 더 이상 지연되지 않고 두 작업 간의 연관관계가 무시된다.

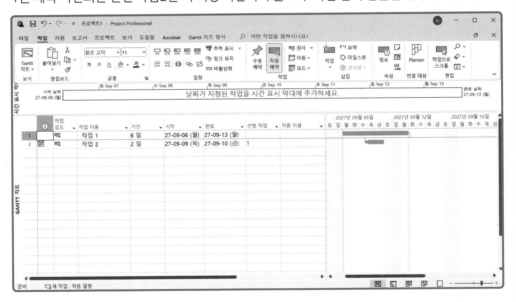

지금까지 설명한 것이 이전에 완료 제한의 적용 효과이다. 이 제한은 작업의 완료 날짜에 대해 강제적인 제한을 설정함으로써, 더 이상의 일정 지연을 막으면서 실제로 프로젝트에서도 마감 날짜를 엄수하는 것을 MS Project상에 표현하고자 할 때 유용한 제한이다. 내부적인 납기를 가진 모든 작업에서 일반적으로 널리 사용되는 제한이다.

2.1.2 이후에 시작

이후에 시작 제한을 설정하면 시작 날짜에 날짜 제한을 걸게 된다.

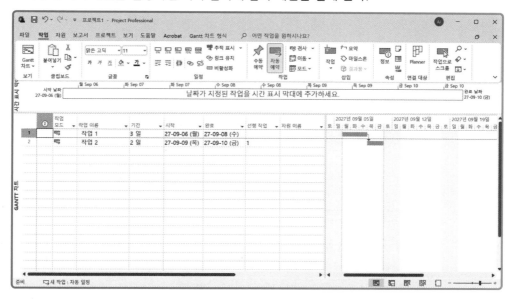

만일 앞의 예에서 작업1의 기간이 2일 줄어들어서 월요일에 끝나게 된다고 가정해보자. 그러면 작업2는 화요일에 시작하도록 시작 날짜가 앞당겨지게 될 것이다. 이것은 현재 작업2의 제한이 '가능한 한 빨리' 속성으로 설정되어 있기 때문이다.

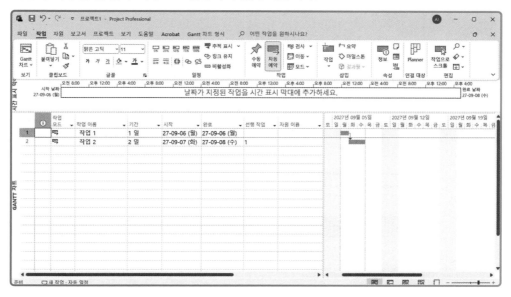

이 때 아무리 일찍 시작해도 더 이상 일찍 시작하고 싶지 않은 경우가 있다면 제한 날짜를 부여하고 '이후에 시작' 이라는 제한을 설정하면 된다.

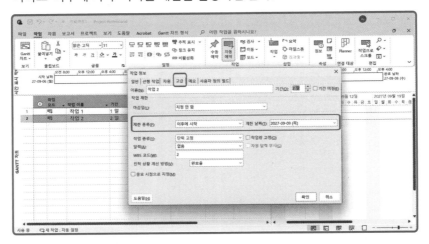

〈확인〉 버튼을 누르면 제한이 설정되고 아래와 같이 제한 날짜 이후로 시작 날짜가 강제로 옮겨 간다.

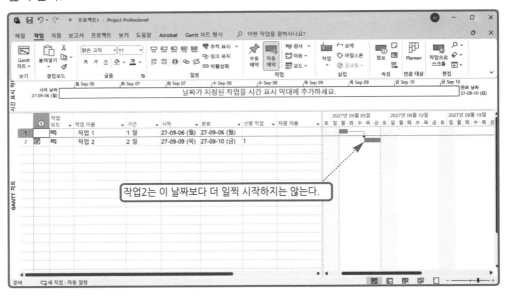

: : Note : :

강한 제한을 많이 주면 좋지 않다. 대부분의 작업이 가능한 한 빨리로 설정되어 있으면서 일부만 제한을 걸어주면 관리가 용이하다.

2.1.3 날짜에 시작

이후에 시작은 특정한 날짜 이후이기만 하면 시작 날짜가 그 날짜 이후로 자유롭게 움직인다. 하지만 날짜에 시작을 설정하면 그 날짜 이전이나 이후로 전혀 움직이지 않고 그대로 있게된다.

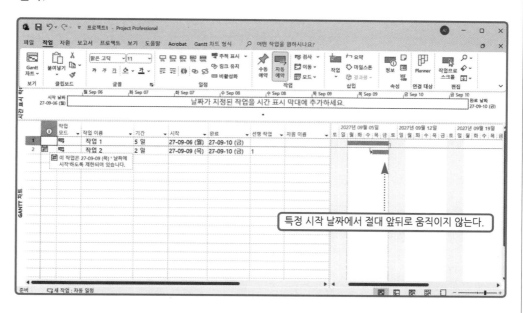

특정 시작 날짜에서 절대 앞뒤로 움직이지 않는다.

2.2 마감일 설정

마감일도 역시 "작업 정보" 창을 통해서 설정 가능하다. 작업을 더블 클릭하여 "작업 정보" 창을 연다.

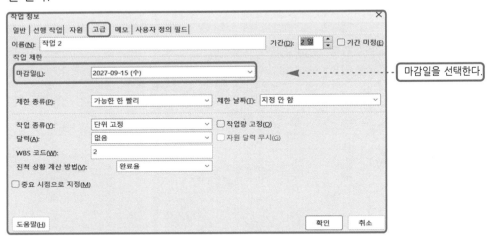

마감일을 선택한다.

마감일이 표시된다.

선행 작업인 작업1에 의해 작업2이 지연되는 경우 마감일을 넘어 갈 수도 있다. 마감일을 넘어가는 경우에는 표시기에 마감을 넘어갔다는 정보가 표시된다.

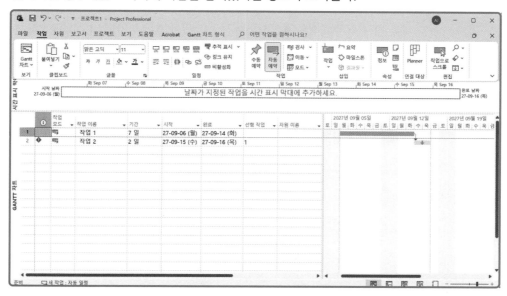

: : Note : :

마감일이 이전에 완료 제한과 다른 점은 강제로 지연을 막지는 않는다는 점이다.

2.3 되풀이 작업 설정

매주 한 번씩 주기적으로 실시하는 작업이 있을 경우 이것을 MS Project에서는 되풀이 작업에 의해 처리한다.

상단 메뉴에서 [작업 > 작업 삽입 > 되풀이 작업] 을 선택하면 아래와 같은 "되풀이 작업 정보" 창이 열린다. 이 창에서 되풀이 작업의 이름과 주기, 적용 기간을 설정하면 프로젝트 기간 전체에 걸쳐 주기적인 작업이 일괄적으로 삽입되어 나타난다.

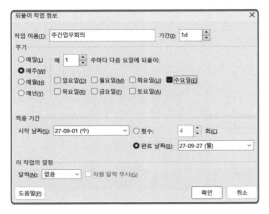

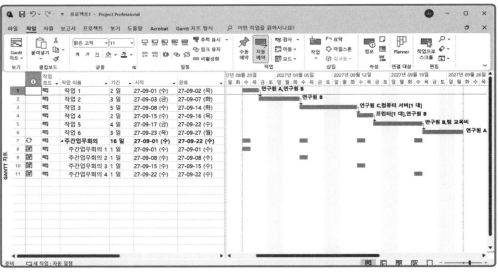

2.4 중요 시점 삽입

첫 번째 방법은 매우 간단하다. 중요 시점이 될만한 작업을 삽입한 다음 기간을 '0d' 로 하면 Gantt 막대 대신 검정색 다이아몬드 모양으로 바뀌면서 중요 시점이 된다.

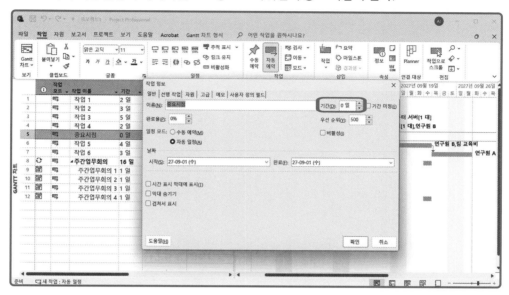

두 번째 방법은 기간이 '0d' 가 아닌 작업을 중요 시점으로 정하는 것이다. "작업 정보" 창을 연 다음 "고급" 탭으로 이동해서 하단에 "중요 시점으로 지정" 에 체크를 하는 것이다.

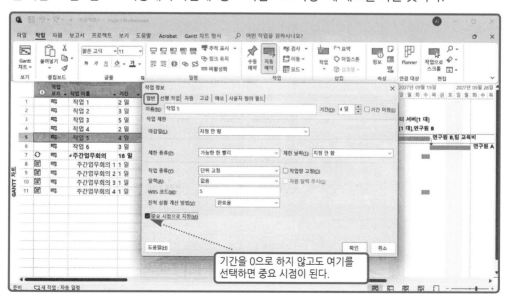

기간을 0으로 하지 않고도 여기를 선택하면 중요 시점이 된다.

MS Project

초기 계획 수립

1. 초기 계획의 개념에 대하여 알아본다.
2. WBS 유지 관리 방법에 대하여 알아본다.
3. 초기 계획이 변경되는 경우를 알아본다.
4. MS Project에서 초기 계획을 버전 관리하는 이유를 알아본다.

지금까지 초기 계획을 수립하기 위하여 MS Project에서 일련의 과정들을 학습하고 진행하여 보았다. 학습한 순서를 다시한번 되짚어 보자. 이번 장에서는 초기 계획의 이론을 학습하고 수립하는 방법에 대하여 배운다. 그리고 초기 계획을 변경하거나 삭제하고 버전 관리하는 방법을 학습함으로서 MS Project를 효율적으로 사용할 수 있도록 할 것이다.

1.1 초기 계획(Baseline) 개념

초기 계획이란 무엇인가? 일상생활 속에서도 초기 계획은 존재한다. 어떤 일을 함에 있어 초기 계획은 일반적으로 수립되어지는 경우가 대부분이다. 예를 들어 팀 워크숍을 간다고 가정해 보자. 워크숍을 가기 위해서는 사전에 계획안을 만들고 예산을 확보하고 예산이 확보된 다음에는 수행 가능한 수준으로 계획을 세분화 하여야 한다. 여기서 초기 계획에 해당하는 부분이 품의서 및 첨부 계획서일 것이다. 만일 워크숍이 당초 일정대로 못 가는 상황이 되면 어떻게 될까? 혹시 워크숍 당일 폭우가 내려 워크숍 장소에 도저히 갈 수 없는 상황이 될 가능성이 있다. 만일 그런 경우에는 장소를 바꾸든지 날짜를 변경할 것이다. 하지만 이미 승인이 난 품의서에 기재된 날짜나 장소를 바꾸지는 않는다. 통상적으로 변경된 내용이 담길 변경 계획서를 간단히 만들어 관계자들에게 배포하는 것으로 일정 조정 및 통보를 완료하게 된다. 여기에서 초기 계획과 현재 계획을 구분할 수 있다. 초기 계획은 그 성격상 확정된 다음에 변경이 안 되는 것을 원칙으로 한다. 반면 현재 계획은 현재 프로젝트가 처한 여건을 최대한 반영하여 변경된 사항이 반영됨을 원칙으로 한다. 사실 일상생활 속에서도 초기 계획과 현재 계획이 존재하기는 하나 특별히 구분하지 않거나 인식하지 못하여 마치 하나의 계획이 존재하는 것처럼 느낄 뿐이다.

MS Project에서는 진행 상황 Gantt 보기를 열어 보면 아래와 같이 두 개의 층으로 된 Gantt 막대를 볼 수 있는데 여기서 위의 막대가 현재 계획, 아래의 막대가 초기 계획을 의미한다.

현재 계획
초기 계획

MS Project에서 초기 계획의 저장 및 관리는 매우 중요하다. 의외로 많은 MS Project 사용자들은 잘 모르는 경우가 많다. 모든 프로젝트 관리의 가장 기본적인 연산은 비교 연산이다. 즉 초기 계획과 현재 계획, 초기 계획과 실제 실적 간의 비교를 통해 프로젝트의 성과를 측정하기 때문에 초기 계획은 프로젝트 성과 측정의 기준으로 작용하게 된다. MS Project로 프로젝트를 관리함에 있어 크게 두 부분으로 나누면 다음 그림과 같다.

프로젝트 관리 계획 수립	프로젝트 진척 관리

프로젝트 관리 계획 수립 단계는 실제적인 프로젝트의 수행 이전의 극히 적은 시간 동안 진행되어 그 중요성이 높아 보이지 않지만, 프로젝트 진척 관리 단계에서의 제반 문제점을 사전에 산정 도출하여 계획에 반영해야 하므로 매우 중요한 단계라 할 수 있다.

〈프로젝트 관리 계획 수립 단계〉

경우에 따라서는 현재 계획과 초기 계획이 다음과 같이 정확하게 똑같이 시작하여 완료될 수 있다.

현재 계획
초기 계획

하지만, 현재 계획이 초기 계획보다 늦게 시작하거나 늦게 끝나는 경우가 많다.

	현재 계획
초기 계획	

반면에 프로젝트 여건이 매우 좋아서 초기 계획보다 일찍 시작하는 경우는 다음과 같다.

현재 계획	
	초기 계획

또한 초기 계획보다 매우 늦게 시작하는 경우도 있을 수 있다.

	현재 계획
초기 계획	

1.2 WBS 유지 관리 방법

1.2.1 WBS에 새로운 작업이 추가되는 경우

   기존 WBS의 작업의 수와 연관관계가 복잡하게 얽혀 있는 상태에서 새로운 작업을 추가하는 경우 추가된 작업 이후로 기존 작업의 연관관계가 바뀔 수 있다. 또는 업무 성격상 그대로 놔두는 경우도 있을 수 있다. 두 가지 경우 사용자의 세심한 주의를 요한다. 수정의 핵심은 연관관계를 맺는 작업의 속성이 가능한 한 빨리라는 속성을 지니므로 연결을 갑자기 끊는 경우 끊어진 이후 작업 전체가 프로젝트 시작 날짜로 와서 붙어 버리게 되므로 새로운 연관관계를 이중으로 맺어 놓은 다음 기존 연관관계를 끊는 것이 해결 방법이다.

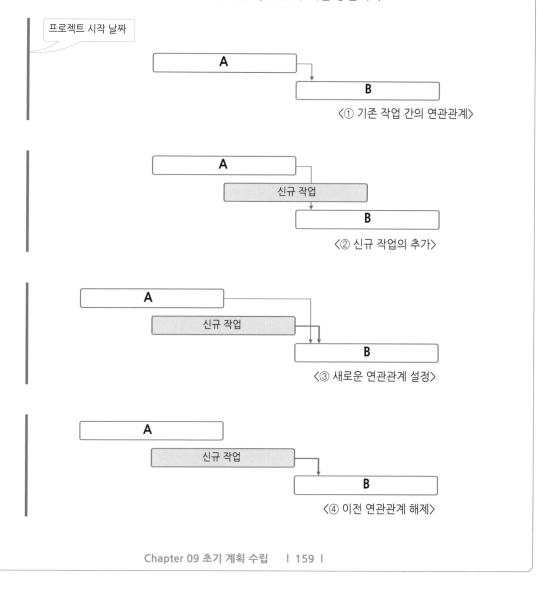

〈① 기존 작업 간의 연관관계〉

〈② 신규 작업의 추가〉

〈③ 새로운 연관관계 설정〉

〈④ 이전 연관관계 해제〉

1.2.2 WBS에서 기존 작업이 삭제되는 경우

기존 작업에서 이전 경우와는 반대로 일련의 연속되는 작업군이 한꺼번에 없어지는 경우도 있을 수 있다. 중간의 여러 작업이 갑자기 없어지게 되는 경우, 없어지는 B작업군의 맨 마지막 작업과 뒤에 연결되어 계속 남아있게 되는 C작업군의 첫 번째 작업의 속성이 가능한 한 빨리 속성을 지니고 있다면 이 작업 및 이하 연관관계를 갖는 C작업군은 전체가 평행 이동하여 프로젝트 시작 날짜부터 전개될 것이 분명하다. 그 이유는 가능한 한 빨리 프로젝트 시작날짜에 맞추어지는 속성 때문이다.

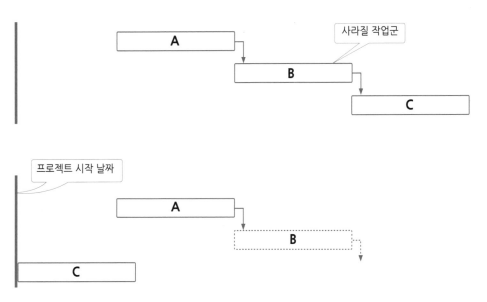

이렇게 되면 초보 사용자인 경우 매우 당황하게 된다. 마치 모든 작업이 잘못되어 다시는 복구되지 않을까하는 우려가 들게 되는 것이다. 하지만 C작업군이 내부적으로 자체 연관관계를 지니고만 있다면 아무 문제가 되지 않는다. 업무의 속성상 A작업군의 맨 뒷 작업이 C작업군의 맨 앞 작업과 연관관계가 있다면 새로운 연관관계 설정을 통해 손쉽게 WBS를 수정할 수 있다.

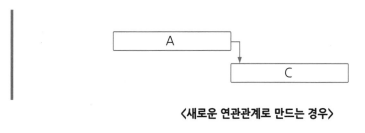

〈새로운 연관관계로 만드는 경우〉

C작업군의 맨 앞 작업의 시작 날짜를 특정 날짜로 지정하면 연관관계 없이 아래와 같이 설정된다.

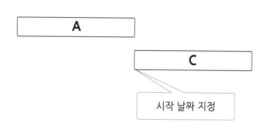

<연관관계를 맺지 않고 시작 날짜를 고정된 값으로 지정하는 경우>

중간에 위치한 일련의 작업군이 삭제되는 위 경우에도 유지 보수 원칙이 있다면 새로운 연관관계나 날짜 변동을 먼저하고 난 다음에 삭제하는 것이 바람직하다.

: : Note : :

WBS 수정 원칙
기존 WBS에 새로운 작업을 추가, 기존 작업을 삭제, 새 작업과의 대체를 고려할 때는 반드시 변경되는 부분의 앞과 뒤의 향후 연관관계를 먼저 설정한 다음 현재 연관관계를 제거한다.

1.3 초기 계획 변경

초기 계획은 원칙적으로는 변경해서는 안되지만 프로젝트 중간에 새로운 작업이 추가되는 경우 추가되는 작업의 성격상 초기 계획에 반영할 수도 있다. 예를 들어서 프로젝트의 공식적인 규모가 늘어나면서 새롭게 추가되는 작업에 대해 예산을 확보할 수 있는 경우에는 초기 계획으로 반영해야 한다. 만일 공식적으로 프로젝트의 범위가 변경됨이 없이 단순히 프로젝트 추진 과정상 필요한 작업이 임시로 추가되는 경우에는 초기 계획에는 반영하지 말고 현재 계획만 수정해야 한다.

: : Note : :

초기 계획 반영 조건
새로운 작업이 공식적으로 관련된 이해당사자들(stakeholders) 간에 협의를 통해 프로젝트의 범위를 늘리면서 추가되는 경우에만 초기 계획에 반영되어야 한다.

1.4 초기 계획 버전 관리

MS Project에서 관리하는 초기 계획 개념을 봉투에 비유할 수 있다. 일상생활에서도 중요한 서류는 봉투에 담아서 보관한다. 봉투의 겉면에 그 안에 담긴 서류의 내용을 적기도 한다. 초기 계획 설정을 봉투에 담는 것으로 이해하면 아래 그림과 같이 표현될 수 있다.

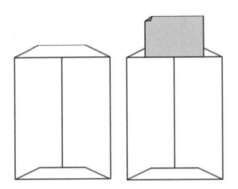

MS Project에는 총 11개의 초기 계획 봉투가 존재한다. 이렇게 초기 계획에 별도로 여러개의 저장 공간을 제공하는 이유는 초기 계획의 버전을 관리하기 위해서이다. 초기 계획은 한 번에 결정되기가 어렵다. 수차례에 걸쳐서 수정을 통해 최종적인 초기 계획으로 확정되는 경우가 대부분이다. 따라서 초기 계획의 버전을 관리하면 매우 편리하다.

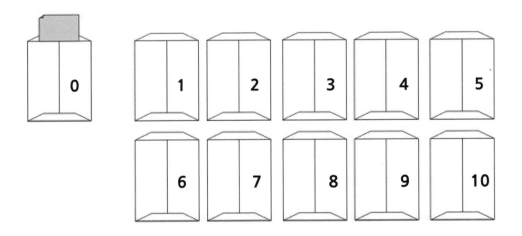

11개의 초기 계획 설정소 중에서 초기 계획 0번에 해당되는 것이 마스터이다. 즉, 모든 일정 비교 연산의 기준이 되는 초기 계획이 초기 계획 0번이다. 만일 초기 계획 0번을 한 번에 결정하는 대신 초기 계획 1번~10번까지 중에서 하나에 임시로 저장할 수도 있다. 다음 그림은 초기 계획 1번에 저장한 경우이다.

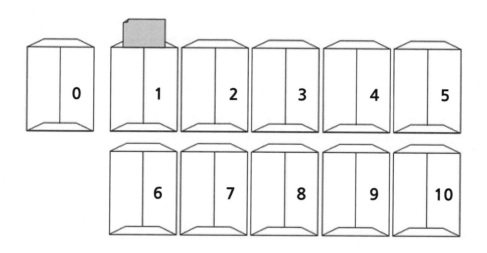

아래 그림에서와 같이 10개의 서로 다른 초기 계획에 서로 다른 초기 계획을 저장할 수도 있다.

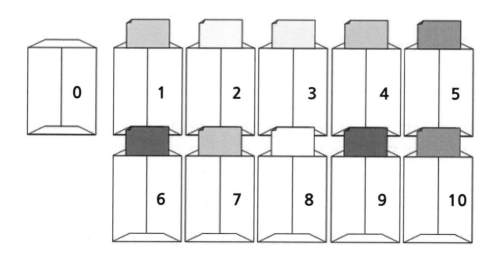

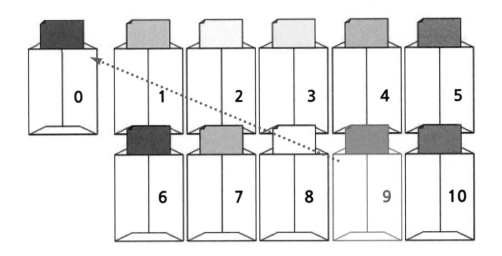

　최종적으로 초기 계획 9번의 초기 계획이 확정되어 초기 계획 0번으로 옮겨질 수도 있으며, 다른 번호의 초기 계획이 최종 초기 계획으로 확정될 수도 있다.

　봉투와 봉투 간에도 초기 계획의 내용을 자유롭게 옮길 수도 있다. 지금까지 그림으로 설명한 것이 총 11개의 초기 계획 버전 관리 방안의 개요이다.

MS Project 활용하기

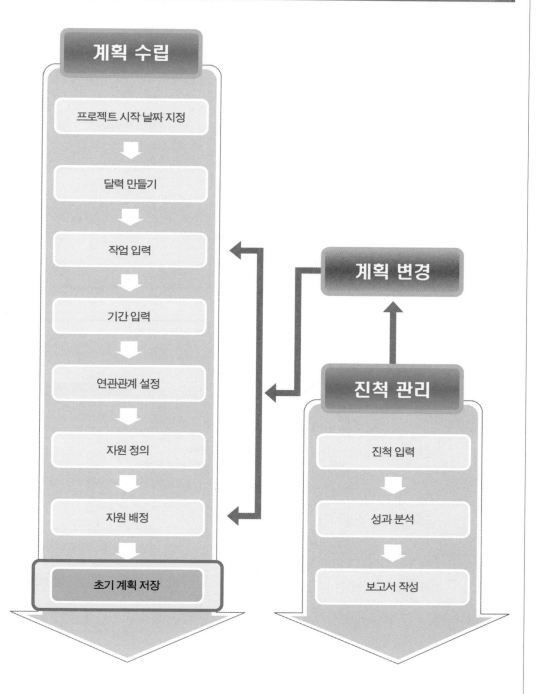

계획 수립
- 프로젝트 시작 날짜 지정
- 달력 만들기
- 작업 입력
- 기간 입력
- 연관관계 설정
- 자원 정의
- 자원 배정
- 초기 계획 저장

계획 변경

진척 관리
- 진척 입력
- 성과 분석
- 보고서 작성

2.1 초기 계획 관리

2.1.1 초기 계획 설정

[프로젝트 > 일정 > 초기 계획 설정] 메뉴를 선택한다.

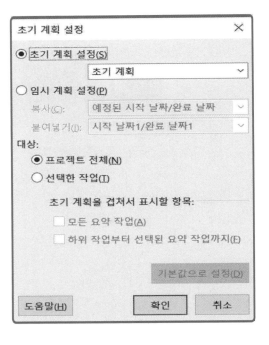

MS Project는 초기 계획을 11번까지 저장할 수 있는 기능을 지원하고 있다. "초기 계획 설정" 의 목록을 열면 '초기 계획 1' 에서부터 '초기 계획 10' 까지 선택할 수 있다. 초기 계획이 저장되면 현재 가지고 있는 시작 날짜와 완료 날짜 필드의 데이터가 초기 시작 날짜와 초기 완료 날짜로 옮겨져서 저장되며, 기간, 작업 시간, 비용 필드가 초기 기간, 초기 작업 시간, 초기 비용으로 저장된다. 그리고 최종적으로 초기 계획으로 저장했던 날짜가 표시된다.

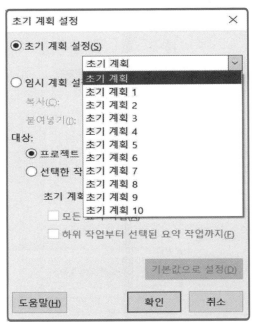

2.1.2 중간 계획 저장

중간 계획 설정은 이력 관리를 목적으로 데이터를 복사 및 붙여넣기 하는 기능이다. 프로젝트에 새로운 초기 계획이 만들어 졌다고 가정할 때 신규 초기 계획을 '초기 계획 1' 이라고 정의할 수 있겠지만, 그보다 이전의 기존 초기 계획을 '초기 계획 1' 에 저장하고 신규 초기계획을 '초기 계획' 에 저장하는 것이 바람직하다. 이 경우 두 초기 계획의 순서를 바꿔야 하는데 중간 계획 설정이라는 기능을 활용하여 '초기 계획' 를 '초기 계획1' 로 복사 및 붙여넣기 한다.

2.2 초기 계획 변경

진행 상황 Gantt 보기에서 확인하면 아래와 같이 작업5와 작업6 사이에 추가된 작업이 새롭게 생긴 경우, 이 작업은 현재 계획만 있으며 초기 계획이 존재하지 않는다.

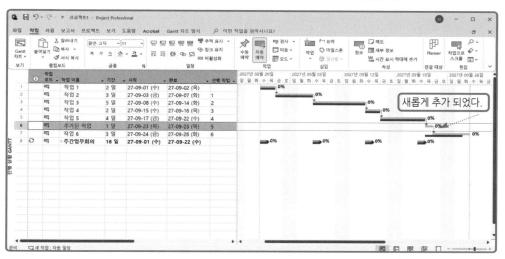

"작업 이름" 필드의 추가된 작업만 선택한다.

[프로젝트 〉 일정 〉 초기 계획 설정] 메뉴를 선택한다. "초기 계획 설정" 창이 열리면 대상에서 '선택한 작업' 옵션을 선택하고 〈확인〉 버튼을 누른다.

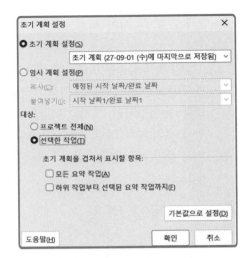

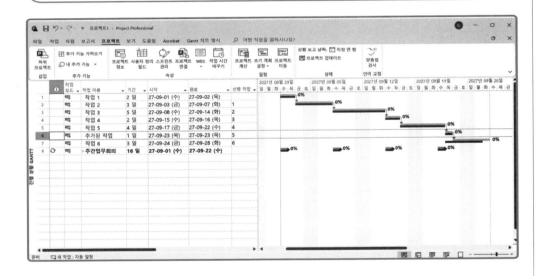

추가된 작업도 초기 계획을 가지면서 현재 계획과 비교 관리할 수 있다.

2.3 초기 계획 삭제

만일 저장한 초기 계획이 공식적인 합의에 의해 추진되는 작업이 아니라 작업5의 단순 연장 추가 작업으로 현재 계획만 가져야 하는 경우에는 초기 계획 지우기 기능을 사용하여 원상복귀 시킬 수 있다.

[프로젝트 > 프로젝트 설정 > 초기 계획 지우기] 메뉴를 선택한다.

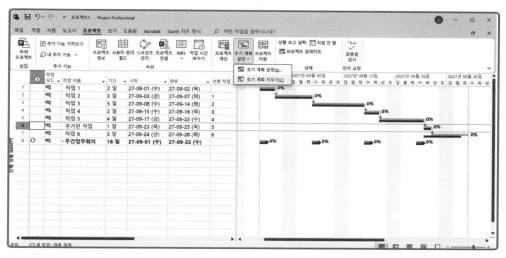

대상에서 '선택한 작업' 옵션을 선택한 다음 〈확인〉 버튼을 누르면 선택한 작업의 초기 계획만 지워진다.

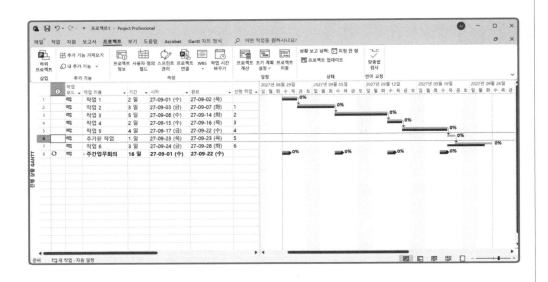

2.4 초기 계획 버전 관리

이제부터는 실제 MS Project의 기능으로 초기 계획 버전을 어떻게 관리하는지를 살펴보기로 하자.

[프로젝트 > 일정 > 초기 계획 설정] 메뉴를 눌러 "초기 계획 설정" 창을 띄운다. 만일 초기 계획을 확정 지을 수 없는 상황이라면 번호가 붙은 초기 계획에 현재 계획을 저장한다. 여기에서 번호가 붙어 있지 않은 초기 계획에 저장하지 않도록 주의한다.

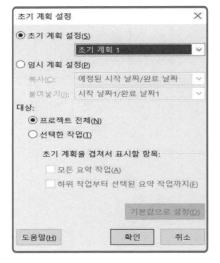

'초기 계획 1' 을 선택한 다음 〈확인〉 버튼을 누르면 초기 계획 1번에 초기 계획이 저장된다.

만일 초기 계획 1번과는 다른 내용으로 다른 초기 계획을 저장해 둘 필요가 있으면 '초기 계획 2' 를 선택한 다음 〈확인〉 버튼을 눌러 저장시킨다. 이와 같은 방법으로 총 10개까지의 초기 계획을 별도로 저장할 수 있다. 이것이 이론에서 설명한 바와 같이 10개의 봉투에 각각의 초기 계획을 저장시키는 것이라고 하겠다.

초기 계획의 버전들 중에서 최종 초기 계획을 선정하여 초기 계획으로 확정 짓기 위해서는 번호가 붙어 있지 않은 초기 계획으로 옮겨서 복사할 수 있다. 이때 사용하는 기능이 아래 "초기 계획 설정" 창의 "중간 계획 설정" 옵션을 선택하고 복사 항목에 복사할 초기 계획을 선택한 다음 붙여 넣기 항목에 초기 계획을 선택하고 〈확인〉 버튼을 누르면 된다.

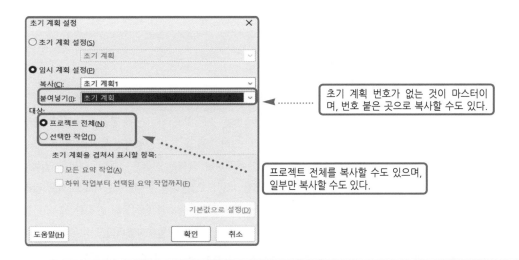

: : Note : :

중간 계획 설정에서는 초기 계획뿐만 아니라 현재 계획도 번호 별로 총 10개까지 저장할 수 있다.

정리하기

Chapter 2

기본 정보 설정 [프로젝트 달력 정의가 중요한 이유]

MS Project를 사용하기 위해서는 기본적인 프로젝트 정보를 설정하여야 한다. 그중에서 가장 중요한 것은 프로젝트 달력을 정의하는 것이다. 달력 정의는 휴일, 공휴일, 근무 시간 등을 정의하며, 이것을 기준으로 하여 일정 계획 수립과 원가 산정 등의 초기 계획 수립을 실시하고, 수립된 계획을 바탕으로 진척 및 성과 관리를 실시하게 된다.

Chapter 3

WBS작성 [WBS를 작성하는 이유]

복잡한 일을 해결하는 쉬운 방법은 한 가지 뿐이다. 그것은 복잡한 일을 단순화시켜서 순차적으로 처리하는 방법이다. 프로젝트는 복잡한 일이며, 이를 성공적으로 수행하기 위해서는 해야 할 업무를 분해하여 단순화하는 작업을 실시하는 것이다.

그리고 단순화된 작업을 구조화시켜 의사소통할 수 있는 도구로 만드는 작업을 한다. 이렇게 해서 만들어지는 것이 바로 WBS (Work Breakdown Structure)이다. WBS는 팀 구성원에게 해야 할 일을 제시하며, 고객과의 의사소통 시에도 중요한 도구로 쓰인다.

Chapter 4

작업 기간 설정 [작업 기간을 산정하는 것은 경험의 산물]

정확한 작업 기간을 산정하는 것은 프로젝트 전체 일정 수립과 더 나아가 원가 산정에 반드시 필요한 요소이다. 그러나 작업 기간 산정에는 투입된 인력의 숙련도와 작업의 난이도 등 다양한 변수가 존재하여 정확한 산정은 상당히 어려운 일이다. 업무를 WBS에 의해 분해하고 WBS를 바탕으로 산정을 할 때 반드시 프로젝트 관리자는 오차가 발생할 것을 예상하고 산정해야 하며, 동시에 팀원들이 산정한 결과가 틀릴 것을 대비하여야 한다. 만일 팀원 중에 일정 산정을 잘못하였더라도 너무 책망해서는 안 된다. 일정 산정은 경험에 의해서만 얻을수 있는 기술임을 늘 생각해야 하는 것이다.

Chapter 5   **작업 연관관계 정의 [작업의 연관관계란 무엇인가?]**

작업들은 서로 유기적인 관계를 가지고 있다. 먼저 해야 할 일과 나중에 해도 되는 일, 같이 시작해야 되는 일, 같이 끝나는 일, 앞에 일이 시작할 때 동시에 뒤에 일이 끝나는 일 등이 있다.

연관관계를 정확히 정의해야 전체 업무 일정을 산정할 수 있으며 비용 계산도 가능하다. 그러나 연관관계 산정 시의 작업 기간은 가능한 고려하지 않는 것이 좋다. 왜냐하면 작업 기간을 동시에 고려하면 연관관계 산정이 어려워지고, 무엇보다 앞으로 수행할 일정 개발시에 해야 할 일이기 때문이다. 이러한 연관관계의 정의에 따라 만들어지는 것을 PND (Project Network Diagram) 라고 한다.

Chapter 6   **자원 정의 [자원에는 어떤 것이 있는가?]**

프로젝트를 수행함에 있어 자원은 필수 불가결한 요소이다. 자원은 프로젝트를 수행하기 위한 인력 요소와 H/W, S/W 그리고 경비 등으로 구분하며, 이러한 요소들을 원활히 일정에 맞게 조달하느냐가 프로젝트의 성패를 좌우한다. MS Project에서는 자원들의 정의를 기본적으로 요구하며 이렇게 정의된 자원들은 원가 산정과 기간 산정의 중요한 자료로 활용된다. 또한, 성과 측정 시에도 투입될 자원과 기간의 기준을 사용하여 측정 기준 시점의 원가 및 일정의 진척 사항을 파악하는 귀중한 자료로 활용한다.

Chapter 7   **자원 배정 [자원의 효율적인 배정]**

WBS를 작성하고 일정을 만든 후, WBS의 해당 작업에 자원 배정을 실시하는 작업을 하게된다. 자원을 배정할 때에는 반드시 다음 두 가지 사항을 고려해야 한다. 첫째는 작업을 수행할 수 있을 정도의 자원을 반드시 배정하여야 한다는 것이며, 둘째는 전체 자원은 반드시 제한되어 있다는 가정 하에서 자원 배정을 실시하여야 한다는 것이다. 어쩌면 모순과 같은 상황이라고 할 수 있다. 정해진 자원으로 효율적인 작업이 실시될 수 있도록 자원을 배정하는 일은 그리 쉽지 않은 작업인 것이다.

| Chapter 8 |

작업 제한 설정 [작업 제한에는 어떤 것이 있는가?]

제한(constraint)은 프로젝트가 준수해야 될 기준과 영역이다. 제한이 생기는 이유는 프로젝트 생성 시에 범위, 일정, 원가는 어느 정도 정해지기 때문에 계획 수립 시의 일정, 원가 등이 제한 요소로 나타나게 되는 것이다. 이러한 제한 요소를 잘 파악하고 정리하여 계획에 반영시켜야 한다. MS Project에서는 일정과 자원 부분에 이러한 제한 요소를 반영시키길 요구하고 있다.

| Chapter 9 |

초기 계획 수립 [초기 계획이란 무엇인가?]

WBS 정의하고 일정을 수립하여 자원을 배정하게 되면 계획의 모든 단계를 마치게 된다. 이렇게 프로젝트 수행 전에 수립된 계획을 초기 계획이라 한다. 초기 계획 관리가 중요한 이유는 초기 계획은 프로젝트를 통제하기 위한 기준선이며 실적을 평가할 수 있는 기준이라는 점이다. 프로젝트를 수행하다 보면 변경이 발생하고 따라서 계획은 수정되어 진다. 변경 계획과 초기 계획을 비교하여 분석한 결과 데이터는 다음 프로젝트의 좋은 이력자료(historical information) 로 활용할 수 있다. 초기 계획이 정확할 수는 없겠지만, 초기계획의 오류 데이터를 체계적으로 관리한다면 한 단계 높은 프로젝트 관리가 가능해질 것이다.

Part 03

진척 관리

Key Point
- 진척 상황을 평가하는 방법
- 기성고 관리(EVM)란 무엇인가?
- 일정 관리를 효과적으로 하려면?
- 비용 관리를 효과적으로 하려면?
- MS Project를 이용한 위험 관리
- 프로젝트 보고서의 사용에 대하여

MS Project

MS Project 진척 관리하기

MS Project 를 이용하여 초기 계획을 수립한 후, 실제로 수행 중인 프로젝트의 각종 자료를 통한 진척 상황을 MS Project에 입력하여 프로젝트 관리를 하게 된다. MS Project에서는 실무에서 PM이 관리하기 어려운 정성·정량적 정보까지 산출하여 주기 때문에 보다 정확한 프로젝트 관리가 가능하게 되어 있다. 또한 명확한 산출 데이터는 프로젝트 진척 관리의 귀중한 지표가 되기도 한다. 이를 통하여 프로젝트의 원활한 관리가 이루어지며 부가적으로 PM을 위한 보고서 기능 등을 제공한다. 그리고 프로젝트 진척 관리를 통하여 일정, 비용, 위험을 통제하며, 발생하는 변경 요소는 초기 계획에 반영하여 계획이 수정된다. 이렇게 변경되는 초기 계획은 MS Project를 통하여 버전 관리를 할 수 있다. 따라서, MS Project를 사용함으로서 진척 관리 시에 입력된 진척사항을 통한 성과 분석결과를 진척 현황으로 확인하거나 보고서로서 활용하는 방법을 알아보자.

MS Project

Chapter 10

진척 입력

1. 진척 입력 시 프로젝트 진행 상황 추적에 대하여 고려해야 할 사항을 알아 본다.
2. 진척 입력 방법에는 어떠한 것이 있는지 알아본다.
3. 프로젝트 통계에서 완료율의 의미를 알아보자.

Part 2까지 MS Project를 사용하여 계획 수립 프로세스를 수행하여 보았다. 진척 입력을 시작으로 이번 장부터는 진척 관리 프로세스를 수행한다. 진척을 입력하는 방법과 관련 이론을 체계적으로 학습한 후, 진척 입력의 다양한 방법을 MS Project를 통하여 알아보자.

1.1 진척입력

1.1.1 프로젝트 진행 상황 추적에 대해 고려할 사항

진척 상황을 파악하는 것은 1차적으로 현재에 초점을 두지만 미래의 진행과 위험을 염두에 두고 수행되어야 한다.

● 진행 상황에 대한 보고와 분석은 예상되는 잠재 문제보다는 현재 존재하는 문제에 초점 이 맞추어지는 경향이 있다.

● Variance 정보는 공수나 비용이 발생하더라도 이에 대한 기록과 시스템의 입력 등이 없 이는 파악할 수 없다.

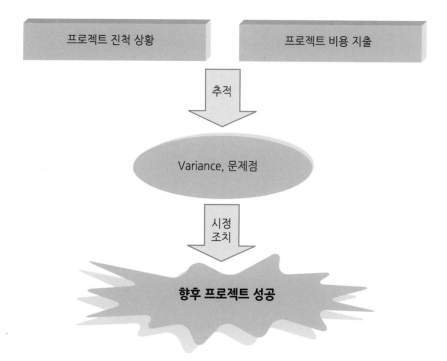

1.1.2 진척 입력

MS Project에서 진척을 입력하는 방식에는 여러 가지가 있다. '해당 작업의 진척이 50%이다.' 와 같이 작업중심으로 할 수도 있을 것이고, '개발자A가 50%의 작업을 완료했다.' 와 같이 자원중심으로 할 수도 있다. 이를 조금 더 설명해 보면 첫 번째 방식은 작업에 실적 진척 정보를 입력하여 자원의 실적MM(man-month : 실제 작업한 시간)를 자동 계산하는 경우이고, 나머지 하나는 자원의 실적MM를 등록하여 작업의 진척 현황을 자동 계산하는 방법이다.

1.1.3 다양한 진척 입력 방법

MS Project에서는 다양한 진척 입력 방법을 제공한다. 완료율을 입력하는 6가지 방법은 다음과 같다.

① 작업 정보 창을 사용하는 방법
② 작업 업데이트 창을 사용하는 방법
③ 완료율 아이콘을 사용하는 방법
④ 프로젝트 업데이트를 사용하는 방법
⑤ 작업 배정 현황에서 입력하는 방법
⑥ 자원 배정 현황에서 입력하는 방법

MS Project 활용하기

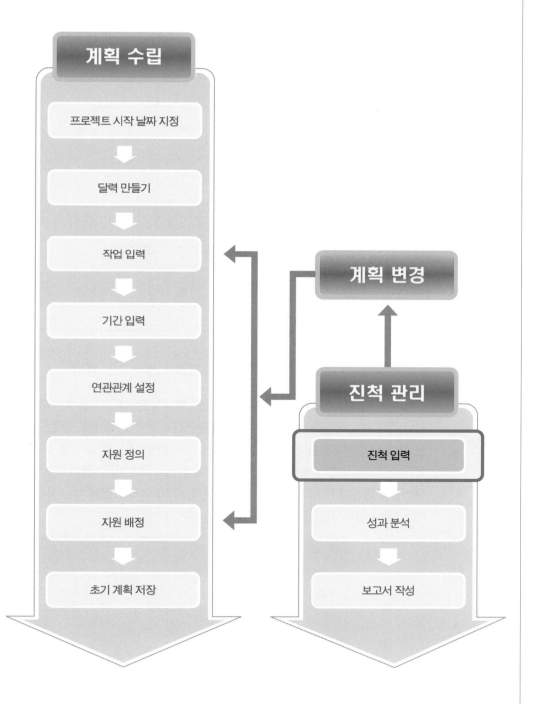

2.1 진척 입력하기

2.1.1 작업 정보 창을 사용하는 방법 - 가장 간단한 방법

작업명을 더블 클릭하여 나타나는 "작업 정보" 창에서 "일반" 탭에 있는 "완료율" 에 '%' 를
입력한다.

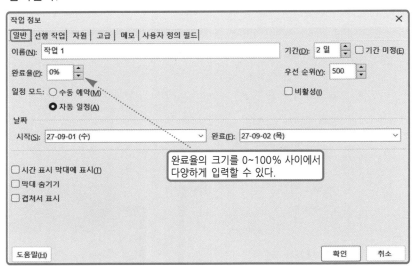

2.1.2 작업 업 데이트 창을 사용하는 방법 - 권장하는 방법

저자의 경험을 통해서 익힌 바로는 "작업 업데이트" 창을 사용하는 것이 가장 효과적인
진척 입력 방법이라고 생각한다. 그 이유는 모든 일이 계획대로 진행되기 보다는 계획과
는 다르게 실적이 발생하기 때문이다. "작업 업데이트" 창은 바로 이런 상황에서 진척을 입력
하기에 편리하도록 구성되어 있다. 먼저 "작업 업데이트" 창을 열어보자. 이 창을 열려면 마
우스를 작업창에 둔 다음 추적 표시를 누른다. 이때 아래와 같은 메뉴 목록이 나오는데 이 중
에서 [작업 업데이트]를 선택한다.

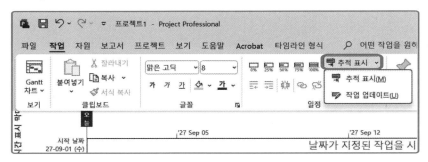

그러면 "작업 업데이트" 창이 열린다.

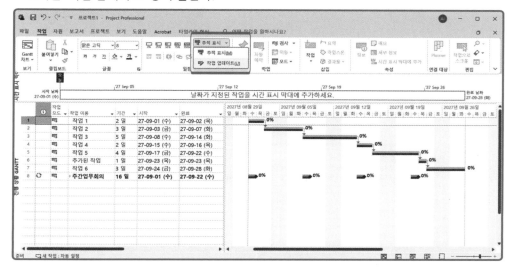

작업6의 현재 계획은 9월 24일부터 28일까지 3일간이며 아직 시작하지 않은 상태이다.

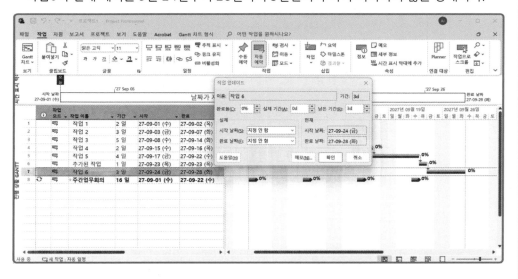

실제 시작 날짜가 만일 10월 27일이라면 "작업 업데이트" 창에서 실제 '시작 날짜' 에 10월 27일을 찾아서 선택하고 〈확인〉 버튼을 누르면 된다. 그러면 현재 '시작 날짜' 가 10월 27일로 업데이트 되면서 이후 완료율을 입력 받을 수 있다.

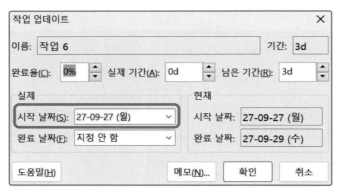

만일 실제로 걸린 기간이 2일이라면 "실제 기간" 에 '2일' 을 입력하고 확인을 누르면 남은 기간과 완료율이 자동으로 계산되어 입력된다.

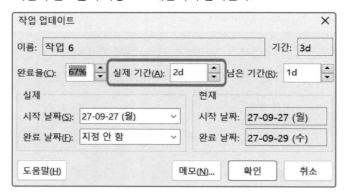

또한 실제 '완료 날짜' 만 확정해서 입력하고 〈확인〉 버튼을 누르면 실제 기간과 현재 완료 날짜, 완료율이 100%로 자동으로 계산되어 나타난다.

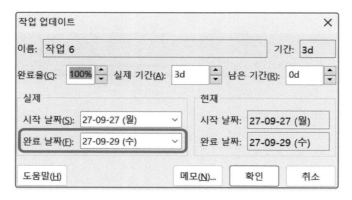

2.1.3 완료율 아이콘을 사용하는 방법

툴 바의 완료율에 나타난 0%, 25%, 50%, 75%, 100%로 된 아이콘을 누르면 해당되는 % 만큼 완료율이 나타난다. 하지만 31%와 같은 완료율은 입력할 수 없다.

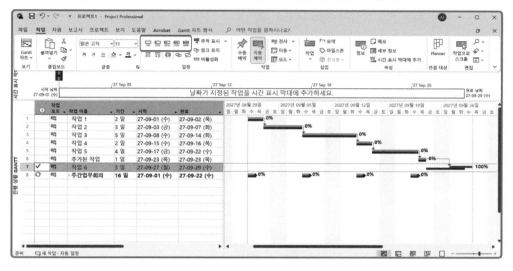

2.1.4 프로젝트 업데이트를 사용하는 방법

각각의 개별 작업 별로 완료율을 입력하는 방법은 앞서 설명한 바와 같으나, 프로젝트에 속하는 여러 작업의 완료율을 일괄적으로 입력하는 방법도 사용 가능하다. 특정한 날짜를 기준으로 이전까지의 모든 실적을 한꺼번에 업데이트 하는 경우가 필요할 수도 있다.

아직 진척이 반영되지 않은 상태로 현재 계획과 초기 계획이 아래와 같은 경우 10월 10일 이전까지의 실적을 모두 완료된 것으로 하고자 할때 [프로젝트 > 프로젝트 업데이트] 메뉴를 선택한다.

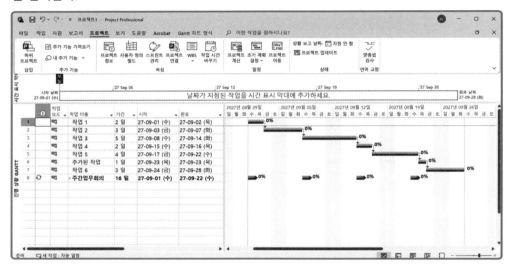

" 프로젝트 업데이트 " 창이 열리면 기준 날짜를 설정한 다음 < 확인 > 버튼을 누른다.

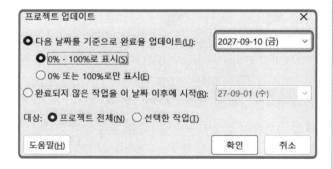

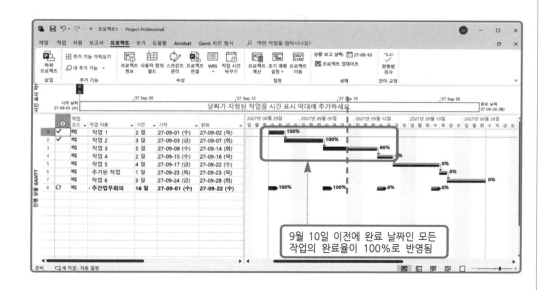

9월 10일 이전에 완료 날짜인 모든
작업의 완료율이 100%로 반영됨

만일 다시 프로젝트 업데이트를 하면서 이번에는 9월 15일로 기준 날짜를 정하고 옵션
인 '0% 또는 100%로만 표시'를 선택한다면 어떻게 될까?

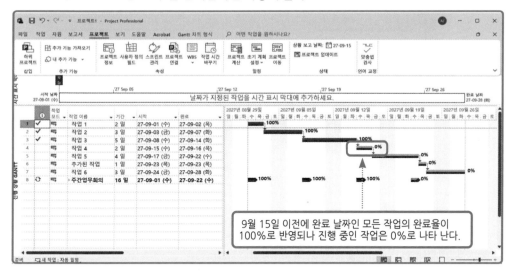

9월 15일 이전에 완료 날짜인 모든 작업의 완료율이
100%로 반영되나 진행 중인 작업은 0%로 나타난다.

이번에는 옵션 '0%-100%로 표시'
를 선택한 다음 〈 확인 〉 버튼을
누른다.

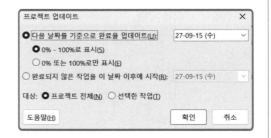

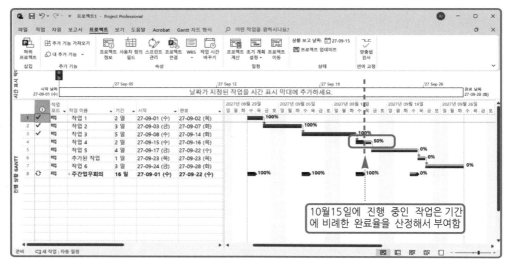

10월15일에 진행 중인 작업은 기간
에 비례한 완료율을 산정해서 부여함

프로젝트 업데이트 두 개의 옵션 중 아래 옵션은 0% 또는 100% 둘 중의 하나만을 인정하
는 것으로 완료 날짜가 기준 날짜보다 뒤에 와야만 100%로 반영하는 옵션이다.

2.1.5 작업 배정 현황 또는 자원 배정 현황에서 입력하는 방법

[보기 > 작업 배정 현황] 메뉴를 선택하여 작업 배정 현황을 열어보면 이미 완료율이 입력된 것에 맞게 모든 자원 별 실제 작업 시간이 자동으로 입력되어 나타난다.

차트 영역 상의 아무 곳에나 마우스를 두고 오른쪽 버튼을 누르면 [실제 작업 시간] 항목을 선택할 수 있으며, 이것을 선택하면 실제 작업 시간이 날짜 별로 나타난다.

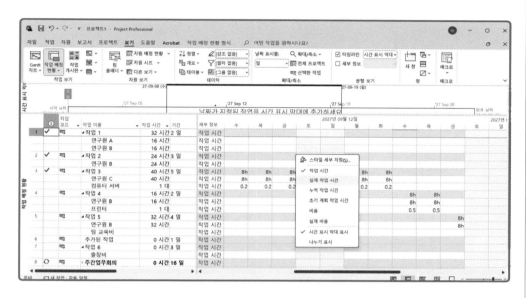

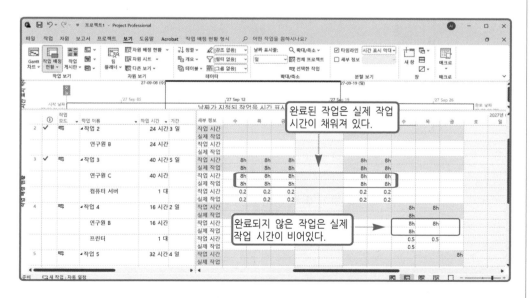

[프로젝트 > 프로젝트 정보] 메뉴를 선택하여 열린 "프로젝트 정보" 창의 왼쪽 하단에 있는 〈통계〉 버튼을 눌러 전체적인 프로젝트 완료율을 알아보자.

'프로젝트1' 프로젝트 통계	시작 날짜	완료 날짜
현재	27-09-01 (수)	27-09-28 (화)
초기 계획	27-09-01 (수)	27-09-28 (화)
실제	27-09-01 (수)	지정 안 함
차이	0d	0d

	기간	작업 시간	비용
현재	20d	168h	₩18,560,000
초기 계획	20d	168h	₩18,560,000
실제	11.67d	104h	₩14,660,000
남은 작업	8.33d	64h	₩3,900,000

완료율:
기간: 58%   작업량: 62%

역으로 작업 배정 현황에서 실제 작업 시간을 입력하면 해당 작업의 완료율이 100%가 되면서 프로젝트 전체로도 완료율이 높아지게 된다.

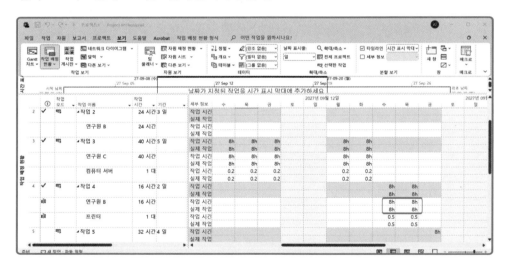

이것을 확인해 보기 위해 다시 [프로젝트 > 프로젝트 정보] 메뉴를 선택한 다음 "프로젝트 정보" 창에서 〈통계〉 버튼을 눌러서 전체 프로젝트의 완료율이 어느 정도 높아졌는지 알아보자.

'프로젝트1' 프로젝트 통계

	시작 날짜	완료 날짜
현재	27-09-01 (수)	27-09-28 (화)
초기 계획	27-09-01 (수)	27-09-28 (화)
실제	27-09-01 (수)	지정 안 함
차이	0d	0d

	기간	작업 시간	비용
현재	20d	168h	₩18,560,000
초기 계획	20d	168h	₩18,560,000
실제	12.5d	112h	₩17,320,000
남은 작업	7.5d	56h	₩1,240,000

완료율:
기간: 63%   작업량: 67%

[닫기]

　　앞서 측정한 완료율이 기간 대비 58%에서 63%로 증가했으며, 작업량 대비 62%에서 67%로 증가했다. 이런 사실을 통해 작업 배정 현황 또는 자원 배정 현황이 단순히 실제 작업 시간을 조회해 보는 것이 아니라 여기에서 직접 자원 별로 세분화시켜 완료율을 입력할 수 있다는 사실을 알 수 있다.

: : Note : :

기간 완료율, 작업량 완료율
위의 "프로젝트 통계" 창의 하단에는 두 가지 완료율이 나타난다.

● 기간 완료율 : 소요 기간 / 전체 기간
● 작업량 완료율 : 작업 시간 완료율이며 사용 작업량 / 전체 작업량

두 값은 항상 차이를 보인다. 두 값 중에서 작업량 완료율을 많은 프로젝트에서 선호하는 경향이 있다. 그 이유는 작업량이 작업을 측정하는 유일한 단위이기 때문이다. 하지만 이 값을 구하기 위해서는 자원 배정을 사실에 가깝도록 정확히 하여야 한다.

MS Project

Chapter 11

진척 관리

1. 기성고 정의법에 대해 알아본다.
2. 기성고 분석의 구성 요소에는 어떠한 것이 있는지 알아본다.
3. CPI, SPI를 선호하는 이유에 대해 알아본다.

계획 수립 프로세스를 수행한 다음 진척 관리 프로세스를 수행함에 있어 지난 장에서 먼저 진척을 입력하는 방법에 대하여 학습하였다. 그러면 과연 진척 관리는 어떻게 수행되는가에 대하여 알아보자. 먼저 기성고의 정의법과 구성 요소에 대한 이론을 학습한 다음 MS Project의 사용법으로는 이론 학습에서 공부한 기성고 분석을 통하여 진척 관리의 방법을 배운다.

1.1 기성고 분석(Earned Value Analysis)

1.1.1 기성고 분석법(EVA)의 도입 배경

기성고는 원가와 일정을 따로따로 보지 않고 이를 통합하여 프로젝트를 통제할 수 있는 수단을 제공하고자 하는 배경에서 탄생되었다. 1967년 미 국방성에서 비용보상 (cost-reimburse) 또는 인센티브(incentive)계약 형식으로 진행되는 주요 시스템 개발에 참여하는 업체에 대하여 C/SCSC(Cost/Schedule Control Systems Criteria)의 적용을 요구하면서 미 국방부에 의해 공식적으로 제기되었을 때 기성고의 개념이 공식화되었다. C/SCSC는 총 35가지의 기준으로 구성되어 있는데 발표된 후 30년 동안 각국에서 기본적인 개념을 그대로 적용하고 있다. 35개의 기준이 산업계에서 그대로 적용하기에는 힘들다고 하여 32개로 조정한 것이 1996년에 DoD에 의하여 승인되었는데 이것이 EVMS (Earned Value Management System)이다.

1.1.2 기성고(EV) 정의법

방법	측정법
0/100	작업 패키지 시작 시에 EV는 0, 종료시 100으로 측정 → 완료법
50/50	작업 패키지 시작 시에 EV는 50, 종료시 100
단위종료	동일한 단위에 대해 같은 EV를 할당
마일스톤	마일스톤에 따라 가중치를 부여 EV를 할당 가중치
퍼센트	주관적으로 몇 %로 끝났는지 정의
완료	

작업 패키지 (work package)는 WBS 상에서 가장 하위 단위에 나타나는 단위 액티비티이다.

1.1.3 기성고

프로젝트 수행 단계에서 PM의 주요한 책임 중의 하나는 프로젝트 수행의 건강도, 즉 예산 (budget)과 납기(completion date)내에서 진행되고 있는지를 감시하는 것이다.

1) 프로젝트 계획을 통해 세워진 종료 날짜와 예산은 PM에게 프로젝트의 목표 값으로써 종료 시까지 관리되어진다.

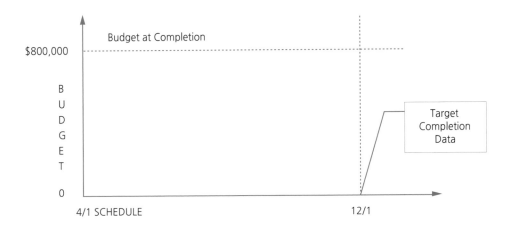

2) 가장 이상적인 경우라면 프로젝트 수행 시작에서 종료까지 시간이 지남에 따라 선형적 (linear) 으로 원가와 일정이 진행되어 계획 시에 세운 납기일과 예산을 맞추게 될 것이다.

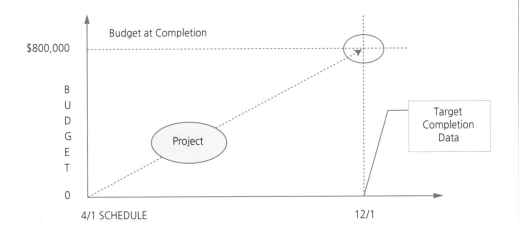

3) 하지만 실제 프로젝트의 진척 상황은 이렇게 예측 가능한 1차 직선 방정식을 따르지 않는다. 납기보다 늦거나 빠르거나, 예산 내에 있거나·또는 예산을 초과하고 있을 것이다.

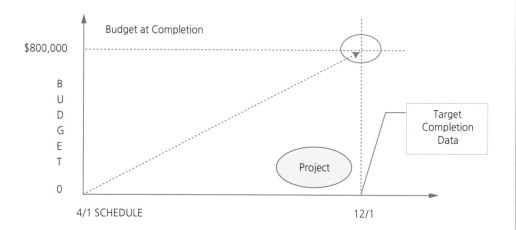

이처럼 프로젝트의 성공적인 완수를 위협하는 일정과 원가의 초과는 프로젝트 수행 중에 PM이 역량을 발휘해야 하는 중요한 부분이다. 기성고 분석으로 알려진 Earned Value Analysis는 PM이 프로젝트 수행 단계에서 진척 상황을 평가할 수 있는 기법을 제공한다.

1.2 기성고 분석을 위한 구성 요소

구분	용어	내용
계획 요소	WBS (Work Breakdown Structure)	작업 분류 체계
	CA (Control Account)	공정과 비용의 통합 관리 기본 단위
	PMB (Project Management Baseline)	공정과 비용의 통합 관리 기준선
	BAC (Budget At Completion)	프로젝트가 예산 내에 성공적으로 종료되었는지 판단하는 기준선
측정 요소	BCWS (Budget Cost for Work Scheduled)	계획된 일정 상의 작업을 종료하는데 소요되는 예산을 말하며, PV(Planned Value)라고도 함
	BCWP (Budget Cost for Work Performed)	수행된 작업에 대하여 할당된 예산을 말하며, EV (Earned Value)라고도 함
	ACWP (Actual Cost for Work Performed)	수행된 작업에 대해 실제로 투입된 비용을 말하며, 간단히 AC(Actual Cost)라고도 함
분석 요소	CV (Cost Variance)	비용의 계획 대비 실적 차이에 대한 지표로, BCWP-ACWP로 계산함
	CPI (Cost Performed Index)	CPI = BCWP/ACWP
	SV (Schedule Variance)	현재 프로젝트 일정 진척 상황을 파악할 수 있는 지표로 BCWP-BCWS로 계산함
	SPI (Schedule Performed Index)	SPI = BCWP/BCWS
예측 요소	BCWR (Budgeted Cost for Work Remained)	잔여 예산을 말하며, BAC-BCWP로 계산함
	ETC (Estimate to Completion)	잔여 예상 원가를 말하며, BCWR/CPI로 계산함
	EAC (Estimate At Completion)	총 예상 원가를 말하며, ACWP+ETC로 계산함

1.2.1 계획 요소

1) WBS(Work Breakdown Structure) : 작업 분류 체계
2) CA(Control Account) : 공정과 비용의 통합 관리 기본 단위
3) PMB(Project Management Baseline) : 공정과 비용의 통합 관리 기준선
4) BAC(Budget At Completion) : 프로젝트가 예산내에 성공적으로 종료되었는지 판단하는 기준선
   - BAC : 프로젝트 계획 단계에서 PM은 프로젝트 완료 날짜와 완료 시의 예산을 결정한다. 프로젝트 완료 시의 예상되는 예산 금액을 BAC(Budget At Completion : 종료 시 예산)이라 한다. 따라서 BAC는 프로젝트가 예산 내에 성공적으로 종료되었는지를 판단하는 기준선으로 적용될 것이다.

1.2.2 측정 요소

1) BCWS (Budget Cost for Work Scheduled) : 계획된 일정 상의 작업을 종료하는데 소요되는 예산을 말하며, PV(Planned Value)라고도 함
   - BCWS(=PV) : BCWS는 프로젝트 계획 시에 설정된 프로젝트 예산(BAC)이 수행 기간에 따라 균등하게 사용된다는 이상적인 가정 하에 분배된 예산이다. BCWS를 풀어보면 Budgeted Cost(예산 금액) + Work Scheduled(일정 상의 작업)인데, 결국 계획된 일정 상의 작업을 종료하는데 들게 되는 예산인 것이다.

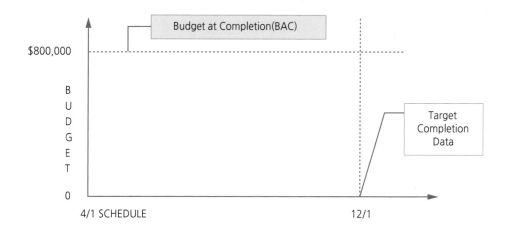

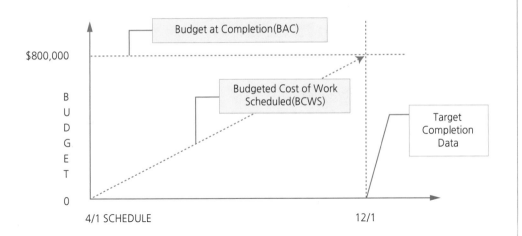

그렇다면 프로젝트가 8개월의 수행 기간을 가지며 예산은 $800,000로 가정했을 때 2개월이 지난 후의 BCWS는 얼마가 되겠는가?

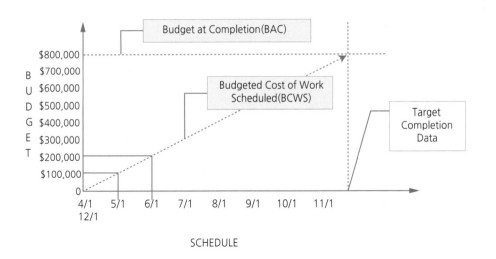

→BAC가 $800,000이고 일정이 8개월 중 2개월이 지났으므로, **BCWS = $800,000 × 2/8 = $200,000**이 되는 것이다.

2) BCWP(Budget Cost for Work Performed) : 수행된 작업에 대하여 할당된 예산을 말하며, EV(Earned Value)라고도 함
   – BCWP(=EV) : BCWP를 풀어보면 Budgeted Cost(예산 금액) + Work Performed(수행된 작업)인데, 결국 수행된 작업에 대하여 할당된 예산을 의미한다.

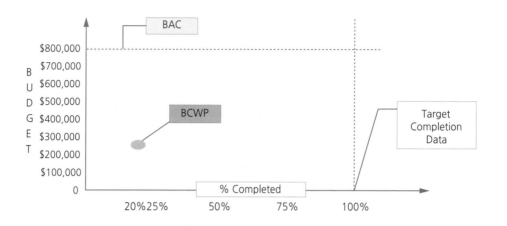

앞서 BCWS를 구할 때 제시되었던 프로젝트를 통해 BCWP를 구해보자. 이 프로젝트는 8개월의 수행 기간과 $800,000의 계산을 갖는 프로젝트이다. 4월1일로 부터 이 프로젝트가 착수된지 두 달이 지난 6월 1일에 담당 PL들은 PM에게 20% 완료되었다는 보고를 하였다. 이 프로젝트의 BCWP는 얼마인가?

→ 전체 BAC가 $800,000이므로 수행된 작업에 대하여 할당된 예산, 즉 BCWP는 **BCWP = $800,000 × 0.2 = $160,000**이 된다. 또 다른 계산 방식은 다음과 같다. 6월 1일 까지 A~Z까지의 전체 액티비티 중 A, B, C라는 액티비티가 종료되었다고 할 때 계획 시 잡혀 있던 A, B, C의 비용의 합이 BCWP가 되는 것이다.

3) ACWP(Actual Cost for Work Performed) : 수행된 작업에 대해 실제로 투입된 비용을 말하며, 간단히 AC(Actual Cost)라고도 함

- ACWP(=AC) : ACWP를 풀어보면 Actual Cost(실제 금액) + Work Performed(수행된 작업)인데, 이것은 수행된 작업에 대하여 지출된 실제 금액을 의미한다. 전체의 20%의 일을 하는데 $200,000의 비용이 지출되었다면 ACWP는 $200,000이 되는 것이다.

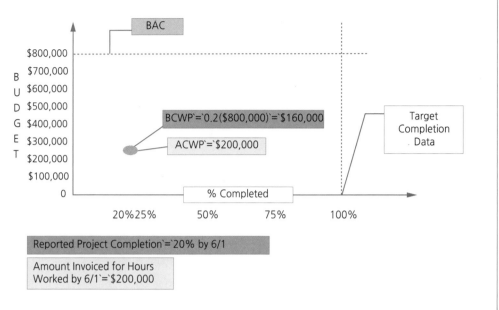

1.2.3 분석 요소

1) CV(Cost Variance) : 비용의 계획 대비 실적 차이에 대한 지표로, BCWP - ACWP로
   계산함
   - CV : 수행된 작업에 대하여 할당된 예산(BCWP)에서 실제로 사용된 예산(ACWP)의
     차이로 계산된다. 결국 '계획-실적' 이므로 음수 (-) 의 값이 나온다면 실제로 지출
     한 비용이 많아서 예산 초과 상태라는 의미이고, 반대로 양수 (+) 의 값이 나온다
     는 것은 실제 사용한 돈이 적어서 예산 내에서 진행되고 있다는 의미이다.

2) CPI(Cost Performed Index) : BCWP / ACWP로 계산함
   - CPI : 예상되는 BCWP를 실제 발생한 ACWP로 나누어 계산하는 방식으로, CV에 비하
     여 좀더 객관적인 성과 진척을 나타낸다. 예를 들어 CPI가 0.7이라면 실제 예상한 것
     의 원가 효율이 70%에 불과한 것을 의미한다.

다음 예제를 통하여 CV와 CPI를 구해보자.

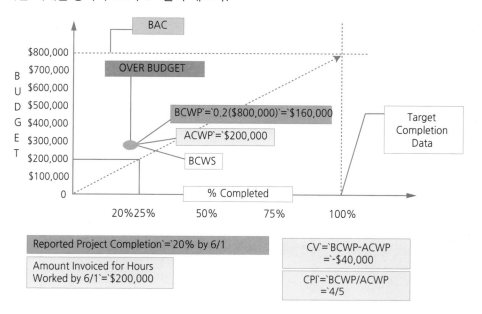

→ CV -$40,000이 의미하는 것은 예산을 -$40,000 초과하고 있다는 것이며, CPI 4/5
가 의미하는 것은 1달러를 사용했을 때 0.8달러 밖에 효용을 발생하지 못하고 있다는
것을 의미한다.

3) SV(Schedule Variance) : 현재 프로젝트 일정 진척 상황을 파악할 수 있는 지표로
BCWP - BCWS로 계산함
 - SV : 수행된 작업에 대하여 할당된 예산(BCWP)에서 계획된 일정 상의 작업을 종료하
는데 소요되는 예산(BCWS)의 차이로 계산한다. 결국 일정 시점에서 '실제로 진척된
업무량 - 하기로 계획된 업무량' 이므로 음수 (-) 의 값이 나온다면, 실제 업무를 덜 하여
납기가 늦어졌다는 의미이고, 양수(+)의 값이 나온다면 실제 업무를 더했다는 의미가
된다. 이 개념이 CV보다 더 복잡하게 느껴지는 이유는 일정이라는 시간 Dimension을
비용 Dimension으로 바꾸었기 때문이다.

4) SPI(Schedule Performed Index) : BCWP / BCWS로 계산함
 - SPI : SPI는 일정에 대한 효율성을 표시한다. SPI가 1보다 작으면 일정을 계획 대비 지
연되게 진행하는 것을 의미하며, 1보다 크다면 일정보다 빠르게 진행된다는 것을 의미
한다.

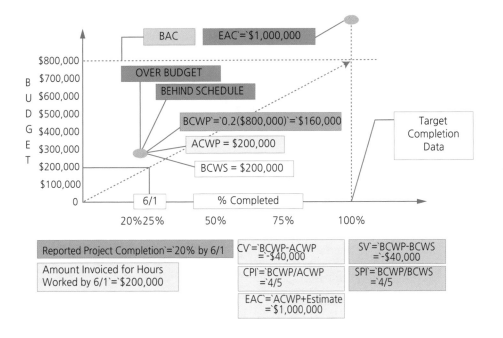

→ SV는 일정이 지연된 것을 의미하며, SPI는 당초 일정보다 20% 지연된 것을 의미한다.

CPI, SPI를 선호하는 이유

CV나 SV로도 원가 진척 상황을 알 수 있는데 굳이 왜 CPI나 SPI를 언급하는 것일까? 다음의 경우를 통해 알아보도록 하자.

	A Project	B Project
BCWP	$ 100,000	$ 10,000
ACWP	$ 110,000	$ 20,000
CV	- $ 10,000	- $ 10,000

둘 다 -$10,000의 CV를 가지므로 A와 B프로젝트의 원가 관리 수준이 같다고 말할 수 있는 것인가? 그 이유를 알아보기 위해 CPI를 계산하여 보자.

A Project의 CPI는 0.9정도이며, B Project의 CPI는 0.5정도이다. 즉, A Project가 B Project에 비해 원가 수준이 높가는 것을 의미한다. 실제로 지표를 삼을 때 일정의 SPI와 함께 CPI를 SV, CV 보다 선호하는 것이 더 적절하다는 것을 이해할 것이다.

1.2.4 예측 요소

1) BCWR(Budgeted Cost for Work Remained) : 잔여 예산을 말하며, BAC - BCWP
로 계산함
2) ETC(Estimate to Completion) : 잔여 예상 원가를 말하며, BCWR / CPI로 계산함
3) EAC(Estimated At Completion) : 총 예상 원가를 말하며, ACWP + ETC로 계산함

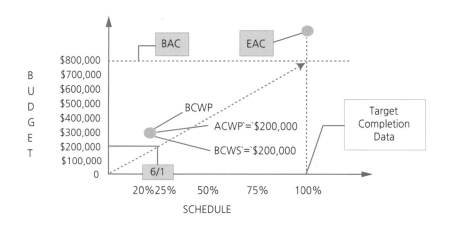

- EAC : EAC는 Estimate At Completion, 완료 시의 예상이다. 일정에 대한 것은 아니
고 원가 정보에 대한 예상이다. 완료 시에 얼마나 들까를 예상하는 것은 현재까지 쓴
돈에다가 쓰여질 돈을 더하면 된다.

$$EAC = ACWP + 완료\ 시까지\ 예상\ 비용$$
$$= ACWP + (BAC-BCWP)$$

- 완료 시까지 비용은 BAC-BCWP 로 계산하는 방법이 있으나, 과거의 비용 생산성이 이
후에도 똑같이 적용된다는 가정 하에 CPI로 보정해 주는 방법이 있다.

$$EAC = ACWP + \frac{BAC-BCWP}{CPI}$$

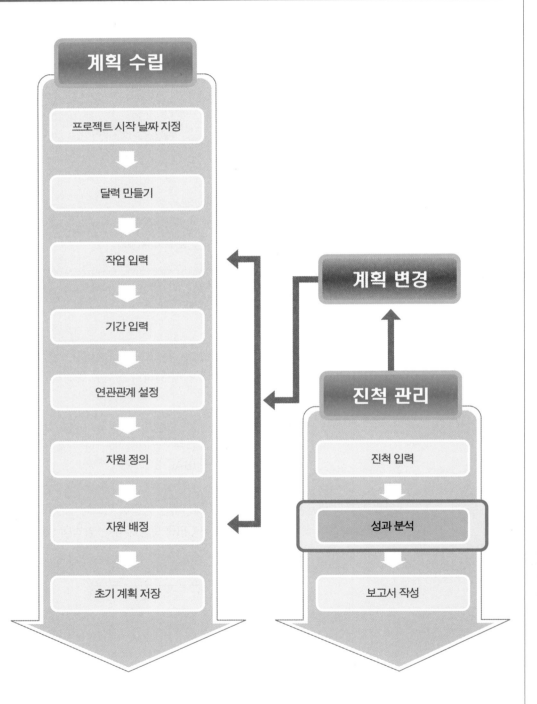

아래와 같은 형태로 작업 시간을 산정한 다음 프로젝트를 관리한다고 가정해 보자.

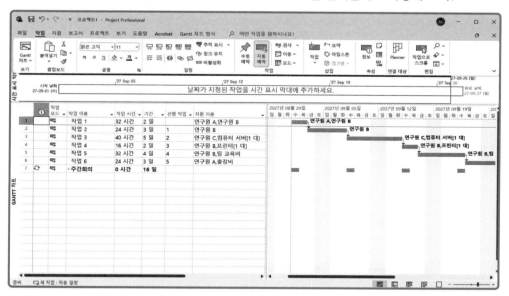

「Chapter 1. 간단한 MS Project 사용법」에서 관리한 방식과 다른 것은 작업 시간이 이미 산정 되어 있다는 점이다. 초기 계획을 보기 위해 [작업 > Gantt 차트 > 진행 상황 Gantt] 메뉴를 선택한다.

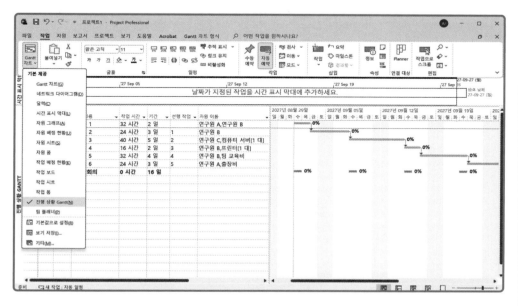

초기 계획 설정이 되지 않은 상태이기 때문에 각 Gantt 막대 하단에 초기 계획 막대가 생성되지 않았다. 초기 계획을 저장하기 위해서는 [프로젝트 > 초기 계획 설정] 메뉴를 선택한다.

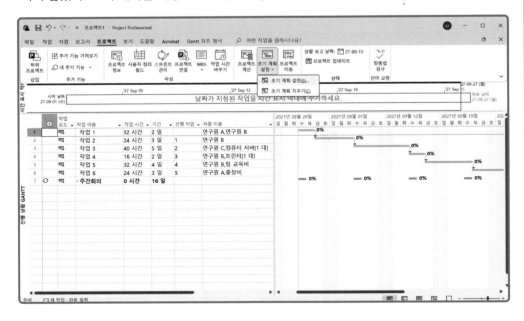

아래와 같이 "초기 계획 설정" 창이 나타나며, < 확인 > 버튼을 눌러 초기 계획을 저장 한다.

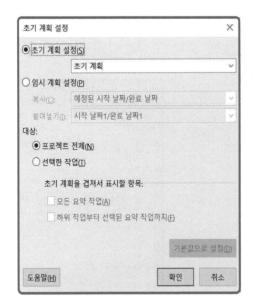

이제 프로젝트를 관리할 수 있는 상태로 되었다.

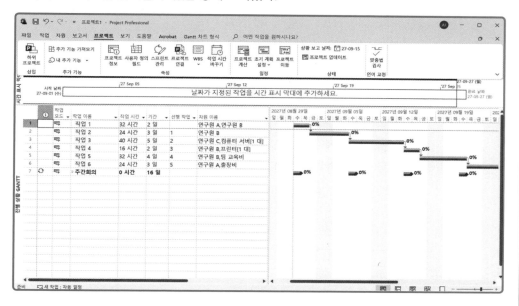

만일 작업1을 프로젝트 시작 날짜에 문제없이 착수할 수 있으면 현재 계획을 그대로 두고 완료율만 입력하면 되지만, 며칠 후가 지난 다음에야 비로소 시작 가능하다면 그 날짜를 찾아서 현재 계획을 옮겨 주어야 한다.

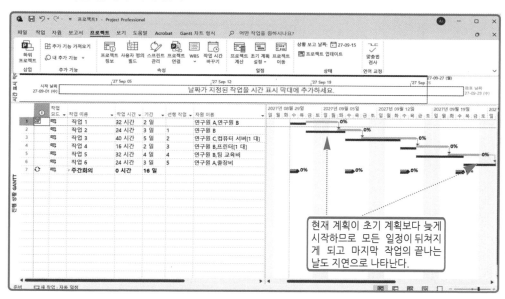

현재 계획이 초기 계획보다 늦게 시작하므로 모든 일정이 뒤쳐지게 되고 마지막 작업의 끝나는 날도 지연으로 나타난다.

화면에서와 같이 지연을 남은 작업의 일정 조정을 통해 대비할 수 있다.

① 작업1의 기간을 단축시키는 방법

② 작업1 이후 작업의 기간을 단축시키는 방법

③ 두 개의 작업을 동시에 수행하는 방법

「Chapter 1. 간단한 MS Project 사용법」의 기간 단축 방식은 단순히 기간의 크기를 임의로 줄이는 방법을 사용하였으나, 이제부터는 작업 시간이 산정되었으므로 단위를 증가시킴에 의해 기간을 정확하게 정량적으로 줄일 수 있다. 작업2와 작업3에 자원을 1명씩 더 투입시켜 보는 방법을 취한다면 다음 화면과 같이 바뀔 것이다.

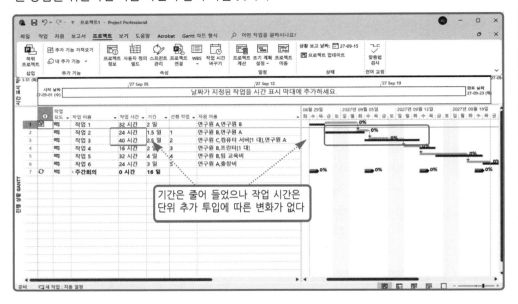

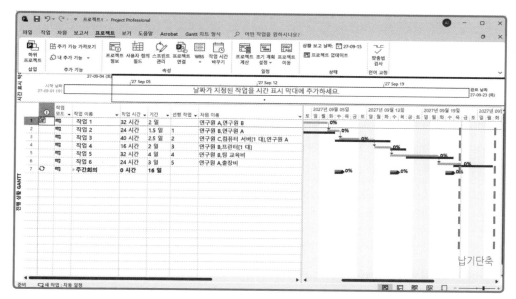

중간에 있는 작업 기간이 줄어듦에 따라 프로젝트의 납기가 초기 계획에 비해 며칠 앞당겨지게 되었다. 하지만 이것은 계획상 그런 것이며 실제로 실적 발생 시점에서 그렇게 될지는 미지수이다. 실적이 이 계획대로 발생한다면 아래와 같이 집계될 것이다.

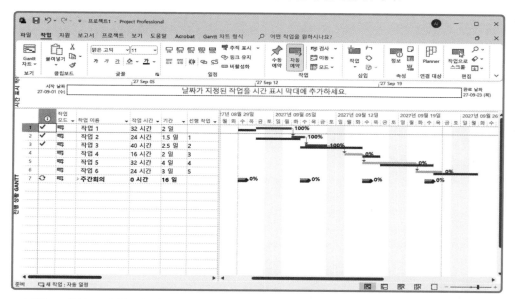

작업4, 작업5, 작업6의 경우에는 작업 시간이 산정되어 있지 않으므로 위의 자원 추가 투입에 의해서 계산된 기간 단축 효과를 낼 수 없다. 직접적으로 기간을 임의로 줄이는 방법이 유일한 계획 수정 방법이다.

MS Project

Chapter 12

일정 관리

1. 일정 기준에는 어떤 것이 있는지 알아본다.
2. 여유시간에 대해 알아본다.
3. 초기 계획 일정, 실제 일정, 현재 계획 일정의 개념을 이해한다.
4. 일정 상태 분석을 위한 통제지표에는 어떤 것이 있는지 알아본다.

진척관리 프로세스로서 진척입력, 진척관리를 수행하였다. 이어서 일정 관리에서는 이전 장에서 이루어진 결과를 통하여 일정을 관리하는 방법을 배운다. 먼저 일정의 개념과 일정기준, 여유시간, 진척관리의 통제지표 등의 일정관련 이론을 학습한 후 MS Project의 사용법으로는 진척 상황의 일정표시 및 종류 별 진척현황을 파악하여 보도록 한다.

1.1 일정(Schedule)

1.1.1 프로젝트가 언제 시작하고 종료할지를 기술

 1) 해당 액티비티의 시작 날짜와 종료 날짜
 2) 액티비티 간의 연관관계(dependency)
 3) 마일스톤(milestone)

1.1.2 프로젝트 외부에서 발생하는 액티비티와의 조율

 하나의 프로젝트는 조직의 다른 프로젝트들과 연관관계가 있다. 따라서 해당 프로젝트가 다른 프로젝트 및 조직의 업무와 맞물리는 일정상 장애요소가 있는지를 파악하고 해결하여야 한다. 또한 휴가와 공휴일 같은 일정요소도 외부요소로써 고려되어야 한다.

1.1.3 프로젝트 내부의 액티비티 간 연관관계 설정

 WBS에는 액티비티 간의 연관관계는 기술되어 있지 않다. 프로젝트 일정은 이런 액티비티 간의 연관관계가 설정되어야 산출해 낼 수 있다.

1.1.4 수행 기간과 자원의 할당

 수행 기간 동안에 자원을 적절한 수준으로 액티비티 별로 할당하여 진행한다.

1.1.5 잠재 일정 장애요소 및 자원 할당 문제 파악

 주요 자원요소(key resource)를 파악해야 한다. 이는 사람, 장비, 기계 등이 될 수 있으며, 필요시에 적절히 할당되는 것을 보장해야 한다. 특히 Critical path상에 있는 액티비티에 할당되는 자원에 대해서는 특별한 주의를 기울여야 한다.

1.1.6 위험요소의 파악

일정에 따라 액티비티 진행여부를 확인하여 위험요소를 파악한다.

1.2 일정기준

일정 작성의 기준에는 시작 날짜 기준법 (forward path) 과 완료 날짜 기준법 (backward path) 이 있다.

1.2.1 시작 날짜 기준법(forward path)

프로젝트의 시작 날짜를 명시하고 액티비티의 기간과 연관관계를 통하여 종료 날짜를 도출하는 방법이다. 액티비티의 속성은 최대한 시작을 빨리 하는 형태로써 액티비티의 빠른 시작 날짜 (Early Start Date) 와 빠른 종료 날짜 (Early Finish Date) 를 알 수 있다.

1.2.2 완료 날짜 기준법(backward path)

프로젝트의 종료 날짜를 명시하고 액티비티의 기간과 연관관계를 통하여 시작 날짜를 도출하는 방법이다. 속성은 종료 날짜를 맞추기 위해 액티비티를 최대한 늦게 시작하는 것으로써 늦은 시작 날짜 (Late Start Date) 와 늦은 종료 날짜 (Late Finish Date) 를 알 수 있다.

1.3 여유시간(Float or Slack)

1.3.1 전체 여유 시간(total float)

프로젝트 전체의 납기일에 영향을 주지 않고 가질 수 있는 여유 시간

$$TF = LF - EF(늦은 종료 날짜 - 빠른 종료 날짜)$$

1.3.2 시작 여유 시간(free float)

후속 액티비티의 빠른 시작일에 영향을 주지 않고 가질 수 있는 여유 시간

$$FF = ES\ successor(후속공정의 빠른 시작 날짜) - EF$$

1.3.3 프로젝트 여유 시간(Project float)

프로젝트 전체가 지정된 프로젝트 종료 날짜를 지연시키지 않고 가질 수 있는 여유 시간

1.4 초기계획 일정, 실제 일정, 현재 계획 일정

MS Project에 실적을 입력하게 되면 시작 날짜, 종료 날짜, 작업 기간 등 프로젝트의 일정 정보가 자동으로 재산정된다. 엑셀이나 텍스트 형식의 일정 관리에 익숙했던 사용자들은 MS Project가 제공하는 가장 큰 효과 중의 하나인 재산정 기능을 이해하지 못해 불편해 하며, 심지어는 프로젝트 계획이 자동으로 바뀐다는 불평까지 하게 된다.

MS Project는 3개의 일정 정보 종류를 가지고 있다. 실적을 등록하기 전에 이 3가지 일정 정보를 이해해야만 MS Project를 통해 프로젝트 진척을 관리하는 방법을 이해할 수 있다.

일정 정보 종류	설명	자동 변경	필드 예
초기 계획 일정	최종적으로 확정된 프로젝트의 공식적인 일정으로, 실적 비교의 기준이 되는 계획이다.	자동 변경되지 않음	초기 기간, 초기 시작 날짜, 초기 종료 날짜
실제 일정	사용자가 입력한 실적 정보로 프로젝트 진행 상황을 표현한다.		실제 기간, 실제 시작 날짜, 실제 종료 날짜
현재 계획 일정	프로젝트 수행 중, 계획 변경이나 실적 변동으로 인하여 재산정된 현재 계획 일정이다.	자동 변경됨	기간, 시작 날짜, 종료 날짜

	작업 모드	작업 이름	기간	시작	초기 계획 시작 날짜	실제 시작 날짜	완료	선행 작업	2027년 08월 29일 ~ 2027년 토 일 월 화 수 목 금 토 일 월 화
1	➡	가	1 일	27-09-01 (수)	27-09-01 (수)	지정 안 함	27-09-01 (수)		0%
2	➡	나	1 일	27-09-02 (목)	27-09-02 (목)	지정 안 함	27-09-02 (목)	1	0%
3	➡	다	1 일	27-09-03 (금)	27-09-03 (금)	지정 안 함	27-09-03 (금)	2	0%

화면에서 보면 가, 나, 다 3개의 작업이 있다. 이 3개의 작업은 모두 FS관계를 가지고 있다. 오른쪽 차트는 진행 상황 Gantt 차트이다 ([보기 > 진행 상황 Gantt]). 적색으로 보이는 상위 막대는 프로젝트의 현재 계획 일정이다. 해당 작업이 CP(critical path)상의 작업이 아닌 경우 청색으로 표현된다. 그리고 흑색으로 표현된 하위 막대는 프로젝트의 초기 계획 일정이다.

프로젝트 상황 보고 날짜에서 다음과 같이 실적이 등록된다고 가정하여 본다.

작업	실제로 걸린 기간	실제 시작 날짜
가	2일	27-09-02(목)

시작 날짜와 실적 기간이 있으면 종료 날짜는 달력을 바탕으로 자동 계산되므로 실제 종료 날짜는 언급하지 않았다.

	ⓘ	작업 모드	작업 이름	기간	시작	초기 계획 시작 날짜	실제 시작 날짜	완료	선행 작업	토 일 월 화 수 목 금 토 일 월 화 수 목 금
1			가	2 일	27-09-02 (목)	27-09-01 (수)	지정 안 함	27-09-03 (금)		0%
2			나	1 일	27-09-06 (월)	27-09-02 (목)	지정 안 함	27-09-06 (월)	1	0%
3			다	1 일	27-09-07 (화)	27-09-03 (금)	지정 안 함	27-09-07 (화)	2	0%

MS Project는 입력된 실적 정보를 가지고 프로젝트의 일정을 재산정해준다. 재산정을 하는 이유는 선행 작업이 지연되거나 빨리 종료되게 되면 후행 작업들은 그에 따라 일정이 조정되기 때문이다. 그림에서 보는 바와 같이 초기 시작 날짜 데이터는 변하지 않았다. 하지만 시작 날짜는 선행 작업이 늦어지면서 다음과 같이 변하였다.

작업	원래 시작 날짜	변경된 시작 날짜	차이
가	27-09-01(수)	27-09-02(목)	1일
나	27-09-02(목)	27-09-06(월)	4일
다	27-09-03(금)	27-09-07(화)	4일

'가'의 경우 실적이 등록되면서 시작 날짜가 가졌던 '현재 계획' 이라는 속성이 '실적' 이라는 속성으로 변경된다. 실제로 작업은 1일이 늦게 시작되었고 따라서 재산정된 시작 날짜는1일이 늦어지게 되었다.

'나'의 경우는 가작업이 종료해야 시작할 수 있는 후행 작업인데, 가작업이 1일 늦게 시작한데다가 1일의 기간이 더 소요되었다. 이에 따라 '나' 작업은 2일 늦어지게 되어 원래 작업일인 2일(목)이 아니라 6일(월)에 작업을 시작하게 되었다. 하지만 프로젝트 달력에 토, 일이 공휴일로 지정이 되어 있기 때문에 6일(월)에 시작하게 되는 것이다.

1.5 일정 상태 분석을 위한 통제지표

프로젝트의 일정 상태 분석을 위한 통제지표에는 다음과 같은 것들이 있다.

1.5.1 완료율

작업의 현재 상황을 완료된 작업 기간의 백분율로 표시한 것으로 완료율은 사용자가 직접 입력하거나, 실제 기간을 기준으로 MS Project에서 자동으로 계산한다.

$$완료율 = (실제 기간 / 기간) \times 100$$

1.5.2 작업 완료율

작업의 현재 상태가 완료된 작업 시간의 백분율로 표시된 것으로 작업 완료율은 사용자가 직접 입력하거나, 작업에 대한 실제 작업 시간을 기준으로 자동으로 계산되도록 설정한다.

$$작업 완료율 = (실제 작업 시간 / 작업 시간) \times 100$$

1.5.3 누적 완료율

작업에 대한 누적 완료율 값이 시간대 별로 나타난 것으로 작업 배정 현황 보기의 테이블 영역에 "누적 완료율" 필드를 추가하여 누적 완료율을 시간대 별로 표시할 수 있다. 작업을 새로 만들면 누적 완료율은 '0' 으로 설정된다. 작업에 대한 완료율을 직접 입력하거나, 완료율이 계산될 수 있도록 실제 기간, 남은 기간, 실제 작업 시간을 입력하면 상황 보고 날짜나 실제 기간의 마지막 날짜에 누적 완료율도 자동으로 계산된다.

1.5.4 예상 상황 - PV(BCWS)

일정 상의 작업 예산 비용 필드로써, 날짜나 현재 날짜까지 시간대 별 초기 비용이 누적되어 표시된다. 작업의 PV(BCWS)는 상황 보고 날짜까지 작업의 시간대 별 초기 비용을 더하여 계산된다.

초기 비용

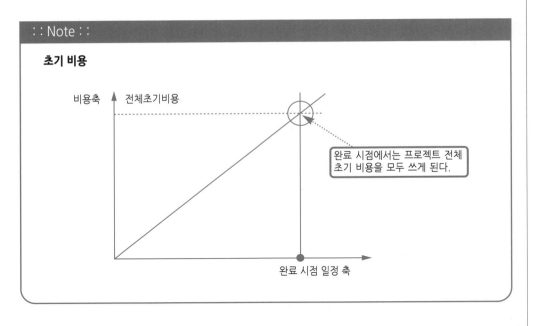

PV(BCWS)

상황 보고 날짜까지 사용되어야 할 초기 비용의 크기

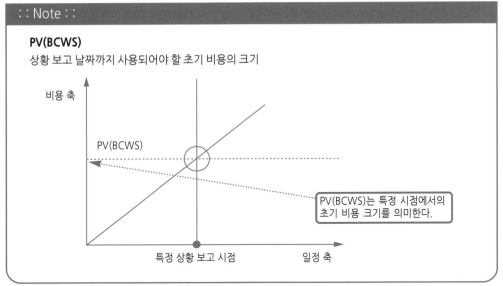

1.5.5 진척 상황 - EV(BCWP)

수행된 작업의 예산 비용으로써 작업의 시간대 별 초기 비용에 작업의 시간대 별 완료율을 곱한 값이 누적되어 표시된다. EV (BCWP)는 상황 보고 날짜나 현재 날짜를 기준으로 계산되며, 이 정보를 Earned Value라고도 한다.

작업 시간, 실제 기간, 작업 완료율 등과 같은 작업에 대한 진행 상황을 보고하면, 이 작업 완료율을 기준으로 작업의 초기 기간과 비교하여 EV(BCWP)가 계산된다. 그런 다음 초기 기간에서 그 시점까지 누적된 초기 비용이 계산되고 작업 진행 상황에 따라 작업에 실제 사용되어야 할 비용이 제공된다.

: : Note : :

EV(BCWP)
EV(BCWP)는 Budgeted Cost Work Performed의 약자이며, 완료된 작업의 실행 예산의 크기로 초기 비용에 완료율을 곱해서 구한다.

EV(BCWP) = 초기 비용 × 완료율

1.5.6 SV

상황 보고 날짜나 현재 날짜까지 작업에 대한 현재 진행 상황과 초기 계획의 비용 상의 차이가 나타난다. SV를 사용하여 작업에 대한 비용이 일정대로 사용되고 있는지 확인한다.

$$SV = EV(BCWP) - PV(BCWS)$$

1.5.7 SV%

PV(BCWS)(일정 상의 작업 예산 비용)에 대한 SV(일정 차이)가 백분율로 표시된다.

$$SV\% = (SV / PV) \times 100$$

1.5.8 SPI

계획한 작업에 대한 수행된 작업의 비율을 표시한다.

$$SPI = EV / PV$$

SPI

SPI(일정 성과 지수, Schedule Performance Index)는 일정 성과를 초기 비용 기반으로 표현하는 지표이다.   MS Project에서 SPI를 확인하려면 테이블 중에서 진척 상황 일정 표시를 찾아서 선택하면 되는데 기타 테이블 목록에 있다.

SPI 구하는 조건

① 자원에 비용이 있어야 한다. (Ex. 인건비)
② 자원이 배정되어 있어야 한다.
③ 초기 계획이 반드시 저장되어야 한다. : 초기 계획 없이 절대 SPI를 구할 수 없다.

1.5.9 시작 날짜 차이

초기 시작 날짜와 현재 일정 상의 시작 날짜 사이의 시간 차이로써 일정 상의 시작 날짜가 초기 시작 날짜 필드의 날짜와 같으면 시작 날짜 차이 필드는 "0일" 로 나타난다.

시작 날짜 차이 = 시작 날짜 - 초기 시작 날짜

1.5.10 완료 날짜 차이

배정에 대한 초기 계획 상의 완료 날짜와 현재 일정 상의 완료 날짜 사이의 차이로써 완료 날짜가 초기 완료 날짜 필드의 값과 달라지기 전에는 완료 날짜 차이 필드는 "0일" 로 나타난다.

완료 날짜 차이 = 완료 날짜 - 초기 완료 날짜

1.6 현시점까지의 프로젝트 진척 현황

    프로젝트에서 중요하게 다루는 성과지표들은 많지만, 그 중에서 가장 중요한 것은 현시점까지의 프로젝트가 얼마나 진행되었는가, 즉 공정 진척율일 것이다. 작업이 10개 있고 이 중에서 현시점까지 3개가 완료되었을 경우 **공정 진척율**을 30%라 규정하는 것은 무리가 있다. 왜냐하면 작업들의 규모(size)는 각각 차이가 있고, 이를 반영해야 프로젝트에서 사용하는 실제적인 진척율이라고 말할 수 있다.

MS Project 활용하기

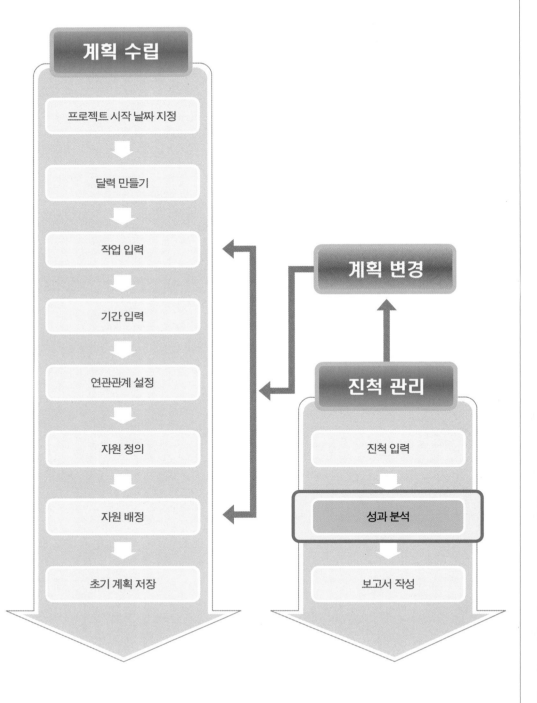

계획 수립

- 프로젝트 시작 날짜 지정
- 달력 만들기
- 작업 입력
- 기간 입력
- 연관관계 설정
- 자원 정의
- 자원 배정
- 초기 계획 저장

계획 변경

진척 관리

- 진척 입력
- 성과 분석
- 보고서 작성

일정관리 현황

2.1.1 MS Project의 다른 여러 가지 보기

이전 장에서 MS Project는 다양한 보기를 제공하며, 테이블과 차트로 구성되어 있음을 설명한 바 있다. 다양한 보기에 접근하는 방법은 메뉴의 [보기]를 눌러서 보기의 종류를 선택하면 된다. 또는 [작업 > Gantt차트] 메뉴를 선택하여 나타나는 보기 표시줄을 통해 손쉽게 아이콘을 눌러 보기를 바꿀 수 있다.

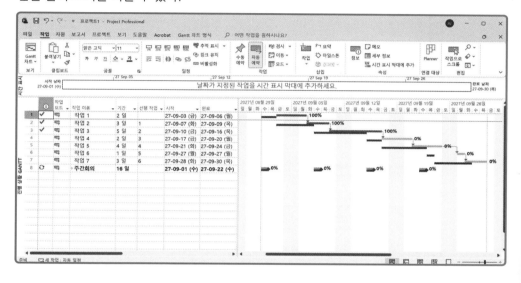

보기 표시줄을 사용하려면 마우스를 다음 화면과 같이 왼쪽의 활성화된 보기명(진행 상황 Gantt)에 가져간 다음 마우스 오른쪽을 눌러 팝업 메뉴 목록을 열어 [보기 표시줄] 항목을 선택하면 보기 표시줄이 활성화된 보기명 옆에 나타난다.

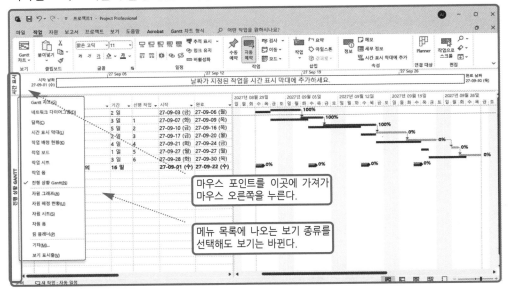

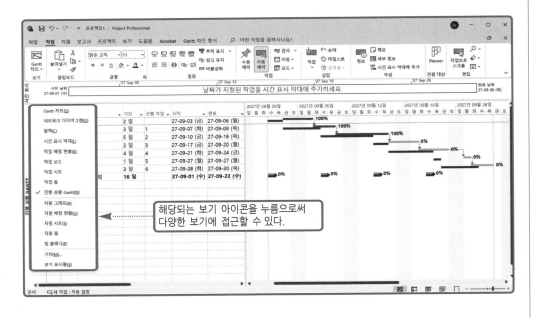

보기를 바꾸는 두 가지
① 현재 보기의 이름에서 마우스를 통한 팝업 메뉴 목록의 보기 종류를 선택
② 보기 표시줄 상의 목록에서 아이콘을 선택

보기 표시줄을 안 보이게 하기 위해서는 다시 마우스 오른쪽을 눌러 나타나는 메뉴 목록에서 현재 선택된 [보기 표시줄] 항목을 다시 선택하여 반전시키는 것이다.

지금까지 살펴본 바와 같이 MS Project는 다양한 보기를 중심으로 프로젝트 정보를 사용자에게 보여준다. 그 보기들 중에서 가장 대표적인 것이 Gant 차트이다. Gantt 차트 이외에 다른 보기를 보려면 메뉴에서 보기를 눌러 나타나는 메뉴 목록에서 보기의 종류를 선택하는 것이다.

[보기 〉 네트워크 다이어그램]

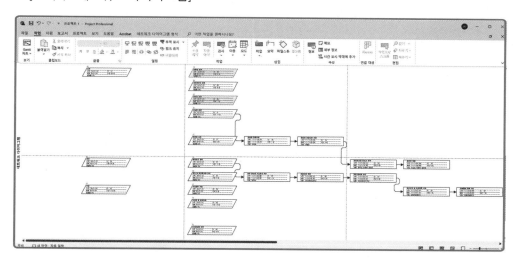

[보기 > 달력] 메뉴를 선택하면 탁상용 캘린더 형태의 보기가 나타난다.

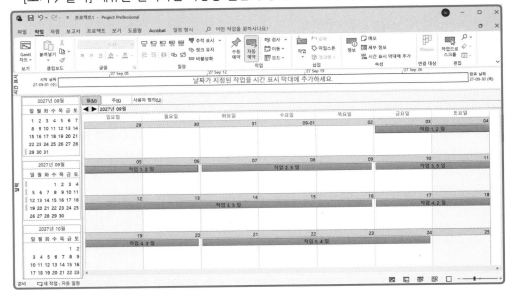

[보기 > 다른보기 > 자원 그래프] 메뉴를 선택하면 각 자원의 배정 상태를 그래프로 보여 주며 과도 할당 날짜가 언제인지를 알 수 있다.

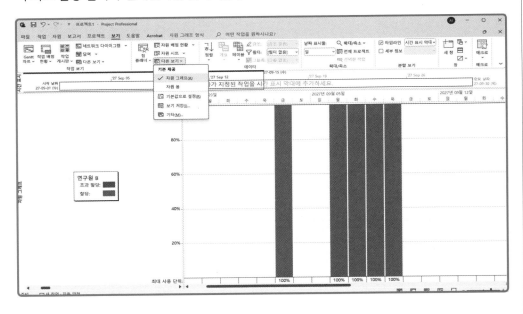

2.1.2 진척 상황 일정 표시

다양한 보기에 접근하는 방법을 살펴보았으므로, MS Project가 가진 여러 테이블 중에서 원하는 테이블을 선택하기 위한 방법을 알아보자. 현재 보이는 테이블의 "ID" 필드 열과 최상단의 테이블 필드명 행이 만나는 모서리에 마우스를 가져가 오른쪽 버튼을 눌러 테이블 목록 메뉴가 나타나게 한 다음 바꿀 수 있다.

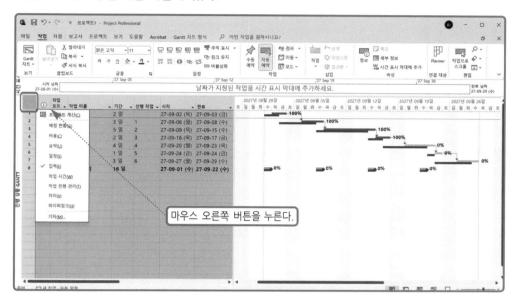

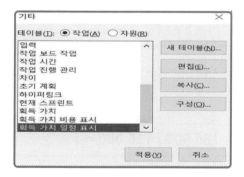

[기타] 항목을 누르면 '기타' 창에서 더 많은 테이블 이름을 볼 수 있다.

이 목록 가운데 **'획득 가치 일정 표시'** 를 찾아서 〈적용〉 버튼을 눌러보자. 지금부터 설명할 내용이 이 테이블과 직접적인 관련성이 있다.

이해를 위하여 작업1만 예를 들어 설명하기로 한다. 나타난 테이블에서 PV(BCWS), EV(BCWP), SV, SV%, SPI가 나타난다. 그리고 PV(BCWS)와 EV(BCWP)는 동일한 값으로 모두 156,000원으로 SV가 0원이며 SV%도 0%이다. 그리고 SPI는 1로 계산된다.

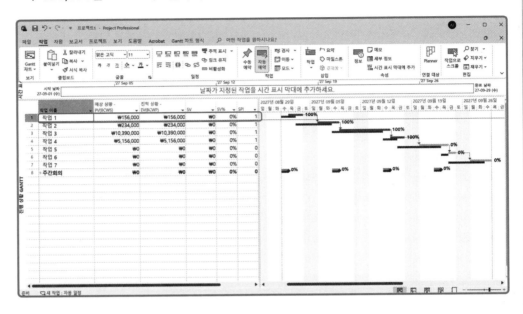

1) SPI

SPI부터 설명하면 SPI는 Schedule Performance Index의 약자이며, 일정 성과 지수라고 부른다. 일정 성과 지수는 아래의 공식에 의해 계산된다.

$$SPI = EV / PV$$

결국 위의 예에서는 EV와 PV가 모두 156,000원으로 같으므로 SPI가 1로 나오게 된 것이다.

$$SPI = EV / PV = 156,000 / 156,000 = 1$$

2) PV(BCWS)

PV는 Planned Value의 약자이고 BCWS는 Budgeted Cost Work Schedule의 약자이다. 상황 보고 일자까지의 초기 비용의 크기를 말한다.

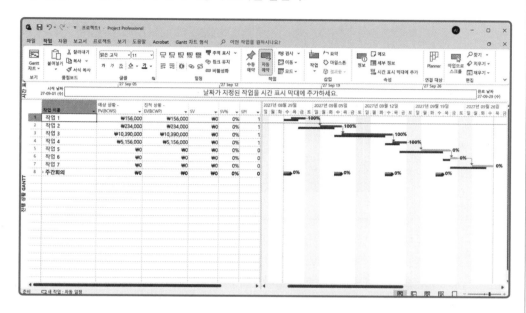

초기 비용과 PV(BCWS)의 관계를 이해하기 위해 열 삽입을 통해 "초기 비용" 필드를 나타나게 한 다음 진행 상황 Gantt와 함께 이해해 보기로 하자.

PV(BCWS)의 크기를 결정하는 것은 전적으로 상황 보고 일자이다. 상황 보고 일자에 의해 초기 비용을 나누어 표시하는 것이 PV(BCWS)이다. 그러면 왜 위의 예에서는 초기비용과 PV(BCWS)가 같을까? 위의 작업1은 초기 계획상으로는 10월1일 부터 2일까지 수행하도록 되어 있다. 실제로는 2일 부터 3일까지 했다. 상황 보고 일자를 보기 위해서는 [프로젝트 > 프로젝트 정보] 를 선택하여 "프로젝트 정보" 창을 열어 보아야 한다.

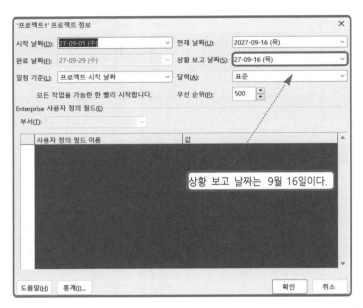

"상황 보고 날짜"가 9월 16일이어서 상황 보고 날짜를 기준으로 봤을 때, 이 작업은 이미 이전에 끝나야 하므로 PV(BCWS)는 초기 비용 전체 값으로 된 것이다. 만일 상황 보고 날짜가 이 작업이 시작했어야 하는 날짜보다 이전이라면 어떻게 될까? 상황 보고 날짜를 변동시켜서 확인해 보자. 위의 "프로젝트 정보" 창에서 상황 보고 날짜를 8월 31일로 옮긴다.

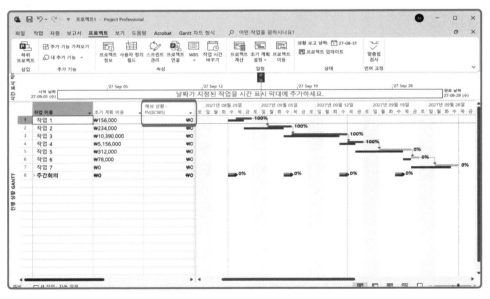

그러면 갑자기 초기 비용은 그대로 있으나 PV(BCWS)가 0원으로 바뀐다. 그 이유는 9월 16일 현재, 작업1은 시작하지 않은 상태여야 하므로 PV(BCWS)가 0원으로 되어 있는 것이다.

이제는 상황 보고 날짜를 9월 1일로 바꾸어 보자.

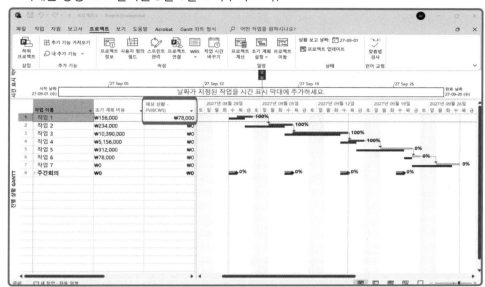

이제 PV(BCWS)는 전체 초기 비용의 50%인 78,000원으로 계산되어 나타난다. 그 이유는 10월 1일은 이미 해당 작업이 시작된 1일차로서 전체 기간의 50%에 해당되는 날이기 때문에 전체 초기 비용의 50%에 해당되는 크기 만큼 PV(BCWS)를 산정할 수 있기 때문이다. 그러므로 위의 예에서 살펴본 바와 같이 PV(BCWS)는 상황 보고 날짜에 맞게 초기 비용을 산정하게 된다.

3) EV(BCWP)
SPI를 구하기 위한 나머지 한 가지 요인인 EV(BCWP)를 알아 볼 차례이다.

EV는 Earned Value의 약자이며 BCWP는 Budgeted Cost Work Performed의 약자이다. 의미상으로는 초기 비용의 실행 예산으로 초기 비용에 작업 완료율을 곱하여 구한다. 아래 예에서 상황보고 날짜를 9월 2일로 하고 작업1의 완료율을 90%로 입력하면 EV(BCWP)는 초기 비용의 90%로 계산된 금액이 EV(BCWP)로 나타낸다.

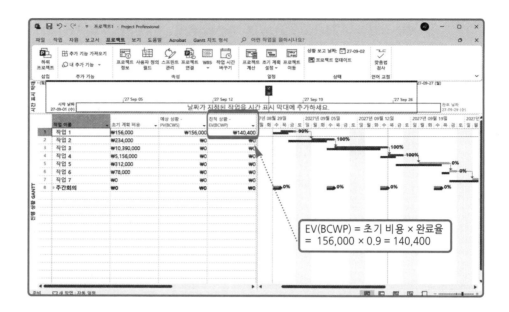

EV(BCWP) = 초기 비용 × 완료율
= 156,000 × 0.9 = 140,400

4) SPI의 의미

SPI는 지금까지 설명한 EV(BCWP)를 PV(BCWS)로 표현한 것이므로 특정 상황 보고 시점에서의 초기 예산 크기와 실행 예산의 크기를 상대적으로 비교한 것이다. 따라서 그 시점에서의 성과 지수를 나타내게 된다.

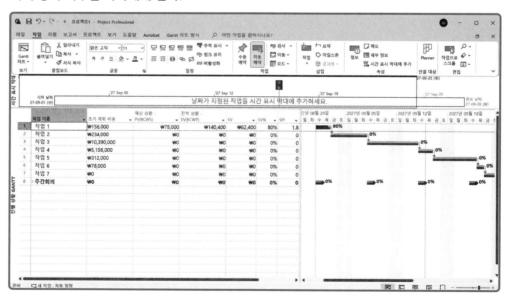

이상의 예에서는 9월1일 현재 작업1은 초기 비용을 50% 사용해야 하며 PV(BCWS)가 78,000원으로 계산되나 이 시점에서의 완료율은 90%로서 실행 예산인 EV(BCWP)가 140,400으로 되어 거의 계획 대비 실적이 2배에 가까운 1.8로 나타난다. 만일 이 성과를 더 이상 늘리지 않고 그대로 가지면서 다음 날인 9월 2일 현재로 다시 계산해 보면 SPI값은 아래와 같다.

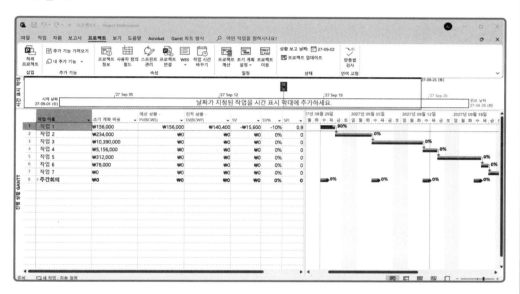

9월 2일까지는 모든 작업이 완료되어야 함에도 아직 90%의 완료율을 가지므로 SPI도 0.9로 나타난다. 위에서 보는 바와 같이 SV는 PV(BCWS)와 EV(BCWP)의 차이를 나타내는 것으로 Schedule Variance의 약자이며 일정 차이이다. 또한 SV%는 그대로 일정 차이 비율을 의미한다. 결국 PV(BCWS)와 EV(BCWP)는 일정 성과를 초기 비용을 기반으로 나타낸 것이다.

2.1.3 일정 변경

작업의 일정을 변경한다. [보기 > Gantt 차트] 메뉴를 선택한다. 작업의 기간을 변경하고자 한다면 "기간" 필드를, 시작 날짜를 변경하고자 한다면 "시작 날짜" 필드를 수정한다. 또한 프로젝트의 전체적인 시작 날짜를 변경하고자 한다면 [프로젝트 > 프로젝트 정보] 메뉴를 선택하여 "프로젝트 정보" 창을 열어서 "일정 기준" 옵션을 '프로젝트 시작 날짜' 로 지정하고 시작 날짜를 바꾸어 준다.

2.1.4 완료율과 작업 완료율

MS Project의 "완료율" 필드는 프로젝트에서 흔히 사용하는 완료율의 개념과 차이가 있을 수 있으므로 주의해야 한다. "완료율" 필드는 규모(공수)로써 계산되는 것이 아니라 작업 기간으로 계산된다.

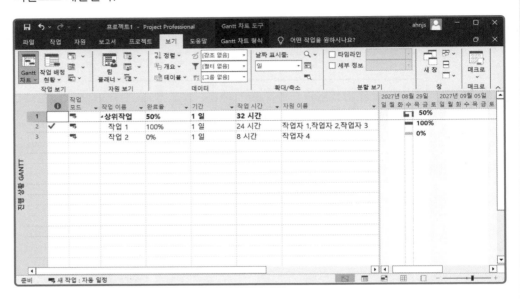

작업1의 작업 시간(공수)은 3일이고, 작업2의 작업 시간은 1일이다. 작업1의 공수는 작업2에 비하여 3배가 되지만 작업1에는 3명이 할당되었기 때문에 "기간" 필드의 작업 기간은 똑같이 1일이 된다. 이러한 상황에서 작업1이 100% 완료되었다면 프로젝트 전체 규모 중에서 3/4을 완료한 것이기 때문에 75%가 나와야 한다. 하지만 "완료율" 필드는 기간으로 계산되기 때문에 전체 기간의 1/2, 즉 50%가 나오게 된다.

다음은 실적 기간이 입력되면 "완료율" 필드가 변하는 것을 보여준다.

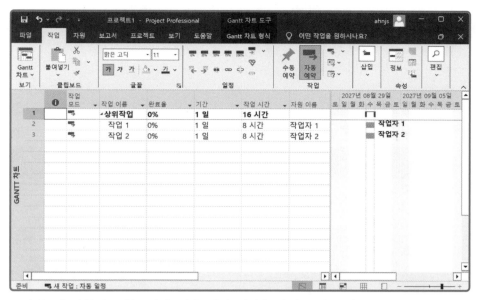

작업1과 작업2는 같은 기간, 같은 작업 시간을 가지고 있는 같은 규모의 작업이다. 작업1이 100% 완료되었지만 계획 상의 기간인 1일이 아니라 두 배 늘어난 2일이 걸릴 경우 프로젝트의 완료율은 몇 %가 되겠는가?

대개의 경우 작업1의 실적 기간이 늘어나더라도, 프로젝트에서는 초기 계획된 규모를 기준으로 전체 완료율을 계산할 것이므로 원래 작업 기간인 1일을 기준으로 하여 전체 완료율이 50%가 나와야 할 것이다.

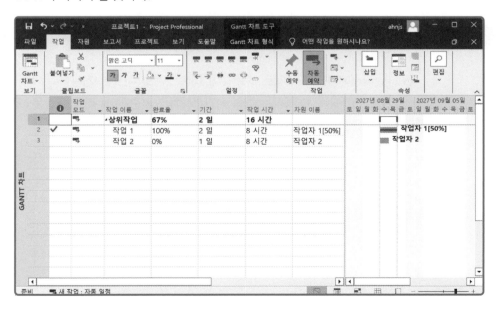

하지만 늘어난 실적 기간이 반영이 되어 전체 완료율은 50%가 아닌 67%가 나타나게 된다. 1일의 공수를 가진 작업을 2일에 걸쳐 수행했으므로 작업자의 가동률은 하루에 4시간인 [50%]가 된다.

규모를 반영한 완료율 개념을 사용하고자 하는 경우에는 "작업 완료율" 필드를 사용해야 한다. "작업 완료율" 필드는 작업 시간을 기준으로 계산하기 때문이다.

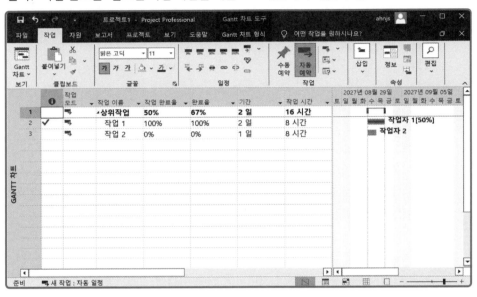

2.2 현시점까지의 프로젝트 진척 현황

MS Project에서는 프로젝트 진척율에 대해 2개의 지표를 제공한다. 하나는 기간 (작업 기간) 기준이고 또 다른 하나는 작업 시간(작업량) 기준이다. 기간 기준은 "완료율" 필드로, 작업 시간 기준은 "작업 완료율" 필드로 제공된다.

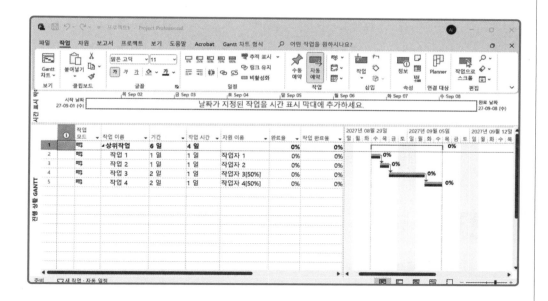

화면에서 보면 4개의 작업이 모두 1일의 작업 시간을 가지고 있다. C와 D의 경우 1일 작업 가용 시간의 50%만을 해당 작업에 할당하고 있으므로 작업 시간은 1일이지만 기간은 2일이 된다.

A와 B가 100% 완료된 경우, 각 완료 결과가 취합되어 계산되는 '상위 작업' 의 "완료율" 과 "작업 완료율" 은 각각 다른 수치를 보이게 된다.

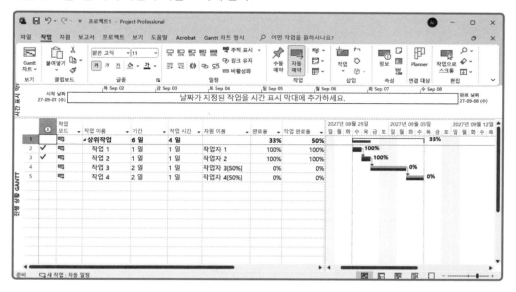

"완료율" 의 계산식은 '실제 기간/기간' 이고, "작업 완료율" 의 계산식은 '실제 작업 시간/작업 시간' 이기 때문에 다른 수치가 도출된 것이다. 완료율의 경우 전체 기간 6일에서 2일의 실제 기간이 투입 되었으므로 '2/6 = 33%' 가, 작업 완료율의 경우는 전체 작업 시간 4일에서 2일의 실제 작업 시간이 투입되었으므로 '2/4 = 50%' 를 보이는 것이다.

둘 중에 어떤 수치를 공정 진척률로 볼 것인가는 프로젝트에서 결정하는 사안이다. 하지만 대부분의 경우, 공정 진척률이 작업 규모를 고려하기 때문에 완료율보다는 작업 완료율을 쓰는 경우가 많다.

2.3 시스템 또는 단계별 진척 현황

프로젝트의 전체적인 일정이 지연되고 있다면, 프로젝트에서는 어떤 부분이 문제가 있어서 늦어지고 있는지 세부적으로 확인해 보고자 할 것이다. WBS는 계층 구조를 가지므로 분해 수준을 하위 단계로 하나씩 확장시키게 되면 이와 같은 현황을 확인할 수 있다.

툴 바에서 [보기 > 개요] 아이콘을 선택하고 [수준 1] 항목을 선택한다. 프로젝트의 전체적인 완료율이 표시된다.

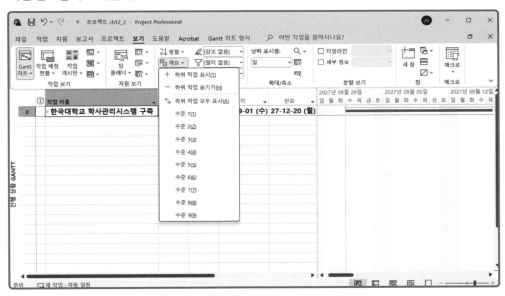

이번에는 툴 바에서 [보기 > 개요] 아이콘을 선택하고 [수준 1] 항목을 선택한다. 다음과 같이 각 시스템 별 완료율을 파악할 수 있다.

위 화면에서 한 단계 더 확장시키게 되면 각 시스템의 단계 별 완료율을 파악할 수 있다.

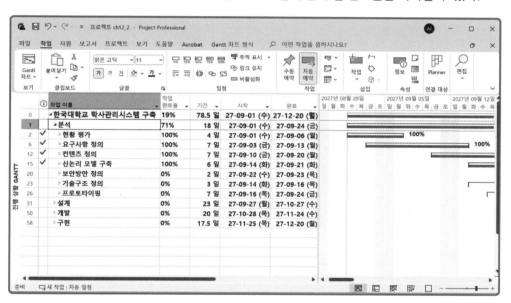

"전체 프로젝트 〉 각 시스템 〉 세부 단계" 순으로만 완료율을 파악하는 것은 아니다. 이러한 통제의 분해 수준은 MS Project에서 정의하는 것이 아니라 프로젝트의 WBS에서 정의되는 것이기 때문이다. 따라서 WBS를 정의할 당시에 프로젝트의 통제 관점을 염두에 두고 프로젝트를 구조화시켜야 한다. 위 예의 경우 시스템별 완료율은 바로 파악할 수 있다.

하지만 프로젝트 전체 단계별 완료율의 경우(프로젝트의 '요구사항 정의' 단계가 몇% 완료되었는가?)는 단계가 각 시스템의 하위 수준으로 설정되어 있기 때문에 각 시스템에서의 '요구사항 정의' 완료율을 더하여 평균을 구해야지만 파악할 수 있다. 분해 수준을 세분화하여 들어가면 최종적으로 어떤 작업들이 문제가 있어서 전체적으로 진척이 늦어지고 있는지 확인해 볼 수 있다.

2.4 프로젝트 진척 현황을 한눈에 확인

WBS에서 작업의 진척 현황을 표시하는 필드로서 "상태" 라는 필드가 있다. 초기 계획이 아니라 현재 계획 대비의 상태라는 것에 주의하여야 한다.

[프로젝트 > Gantt 차트] 메뉴를 선택한다. 열 삽입 위치를 정하고 마우스 오른쪽 버튼을 클릭하여 열 삽입을 선택하면 "열 정의" 창이 나타난다. "필드 이름" 목록에서 '상태' 와 '상태 표시기' 를 선택하여 열을 삽입한다.

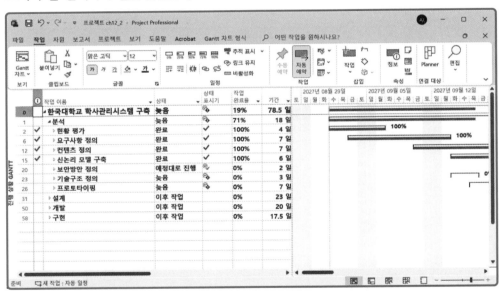

작업이 100% 완료되면 "상태" 필드가 '완료'로, 작업 시작 날짜가 상황 보고 날짜보다 늦으면 '이후 작업'이, 상황보고 날짜까지의 실적 완료율이 계획된 완료율보다 크거나 같을 경우 '예정대로 진행'이 표시된다. 상황 보고 날짜까지의 실적 완료율이 계획된 완료율 보다 작을 경우 '늦음' 이 표시된다.

Chapter 13

비용 관리

1. 프로젝트 라이프 사이클 원가계산의 개념을 이해한다.
2. 예산 산정 기법에 대하여 알아본다.
3. 예비비의 정의를 알 수 있다.

프로젝트 관리에서 큰 비중을 차지하는 3요소는 범위, 일정, 원가이다. 계획 수립 프로세스를 통하여 범위 관련 업무를 수행하였고, 지난 장까지 진척 현황 분석을 통한 일정 관리에 대하여 수행하였다. 이제부터는 비용 관리 방법을 학습함으로서 원가 관련 업무를 수행하도록 하겠다. 앞서 비용 관리의 이론을 학습한 다음 MS Project의 사용법으로는 이론 학습에서 공부한 비용 관리 기초 방법을 배운다.

핵심정리

1.1 원가산정(Cost estimating)

1) 산정된 원가는 요약 또는 상세 형태로 제시될 수 있다.
2) 산정된 원가는 비교를 위하여 단위를 통일하는 것이 일반적이다.
3) 산정된 원가는 프로젝트 수행 중에 추가적인 상세 내역을 반영하기 위해 상세히 구별하는 것이 유리하다.

::Note::

프로젝트 라이프 사이클 원가계산 (Project Life Cycle Costing)
원가를 산정하는 경우 보통 프로젝트 개발에 소요되는 원가만을 산정하게 된다. 그러나 실제로 프로젝트에 발생하는 비용은 개발비 뿐만 아니라 유지 보수 및 폐기에서도 발생하게 된다. 따라서 시스템 개발비만 고려한 의사결정과 프로젝트 라이프 사이클 전체의 관점을 고려한 의사결정은 달라질 수 있다는 개념이다

1.2 원가산정 기법

1.2.1 Top-down estimating

● Analogous estimating이라고 하고, Expert judgment의 한 형태이다.
● 앞서 수행된 유사한 프로젝트의 실제 비용을 향후 원가 산정의 근거로 사용한다.
● 원가 산정에 필요한 정보의 양이 제한적일 때 사용한다.
● 앞서 수행한 프로젝트가 비슷하거나 산정하는 개인이 전문성을 가지고 있을 때 보다 신뢰할 수 있다.
● 수행 원가가 적게 들지만 다른 방법에 비해 정확도가 떨어진다.
● 액티비티 별 원가를 알 수 없다.

1.2.2 Bottom-up estimating

● 개별 작업 목록의 비용을 합산하여 프로젝트 총원가를 산정한다.
● 정확성은 개별 작업 목록의 규모에 의해 정해진다.
● 작업 목록의 크기가 작을수록 원가와 정확성이 높아진다.

1.2.3 Parametric modeling

● 함수 모델에 의해 프로젝트 원가를 산정하는 방법이다.
● 정확성은 모델링 도출에 사용하는 데이터가 정확할수록, 모델에서 사용되는 변수가 측정 가능할수록, 규모에 상관없이 Scalable할수록 높아진다.
● Regression analysis, Learning curve와 같은 형태가 있다.

1.3 예산할당(Cost budgeting)

효과적인 프로젝트 예산 집행은 지출의 시기를 고려해야 한다.

1.3.1 조직 차원

예산 집행 액수가 큰 프로젝트는 회사의 자본 유동성과 재무 상태에 큰 영향을 끼친다. 따라서 지출의 시기는 이와 더불어 잘 관리되어야 한다. 대규모의 자산 설치와 같은 것들은 프로젝트 일정과 재무적 영향을 함께 고려해야 한다.

1.3.2 프로젝트 차원

지출의 시기는 예산 집행에 대한 계획이 어긋났을 경우 경고 메시지를 제공하는 것과 같은 모니터링을 제공한다. 프로젝트 기간 중의 여러 시점에서 측정되는 계획 대비 실적 차이는 기성고와 같은 측정치를 통해 실제 집행된 예산이 계획 대비로 얼마나 차이가 났는지를 알수 있게 해준다.

1.4 원가통제(Cost control)

1.4.1 Variance(계획 대비 실적 차이)를 만들어내는 여러 요인들

- 산정의 정확도
- 인플레이션 등의 시장 상황
- 자원 가용성의 변동
- Overtime의 사용
- 가격의 일시적 변동

1.4.2 예비비(contingency)

- 예산 초과에 대비하기 위해 계획해 놓은 여유분의 예산
- 프로젝트의 성격에 따라서 10~100% 등 설정
- 예비비는 독립적 성격의 Pool이 되어야 하며, 외부적 압력이 아닌 필수적 조정이 필요한 사안에 대해서 프로젝트 관리자에 의해 집행되어야 한다.

1.4.3 위험과 예비비

위와 같은 요인들로 인해 발생하는 차이를 극복하기 위해서 프로젝트 관리자에 의해 통제되는 예비비를 예산 계획에 포함시켜야 한다. 그 중 한 가지가 예산에 여유분(padding)을 추가하여 위험요소에 대비하는 것이다. 여유분은 부정확한 예산이므로 프로젝트 관리자가 명확하게 통제하는 것이 중요하다.

1.4.4 원가 통제

- 계획과의 차이를 파악하기 위하여 원가 실적을 감시한다.
- 모든 적절한 변경이 원가 기준선(cost baseline)의 기준에 맞게 기록되고 있다는 것을 보장한다. 부정확하고 부적절하며 승인되지 않은 변경이 원가 기준선에 포함되는 것을 예방한다.
- 적절한 이해당사자들에게 승인된 변경을 통보한다.
- 부정적(긍정적) 차이에 대한 원인을 규명하는 활동으로 업무 범위, 일정, 품질 통제와 완전하게 통합 운영되어야 한다.

1.4.5 원가 변경 통제 시스템(cost change control system)

● 프로젝트 원가 기준선이 변경되는 절차를 정의한다.
● 서류 작업, 추적 시스템, 변경 승인 권한을 포함한다.

1.4.6 변경 요청(change request)

변경 요청은 많은 형태로 나타난다. 구두나 문서로 직접 또는 간접적으로, 내부로부터 또는 외부로부터 시작된다. 변경은 예산의 증대를 필요로 하거나 감소하게 한다.

MS Project 활용하기

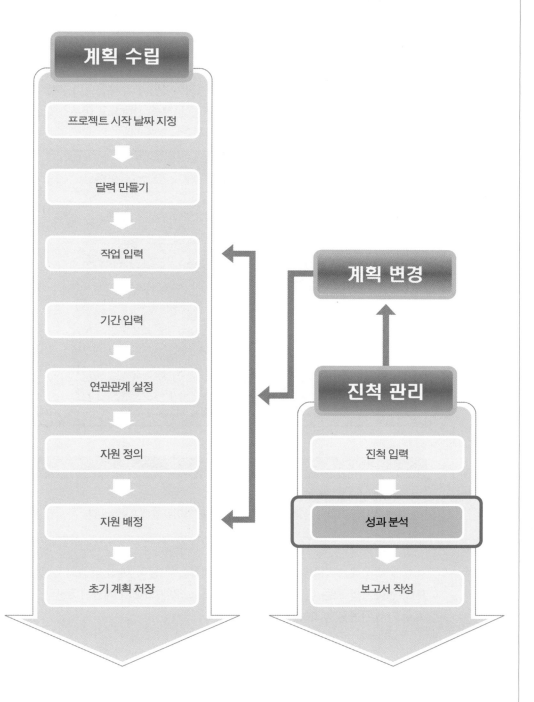

2.1.1 비용 관리

MS Project에서는 일반적으로 비용 관리를 어떻게 하는지 살펴보기로 한다. 그리고 CPI개
념을 소개함으로써 비용 성과를 측정할 수 있게 된다. 프로젝트를 제대로 수행하기 위해서는
일정뿐만 아니라 비용적인 측면도 함께 고려되어야만 하기 때문이다. MS Project에서 비용을
가장 종합적으로 보려면 아래와 같이 테이블 전체를 선택하고 마우스 오른쪽을 눌러 나타나
는 테이블 목록에서 [비용] 항목을 선택한다.

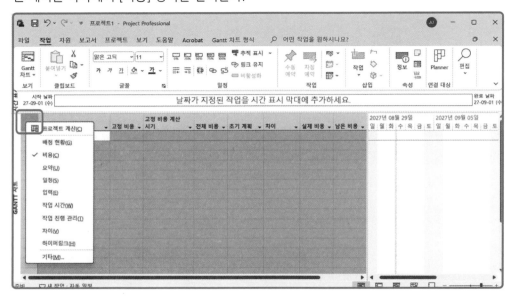

::Note::

테이블 전체를 선택하는 방법
왼쪽 상단 모서리의 빈 공간을 마우스로 누르면 테이블 전체가 선택된다.

현재 비용에는 어떠한 값도 없다. 그 이유는 자원이 아직 배정되지 않았기 때문이다. MS
Project에서의 모든 비용은 자원의 투입과 소모에 의해서 계산되어진다. 그러면 다시 자원시
트로 가서 자원을 정의하여 보자.

상단 메뉴에서 [보기 > 자원 시트] 메뉴를 선택하면 아래와 같이 자원 시트가 열린다.

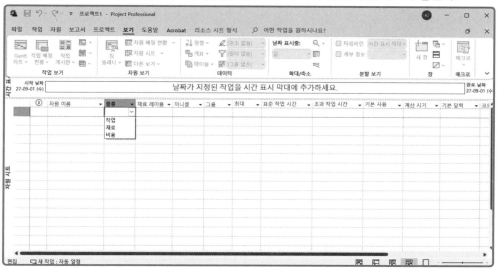

자원의 종류에는 크게 재료 자원, 작업 자원, 비용 자원으로 나뉜다. 재료 자원은 작업을 하는데 드는 물질적인 재료를 의미한다. 작업 자원이란 인적 자원을 의미하며 사람을 뜻한다. 비용 자원은 작업을 수행하는데 소요되는 경비를 의미한다. 비용 측면에서는 작업 자원은 인건비, 재료 자원은 재료비, 비용 자원은 소요 경비를 각각 의미한다.

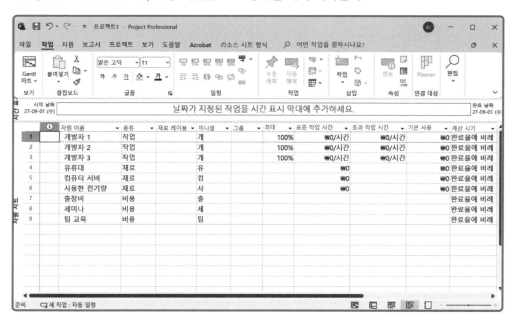

자원을 하나씩 입력하면 위와 같다. 다양한 종류의 재료가 가능하며, 작업 자원의 경우에도 일반적인 기술 인력을 나타내는 자바 개발자, DB튜닝 전문가 등의 표현을 사용해도 무방하다.

::Note::

MS Project 사용자의 대다수가 아직도 자원 시트에 사람의 고유 이름만 사용해야 하는 것으로 잘못 인식하는 경우가 많다. 하지만 일반 자원을 사용하는 것이 보다 넓은 시야로 프로젝트를 관리해 나가는 방향이다.

2.1.2 재료 레이블

"재료 레이블" 필드는 자원의 사용 단위를 명시하기 위한 용도이다. 자동차 유류의 사용 단위는 보통 리터를 많이 사용한다. 경우에 따라서는 km당 단가를 적용하므로 km로 할 수도 있다. 재료 자원의 양적인 측정 단위라고 이해하여도 좋다. 밀가루나 시멘트와 같은 것은 포대로 정할 수 있다. 사람의 경우에는 퍼센트로 표준화되어 있다. 즉, 하루 8시간 근무하는 조건에서 8시간 근무하는 경우 100%로 배정할 수 있다.

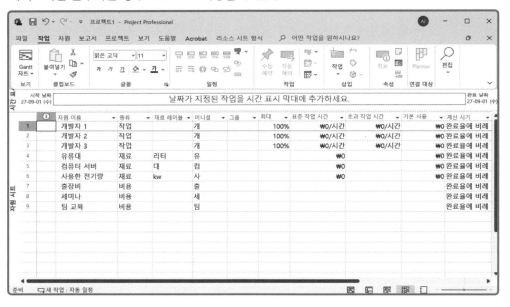

2.1.3 표준 작업 시간 급여

각 자원의 재료 레이블 별 단가 또는 인건비 지급 주기 별 단가를 입력하는 것이다.

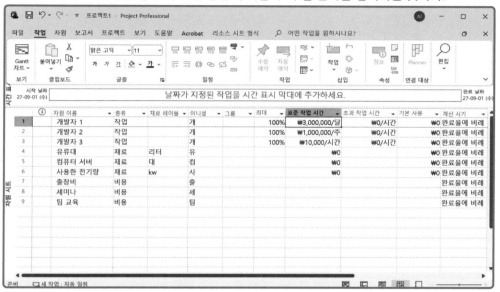

만약 인건비가 월급이라면 '3,000,000/달' 또는 '3,000,000/MON' 으로 입력하면 된다. 비용 자원은 작업의 양 또는 기간에 영향을 받지 않는 자원임으로 표준 작업 시간 급여에 입력할 수 없으며 작업에 자원을 할당할 때 비용을 입력한다.

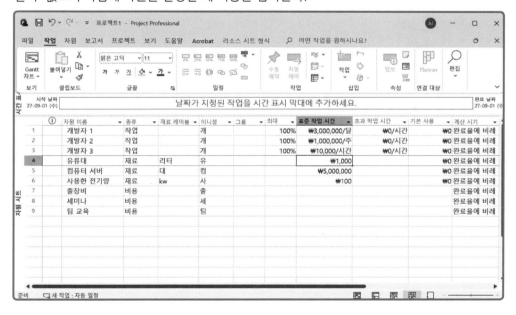

원가 산정을 위해 다시 Gantt 차트 보기로 돌아가서 자원 배정을 해 본다.

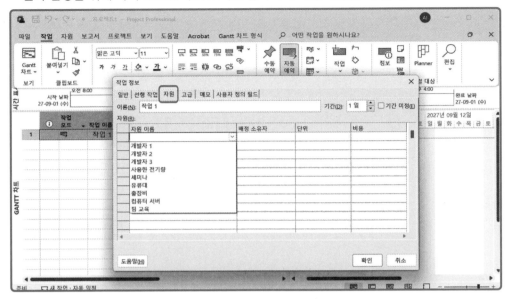

작업 이름을 더블 클릭하여 "작업 정보" 창을 연 다음 "자원" 탭으로 이동하여 작업1을 수행하는데 필요한 자원을 선택한다. 먼저 인력 자원으로는 개발자1과 개발자2의 두 명을 배정하고, 재료 자원으로는 유류대 10리터, 사용한 전기량 20KW를 배정하였다.

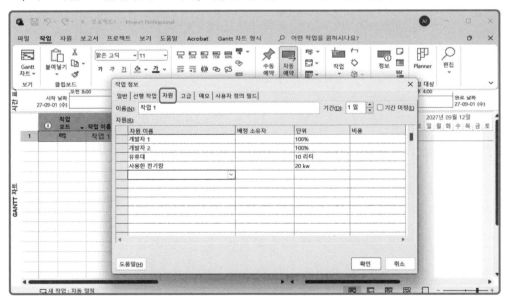

이렇게 배정한 결과 얼마의 비용이 나왔는지를 보려면 비용 테이블을 보면 알 수 있다.

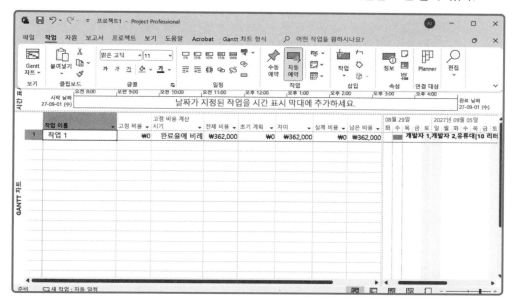

이 비용 자료를 정리하여 보면 다음 표의 내용과 같다.

	비용 금액(원)	비고
고정 비용	0	간접 경비
전체 비용	362,000	인건비+유류대+전기료
초기 비용	0	아직 초기 계획 설정하기 전
실제 비용	0	실제로 사용하지 않은 상태
남은 비용	362,000	전체 비용 - 실제 비용

전체적으로 작업1을 하는데 362,000원의 비용이 필요하다. 고정 비용은 조직 전체적으로 사용하는 제반 간접비로 볼 수 있으며 이 간접비의 계산 방법은 조직마다 다르기는 하나 통상적으로 완료율에 비례해서 사용되는 것으로 파악 할 수 있다. 고정 비용을 전체 비용의 10%로 산정해서 36,000으로 입력하면 아래와 같이 나타날 수 있다.

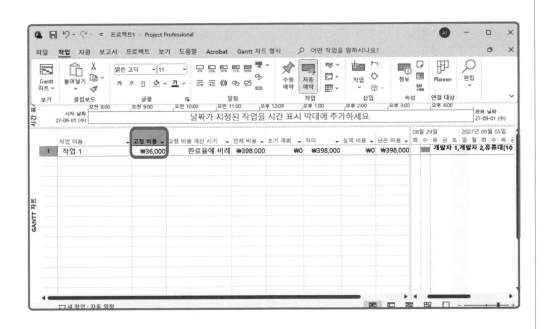

	비용 금액(원)	비고
고정 비용	36,000	간접 경비
전체 비용	398,000	362,000 + 36,000(직접비용+고정비용)
초기 비용	0	아직 초기 계획 설정하기 전
실제 비용	0	실제로 사용하지 않은 상태
남은 비용	398,000	전체 비용 - 실제 비용

아직 초기 계획이 저장되지 않아서 "초기 계획" 필드의 비용은 그대로 0원이며, 비용 사용 실적도 발생하지 않아서 "실제 비용" 필드도 0원으로 남아 있다.

이제 초기 계획 설정을 통해서 "초기 계획" 필드의 비용이 전체 비용을 기반으로 생성되도록 만들어 보자.

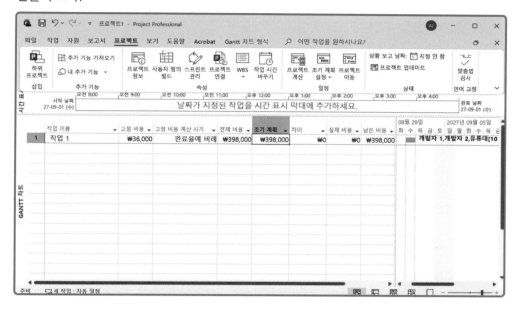

이 작업이 50% 진행된다면 실제 비용이 얼마나 되고 차이가 남은 비용이 얼마나 되는지 살펴보면 다음과 같다. 전체 비용의 50%만큼 실제 사용하여 수행하였으므로 실제 비용은 199,000원이고 398,000원에서 이 비용을 뺀 나머지가 남은 비용이다.

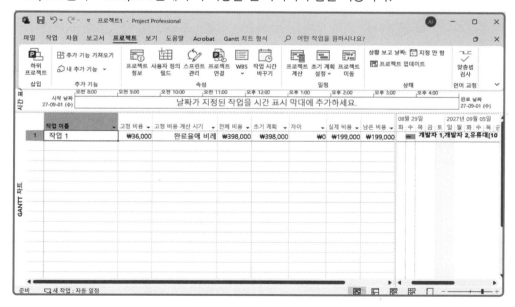

만일 이 상태에서 기간을 반으로 줄이고 재료비를 반으로 줄여서 작업을 끝낸다면 어떻게 될까?

고정 비용은 그대로 36,000원이며 모두 사용된 것이고 362,000원의 50%인 181,000원과 합쳐져서 217,000원이 실제 비용으로 계산된다. 이때 비로소 차이가 계산되어 나타난다. '실제비용 - 초기비용'으로 계산하여 차이가 '-'가 나오면 비용을 절약하면서 끝냈다는 의미이며, '+'로 나오면 비용을 초과하면서 끝냈다는 의미이다.

: : Note : :

차이 = 실제 비용 - 초기 비용

아래와 같이 차이가 '+'로 나오면 실제 비용을 초기 비용에 비해서 초과 사용했다는 의미로 이해할 수 있다.

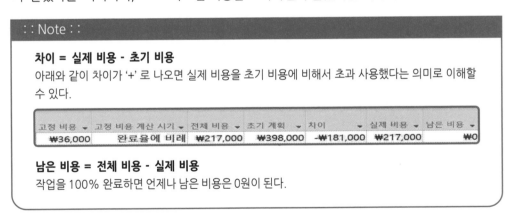

남은 비용 = 전체 비용 - 실제 비용

작업을 100% 완료하면 언제나 남은 비용은 0원이 된다.

이제 작업 배정 현황을 가서 보면 각 자원이 어느 정도 사용되었는지를 세부적으로 알 수 있다.

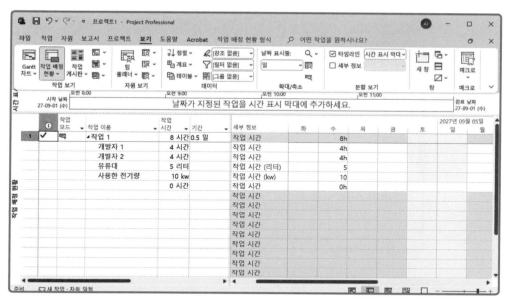

2.2 CPI와 다른 기성고 지표

2.2.1 CPI

비용을 반으로 줄이면서 작업을 완료한 이전의 예에서 "ACWP" 라는 필드를 삽입해 보자. 우선 열 삽입 위치를 정한 다음, 마우스 오른쪽을 눌러 [열 삽입] 항목을 선택한 후 여러 필드들 중에서 'ACWP' 를 선택하여 〈확인〉 버튼을 누른다.

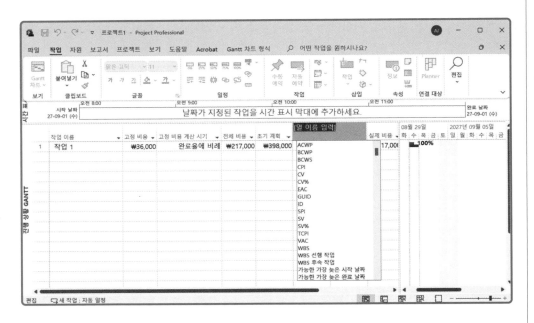

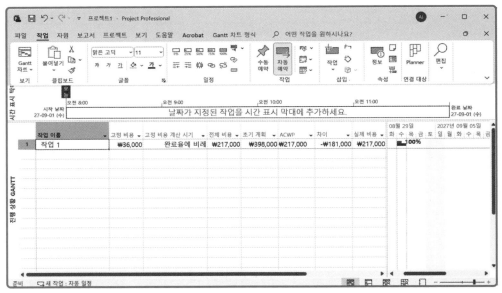

AC(ACWP)가 실제로 사용한 비용을 의미하는 실제 비용의 값과 동일하다는 것을 알 수 있다. AC(ACWP)는 Actual Cost Work Performed의 약자이며 실제로 사용한 비용을 의미한다. 이 값과 초기 실행 예산 비용인 EV (BCWP)와의 비율을 구하면 비용성과 지수(Cost Performance Index:CPI)가 된다. SPI가 일정과 관련한 성과 지표인 것과 대조적으로 CPI는 비용과 관련한 성과 지표이다.

CPI를 구하는 공식

$$CPI = EV / AC$$

실제 비용을 적게 사용했음을 의미하므로 예산을 효율적으로 사용했다는 것을 알 수 있으며, CPI가 적으면 AC가 상대적으로 커졌으므로 예산을 초과해서 사용했음을 의미한다.

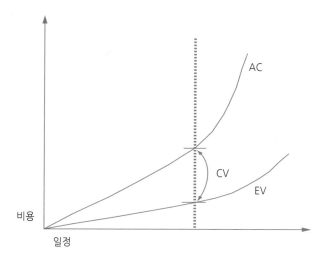

2.2.2 다른 기성고 지표

위에서 언급한 일정 성과 지수(SPI), 비용 성과 지수(CPI) 이외에 다른 지표들에는 다음과 같은 것들이 있다.

일정 차이를 의미하는 Schedule Variance의 약자인 SV이며, [보기 > 기타 > 진척상황 일정 표시] 메뉴를 선택하여 SPI와 함께 볼 수 있다.

$$SV = EV - PV$$

SV를 전체 비용에서의 비율로 표현한 SV%이다.

$$SV\% = SV / PV$$

비용 차이를 의미하는 Cost Variance의 약자인 CV이며, [보기 > 기타 > 진척 상황 비용 표시] 메뉴를 선택하여 CPI와 함께 볼 수 있다. CV는 비용 테이블에서 볼 수 있는 비용 차이와 같다.

$$CV = EV - AC$$
$$CV\% = CV / EV$$

BAC는 Budget At Completion의 약자로 초기 예상 완료 비용으로 초기 비용과 같다. EAC는 Estimate At Completion의 약자이며, BAC와 CPI에 근거하여 현재 비용 성과를 기준으로 판단해 본 프로젝트의 산정 비용이고 비용 성과 지수가 높아 CPI가 클수록 EAC는 BAC보다 낮게 나타날 것이다. 반대로 CPI가 낮아 고비용 상태를 유지한다고 가정하면 프로젝트의 산정 비용은 상대적으로 높아지게 될 것이다.

$$EAC = BAC / CPI$$

VAC는 Variance At Completion의 약자이고 BAC - EAC로 계산한다. 따라서 VAC가 '+'로 나타나면 예산을 절감한 것이며, '-'로 나타나면 예산을 초과한 것을 의미한다.

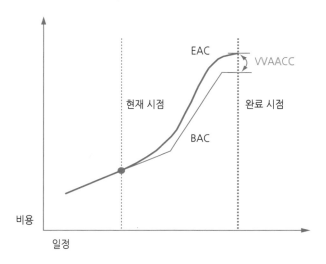

TCPI는 To Complete Performance Index의 약자이며, 남아 있는 작업과 사용 가능한 비용의 비율을 통해 앞으로 비용 추가가 더 필요한지를 알게 해준다. TCPI의 크기가 1 이상이면 잠재적인 비용 부족을 의미한다.

$$TCPI = (BAC - EV) / (BAC - AC)$$

2.3 비용 세부 관리

2.3.1 비용 테이블에서 급여 변경

만일 특정한 사람의 급여를 인상시키고자 할 때 쓸 수 있는 방법은 비용 테이블을 적용 시기별로 나누어서 적용하는 것이다. 특정 작업을 수행하기 위하여 인건비가 하루 150,000원인 사람을 배정한 경우, 이 사람의 인건비가 작업을 수행하는 도중에 인상되어 300,000원으로 올려주도록 설정하여 보자.

자원 배정 현황 보기로 가서 자원 이름을 더블 클릭하면 "자원 정보" 창이 열리면서 자원에 관한 세부적인 정보를 볼 수 있다. 여기서 "비용" 탭을 열면 다양한 "비용 테이블" 을 정의할 수 있는데 A부터 E까지 총 5개의 비용 테이블을 사용하여 다른 급여를 적용할 수 있다.

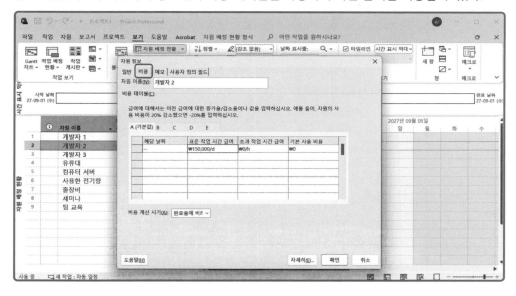

작업 정보, 자원 정보, 배정 정보

MS Project에 나오는 주요 정보 창 3개는 작업 정보, 자원 정보, 배정 정보라고 할 수 있는데, 이들 정보 창 간에는 각 창 별로 고유한 정보와 공통적인 정보를 모두 가지게 된다.

1) 각 정보 창 여는 방법

창구분	방법	위치
작업 정보	작업 이름 더블 클릭	작업 배정 현황
자원 정보	자원 이름 더블 클릭	자원 시트 자원 배정 현황
배정 정보	작업 이름 더블 클릭 자원 이름 더블 클릭	자원 배정 현황 작업 배정 현황

2) 각 정보 창 상세 내용

창구분	작업정보	자원정보	배정정보
작업 이름	○	×	○
기간	○	×	×
선행 작업	○	×	×
작업 종류	○	×	×
작업 완료율	×	×	○
완료율	○	×	×
작업 시간	×	×	○
자원 이름	○	○	○
배정 단위	○	×	○
가용 단위	×	○	×
비용	×	○	○
비용 테이블	×	○	○
자원 달력	×	○	×

작업 정보는 특정 작업에 관한 일반적인 사항으로 예를 들면 작업 이름, 기간, 시작 날짜, 완료 날짜, 자원 이름, 작업 종류, 제한 종류 등을 담고 있는 반면, **자원 정보**는 특정 자원에 관한 일반적인 설정 사항을 담고 있다. 자원 이름, 가용 단위, 비용, 비용 테이블 전체, 세부 자원 달력 등이 해당된다. **배정 정보**는 특정한 작업에 특정한 자원의 배정 상황을 상세히 담고 있다. 작업 완료율, 배정 단위, 비용, 현재 배정에서 해당되는 비용 테이블 등이다.

아래와 같이 "해당 날짜"를 지정하면 이 날짜 이후 부터는 "표준 작업 시간 급여"가 변동된 금액으로 적용되게 된다. 9월 2일 까지는 하루에 150,000원, 9월 3일 부터는 하루에 300,000원을 적용 받게 된다. 따라서 급여 인상 전에는 3일 동안 일한 결과 450,000원의 비용이 발생하는데 비하여 급여 인상을 한 결과 600,000원의 비용이 발생하게 된다. 총 3일 중에 인상 전인 2일은 150,000원의 급여를 적용해서 300,000원이 되며, 인상 후인 나머지 1일만 300,000원의 급여 비율을 적용 받아 총 600,000원이 되는 것이다.

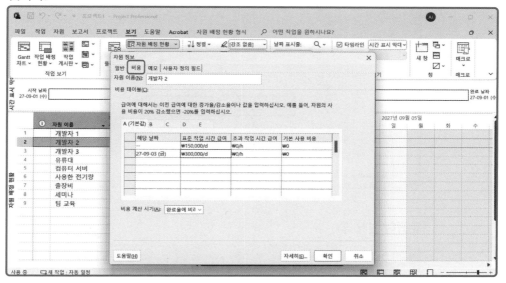

'작업 1'의 자원을 인상 전의 비용 테이블과 인상 후의 비용 테이블로 비교하여 보자.

▪ 급여 인상 전

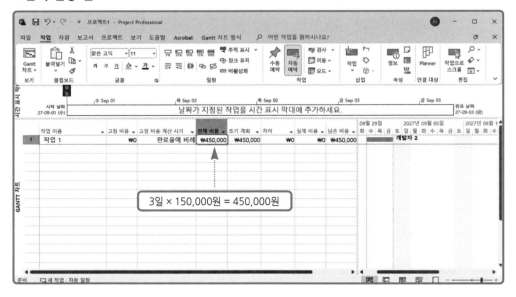

3일 × 150,000원 = 450,000원

▪ 급여 인상 후

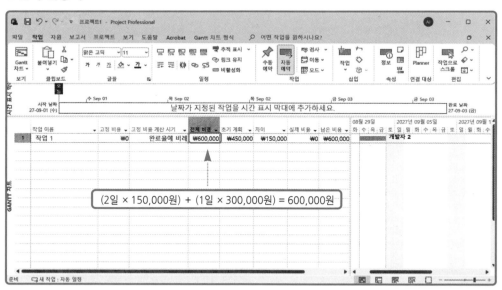

(2일 × 150,000원) + (1일 × 300,000원) = 600,000원

만일 이 상황에서 9월 3일 부터 급여 비율이 인하되어 하루에 100,000원을 받게 될 경우, "자원 정보" 창의 "비용 테이블" 에서 9월 3일부터 '100,000원' 으로 설정하면 원하는 대로 계산된다.

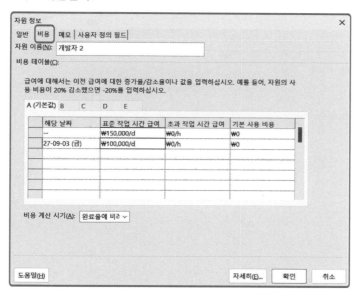

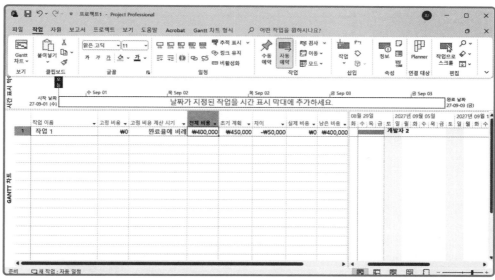

2.3.2 비용 테이블 바꾸기

만일 '작업2' 가 동일한 기간 동안 진행되는데 '작업1' 과 다른 급여 조건으로 진행되는 경우에는 급여 테이블의 종류를 다른 것으로 선택하면 된다. 이번에는 "B" 테이블에 급여를 정의 한다.

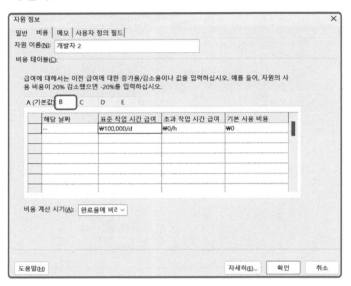

"B" 테이블의 급여 정의가 완료되면 자원 배정 현황 보기에서 '작업2' 를 더블 클릭하여 "배정 정보" 창을 연 다음 "비용 테이블" 의 종류를 'B' 로 바꾼다.

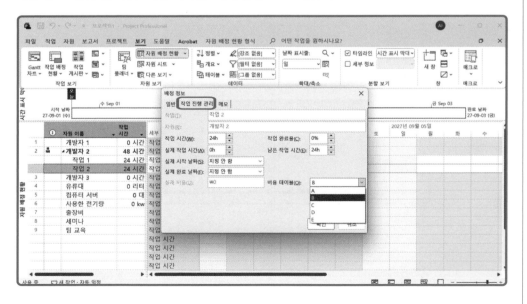

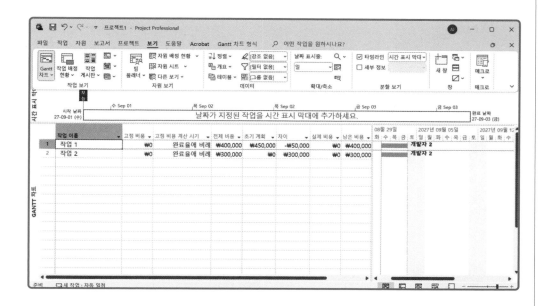

　　작업1과 작업2는 동일 기간, 동일한 시작/완료 날짜, 동일한 자원이 배정되었으나 일의 성격상 작업1은 일당 단가가 다르므로 작업에 드는 비용의 합이 다르게 나타나게 되었다. 따라서 동일 인력이 보유하고 있는 다른 기술 분야 별로 금액을 다르게 적용할 경우에 필요한 기능이다.

MS Project

Chapter 14

위험 관리

1. 위험 관리 계획의 개념과 방법에 대하여 이해한다.
2. 위험 식별 방법에는 어떤 것이 있는지 알아본다.
3. 위험 분석 방법에는 어떤 것이 있는지 알아본다.
4. 위험 대응 계획에 대하여 이해한다.

모든 프로젝트는 반드시 위험요소를 가지고 있다. 이러한 위험을 얼마만큼 잘 관리하느냐에 따라 프로젝트의 성패가 좌우되며 프로젝트 관리의 흐름도 바뀔 수 있다. 명확한 위험 대응 계획을 수립하여 체계적으로 접근해야 하는 것이다. 먼저 위험 관리의 이론을 학습한 후 MS Project에서 적용하는 방법을 배워보자.

1.1 프로젝트 위험관리(Project risk management)

위험은 본질적으로 불확실성을 내포하고 있다. 위험은 금융 산업에서도 자주 사용되는데, 이때에도 불확실성은(Ex. 환율, 주가 등) 위험의 가장 핵심이 되는 개념이다. 만일 불확실하지 않고 확실하다면(발생가능성=1) 이는 위험이 아니라 문제라고 하는 것이 옳다. 위험은 예방하는 것이고 문제는 해결하는 것이다(Risk prevention, Problem solving). 그러나 위험을 관리한다는 것은 위험을 인식하였다는 것을 의미하며 인식하지 않은 위험은 관리를 할 수 없다. 위험을 인식하였다는 것은 확실한 어떤 정보를 인식하였다는 것이다. 즉, 위험을 야기하는 원인은 확실하게 인식하였다는 것에 유의하여야 한다. 따라서 불확실한 것은 위험요소와 영향력이고 위험 원인을 확실하게 인식하도록 한다.

불확실한 위험요소는 프로젝트에 긍정적인 혹은 부정적인 결과를 초래할 수 있다. 프로젝트 목표는 예산과 납기 내에 고객이 원하는 기능을 제공하는 것이다. 따라서 프로젝트의 목표에 영향을 미치지 않는 사건은 위험이 아니다. 실제 프로젝트에서 현안이 되는 것은 프로젝트에 미치는 부정적인 영향력이다. 대부분의 책자에서 위험의 정의를 부정적인 영향력을 미치는 사건으로 정의하는 것도 바로 이 때문이다.

1.2 위험 관리 계획(Risk management planning)

프로젝트 위험 관리 프로세스를 프로젝트에서 어떻게 수행할 것인가를 계획하는 것이다. 즉, 위험의 식별, 정성/정량적 위험 분석, 위험 대응 계획, 위험 감시 및 통제를 어떻게 수행할 것인가를 구체적으로 정의하게 된다.

1.2.1 위험 관리 방법

프로젝트에서 수행할 위험 관리의 접근방법, 방법, 데이터 등을 정의한다. 위험 관리의 기본 프로세스는 위험의 평가와 통제로 나눌 수 있는데, 그러한 방법은 프로젝트의 성격에 따라, 진행 단계에 따라, 활용 가능한 정보에 따라 달라질 수 있음에 유의하여야 한다.

1.2.2 역할과 책임

위험 관리 방법에서 정의된 개별 액티비티를 수행할 역할과 책임을 정의하는 것으로써, 프로젝트와 독립적인 집단에서 위험을 평가하는 것이 보다 객관적이고 정확한 위험 식별에 유용하다.

1.2.3 수행 시점

개별 액티비티를 수행하는 시점을 정의하여야 한다.

1.2.4 위험 수위

Trigger라고도 할 수 있는 위험관리 활동을 위한 임계치로 이해할 수 있다. 즉, 어느 정도의 위험이면 대응 계획을 가동시키는지 혹은 위험을 마감하는가에 대한 사전에 정의한 기준이 된다. 이러한 thresholds는 위험을 평가하는 이해당사자에 따라 달라짐에 유의하여야한다.

1.2.5 보고 방법

위험의 평가와 tracking에 관련된 양식은 최소한 정의하는 것이 바람직하다.

1.2.6 추적 방법

미래의 다른 프로젝트를 위하여 위험 관리와 관련된 각종 활동들을 어떻게 문서화하고 위험 관리 프로세스를 어떻게 심사하는지를 정의한다.

1.2.7 위험 민감도(risk tolerance)

조직이나 개인에 따라 위험에 대한 허용 수준은 달라진다. 위험을 추구하는 사람도 있고 (risk seeker), 위험에 대하여 중립적인 사람도 있으며(risk neutral), 위험을 회피하는 사람(risk avoider)도 있다. 이와 같이 의사 결정하는 사람의 위험에 대한 인식에 따라 대응 방법이 달라지는 것을 utility theory라고 한다.

1.3 위험 식별(Risk identification)

1.3.1 누가 식별할 것인가?

프로젝트와 관련한 이해당사자가 참여하여 식별한다. PM을 포함한 몇몇 사람에 의한 위험 식별은 잘못된 위험 관리를 유발할 가능성이 있다. 프로젝트 팀뿐만 아니라 고객이 함께하는 것이 바람직하며, 필요할 경우 해당 업무 혹은 기술 분야의 전문가도 참여하는 것이 바람직하다.

1.3.2 언제 식별할 것인가?

한 마디로 말하면 위험 관리는 프로젝트 시작에서 부터 끝날 때까지 수행하여야 한다. 그렇지만 계획 수립 단계의 위험 식별이 가장 중요하다. 빨리 식별할수록 적은 비용으로 위험을 줄일 수 있다.

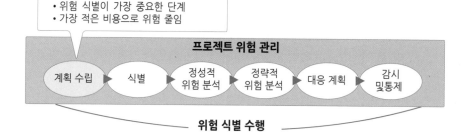

1.3.3 어떻게 식별할 것인가?

1) **Documentation review**
   프로젝트 계획서, 각종 가정들, 이전 유사 프로젝트 기록들에 대한 검토는 프로젝트 팀원이 위험 식별을 위하여 취하는 첫 번째 활동이 된다.

2) **Delphi technique**
   델파이 기법은 다음과 같이 위험을 식별하는 방법이다.
   ① 전문가에 의하여 이루어진다.
   ② 익명으로 참여한다. (조정자가 우편이나 메일로 접수를 받아 의견제시자 이름을 밝히지 않음.)

3) **반복적인 토의를 통하여 consensus를 도출**
1차 의견 정리 후 배포한 다음, 2차 의견을 정리한다.

4) **Checklists**
각 회사에서 활용하는 위험 식별 체크리스트 혹은 각종 책자에서 발표되는 체크리스트를
활용하여 위험을 식별하는 방법이다.

5) **Assumptions analysis**
프로젝트 계획 수립 시 수립한 여러 가지 가정은 그 가정대로 되지 않을 경우 위험요소가
된다.

1.4 위험 분석(Risk analysis)

1.4.1 위험 노출도(risk exposure)

한정된 자원으로 프로젝트를 수행하는 경우 중요한 것은 위험들의 우선 순위를 결정하는 것
이다. 어떠한 위험에 대하여 높은 우선 순위를 부여하여야 할 것인가의 문제는 어떤 위험부터
대응하여야 할 것인가의 문제와 동일하게 생각할 수 있다. 위험의 우선 순위를 결정하는데 있
어 중요한 개념이 위험 노출도이다. 위험 노출도는 다음의 두 가지 항목에 의하여 결정된다.

1) **발생 가능성(likelihood, probability)**
해당 위험요소가 실제로 발생할 가능성

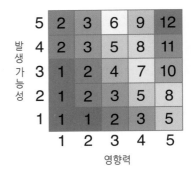

2) **영향력(impact, consequence)**
해당 위험요소가 발생하였을 경우 프로젝트의
성공에 미치는 부정적인 영향력

1.4.2 위험 분석 방법

1) **Interviewing**
위험의 정성적인 분석과 마찬가지로 전문가들의 의견을 모아서 위험의 발생 가능성과
영향력을 계량화하는 방법이다.

2) Sensitivity analysis

민감도 분석이라고도 하는 이 방법은 다른 위험들은 고정시킨 상태에서 임의의 한 위험을 한 단위 변동시켰을 때 프로젝트에 미치는 영향력이 어떻게 변동하는가를 분석하는 방법이다.

3) Decision tree analysis

의사결정 나무 분석이라고 하며 최적의 의사결정을 도출하기 위한 방법으로 각각의 의사결정에 따라 불확실한 여러 가지 경우가 발생할 시에 그때의 기대 값을 계산하여 최적의 의사 결정을 선택한다. 기대 값을 구하는 것과 동일한 계산 방법이다.

4) Simulation

흔히 몬테 칼로 시뮬레이션이라 불리는 방법으로 컴퓨터 상에서 난수표를 생성하여 모의 프로젝트를 복수 개를 수행하고, 그 때의 결과에 (주로 원가 및 일정) 기초하여 원가 및 일정의 확률 분포를 결정하는 방법이다.

5) Utility theory

위험 정도에 대한 의사 결정권자의 대응 정도를 나타낸 이론이다.

1.5 위험 대응 계획(Risk response planning)

위험에 대한 대응 계획을 수립한다는 것은 위험을 줄이는 계획을 수립한다는 것으로 구체적으로는 위험의 발생 가능성을 줄이는 방안과 위험이 발생하였을 때의 영향력을 줄이는 방안을 생각할 수 있다. 위험 대응 계획 수립은 무엇을, 누가, 언제, 어떻게 한다는 구체적인 계획을 포함하여야 한다. 물론 프로젝트의 상황, 위험 노출도, 비용 대비 효과성 등을 고려하여 위험 대응 계획을 수립하여야 할 것이다.

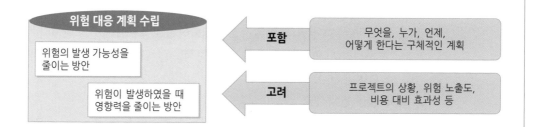

1) 제거(avoidance)

심각한 위험의 경우 발생 가능성을 원천적으로 제거하는 방법을 의미하며 주로 계획 변경을 통하여 이루어진다.

2) 전달(transference)

위험 조치에 대한 책임을 제3자에게 넘기는 것으로 위험 자체를 넘기는 것이 아님에 유의하여야 한다. 위험 조치에 대한 책임을 넘기는 대신 이에 상응하는 risk premium 을 지불하여야 하며 주로 재무 위험에 대한 대책으로 적합하고 보험이 대표적인 예가 된다.

3) 축소(mitigation)

위험의 발생 가능성이나 영향력(혹은 둘 다)을 줄이는 방안이다.

4) 수용(acceptance)

식별된 위험에 대한 분석 정보가 미흡하거나 아무런 예방 조치를 취하지 않는 경우를 의미한다. 적극적인 수용 (active acceptance)의 경우에는 contingency plan 을 준비하고 수용하며, 소극적인 수용(passive acceptance)의 경우에는 아무런 대책 없이 수용하는 것을 의미한다. 가장 일반적인 유형은 허용 가능한 위험의 수준(contingency allowance)을 사전에 정의하여 일정 수준 이하의 위험을 수용하는 것이다.

5) 위험 대응 계획 수립 시 유의사항

①위험은 제거하는 것이 아니다.

위험은 제거하는 것이 아니라 일정 수준 이하로 줄이는 것이다. 물론 경우에 따라 매우 심각한 위험의 경우에는 제거할 위험도 있지만 대부분의 위험은 일정 수준 이하로 줄이는 것이 목표다.

②모든 위험에 대하여 대응하는 것이 아니다.

프로젝트에서 식별된 모든 위험에 대하여 대응하는 것은 거의 불가능하다. 경우에 따라 일정 수준 이하의 위험은 그대로 수용할 수 있다.

③위험은 상호 연계되어 있다.

프로젝트 대부분의 위험은 상호 연계되어 프로젝트에 영향을 미친다. 따라서 개별 위험을 분리하여 관리할 것이 아니라 프로젝트 전체의 입장에서 종합한 위험 대응 계획을 수립하여야 한다.

④위험은 변해간다.

위험은 살아 있는 유기체와 같아서 프로젝트 진행 도중 지속적으로 변해간다. 프로젝트 내부 상황의 변화로 인하여 변경될 수도 있고, 외부 상황의 변경으로 인하여 변해갈 수도 있다.

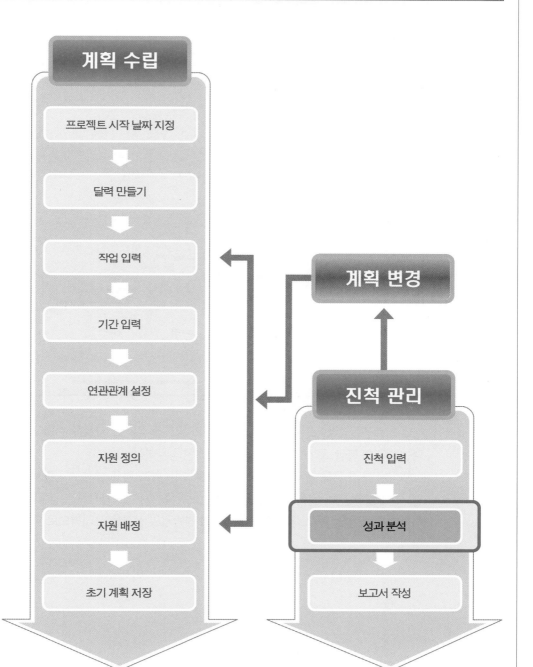

2.1 Stoplight - 특수한 사용자 정의 필드

사용자 정의 필드 중에서 특별히 그래픽으로 표시하여 프로젝트의 위험을 관리하는데 사용할 수 있는 기능이 Stoplight 기능이다. 예를 들어 어떤 작업의 상태가 매우 양호하면 특정 필드 상에 스마일 표시가 나타나도록 할 수 있는데, 기존의 사용자 정의 필드를 약간 개선시킨 것으로서 프로젝트가 내부적으로 정한 관리 대상 작업을 가시적으로 파악할 때 도움이 된다.

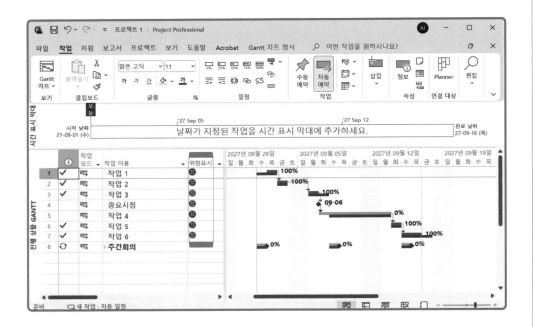

위의 화면은 "위험표시" 라는 사용자 정의 필드를 수식을 사용해 만들고 수식에 의해 나타나는 결과에 따라 그래픽으로 표시하여 나타낸 경우이다.

수식은 초기 완료 날짜가 현재 완료 날짜 또는 실제 완료 날짜보다 앞서는 경우 (지연되는 경우) 에는 빨간색, 일찍 끝나는 경우에는 노란색, 같은 날 시작하는 경우에는 하늘색으로 표시하여 각 작업의 현재 상태 및 프로젝트의 전반적인 상황을 그래픽으로 알 수 있도록 한 것이다.

[프로젝트 > 사용자 정의 필드] 메뉴를 선택하여 "필드 사용자 정의" 창을 열어 "형식" 목록에서 '텍스트' 로 설정하고 '텍스트3' 을 선택한 후 〈이름 바꾸기〉 버튼을 누른다. 텍스트 필드를 알아보기 쉽도록 '위험표시' 라는 이름으로 정의한다.

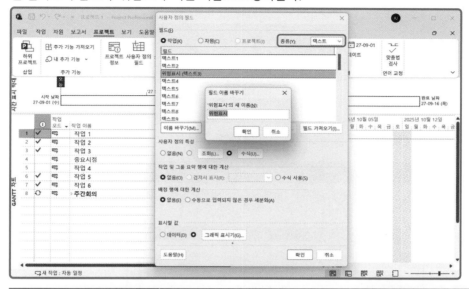

필드의 종류 별 용도
① 번호 : 숫자
② 플래그 : '예', '아니오' 두 개의 값 중 하나
③ 텍스트 : 숫자, 문자
④ 비용 : 비용의 크기
⑤ 기간 : 다양한 기간
⑥ 시작 날짜, 완료 날짜 : 날짜

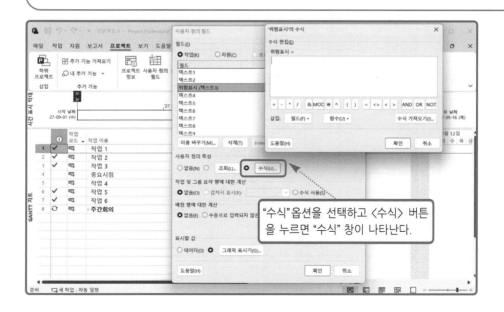

"수식" 옵션을 선택하고 〈수식〉 버튼을 누르면 "수식" 창이 나타난다.

"식 편집" 필드에 아래와 같이 수식을 입력한다.

〈확인〉 버튼을 눌러 "식" 창을 닫는다.

: : Note : :

1) 식을 작성할 때는 "식" 창에서 〈필드〉 버튼을 눌러 기존에 존재하는 필드의 이름을 참조하여 식으로 불러올 수 있다.

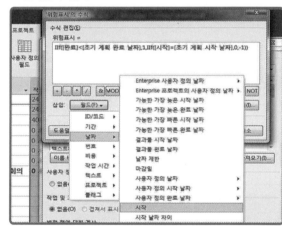

2) 버튼을 눌러 제공되는 다양한 함수를 사용할 수 있으며, 연산자도 사용할 수 있다.

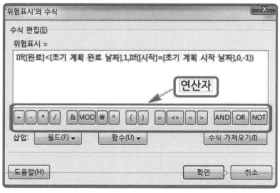

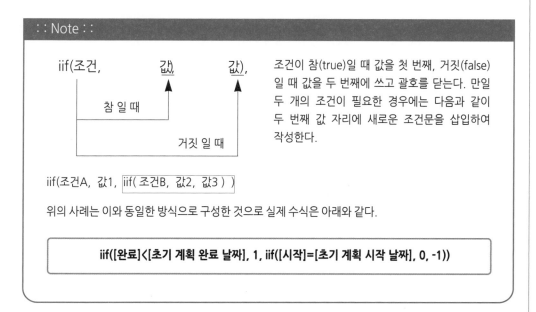

: : Note : :

$$iif(조건, \quad 값, \quad 값),$$

참 일 때 (참 일 때 → 첫 번째 값)

거짓 일 때 (거짓 일 때 → 두 번째 값)

조건이 참(true)일 때 값을 첫 번째, 거짓(false)일 때 값을 두 번째에 쓰고 괄호를 닫는다. 만일 두 개의 조건이 필요한 경우에는 다음과 같이 두 번째 값 자리에 새로운 조건문을 삽입하여 작성한다.

$$iif(조건A, \ 값1, \ \boxed{iif(\ 조건B, \ 값2, \ 값3 \ )})$$

위의 사례는 이와 동일한 방식으로 구성한 것으로 실제 수식은 아래와 같다.

> **iif([완료]〈[초기 계획 완료 날짜], 1, iif([시작]=[초기 계획 시작 날짜], 0, -1))**

이번에는 [형식 〉 사용자 정의 필드] 메뉴를 선택하여 "필드 사용자 정의" 창에서 "그래픽 표시기" 옵션을 선택하고 〈그래픽 표시기〉 버튼을 누른다.

〈그래픽 표시기〉 버튼을 누른다.

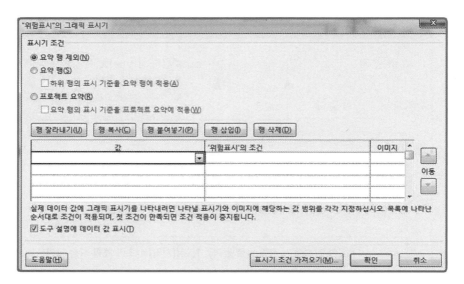

"값" 필드에는 수식에서 정의한 기준 값을 직접 입력한다.

"위험 표시의 조건'" 필드에서 '과(와) 같음' 을 선택한다. 방향키를 이용하여 "이미지" 필드로 이동하여 각 값에 대응되는 이미지를 선택한다.

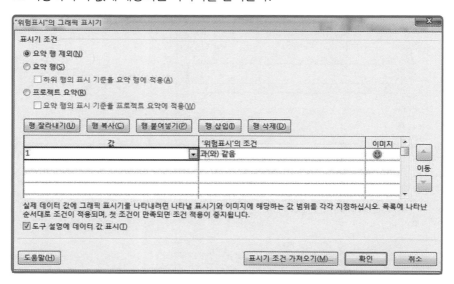

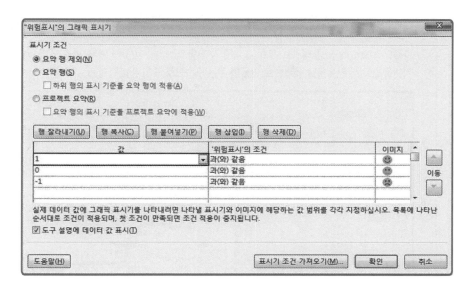

모든 기준 값과 조건 그리고 해당 이미지의 선택을 마무리한다. 〈확인〉 버튼을 누르면 Stoplight인 "위험표시" 필드가 만들어진다. "필드 사용자 정의" 창도 〈확인〉 버튼을 눌러 닫는다.

이 필드의 삽입은 열 삽입 과정과 동일하게 진행하면 되는데 삽입된 모습은 아래와 같다.

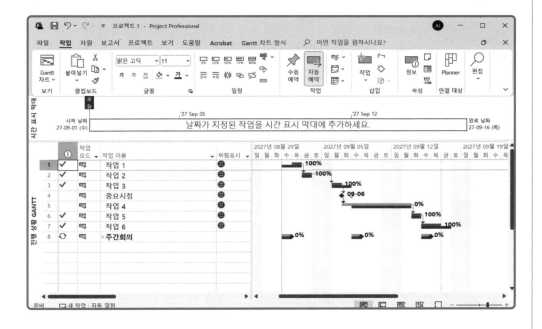

::Note::

만들어진 Stoplight를 테스트 해 보기 위해 각 작업의 상태를 바꾸어 보자. 예를 들어 작업5의 실제 기간을 줄여서 완료율을 100%로 만들면 웃는 모습으로 표시가 바뀌게 될 것이다.

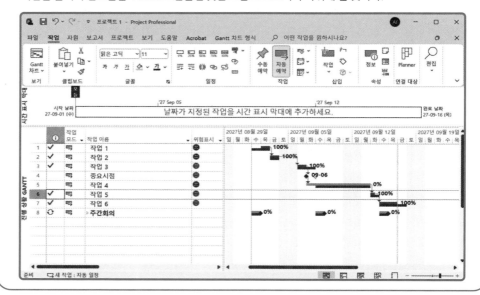

::Note::

Switch문

식에 사용 할 수 있는 다양한 함수가 제공되고 있으며, 그 중에서도 가장 많이 사용하는 것이 IF문과 Switch문이다.

Switch문은 Case문과 동일하게 다수의 조건과 각 조건에 대응되는 값을 적용할 수 있다.

●문법 : Switch(조건1, 1, 조건2, 2, … 조건n, 값)

●예제 : 완료율의 크기에 따른 값을 구분하기 위해 Switch문을 사용한 경우

Switch([완료율]=10%, 1, [완료율]>10% AND [완료율]<50%, 2, [완료율]>50%, 3)

2.2 값 목록

Stoplight가 특수한 사용자 정의 필드이면서 식에 의해 계산된 값에 의해 프로젝트나 작업의 상태를 알기 쉽게 해주는 기능과 유사하게 일정한 값의 목록으로 구성된 필드를 만들어 두고 작업의 상태를 사용자가 임의로 평가하여 적용할 수 있는데, 이 때 사용할 수 있는 기능이 값 목록이다.

"텍스트" 필드를 사용하여 새로운 필드를 하나 만든다. [형식 〉 사용자 정의필드] 메뉴를
선택하여 "필드 사용자 정의" 창을 열어서 '텍스트' 필드를 '평가' 로 정의한다. "사용자정
의 필드" 창에서 〈조회〉 버튼을 누른다.

한글 자모음 'ㅁ'을 누른 상태에서 한자 키를 누르면 특수 문자를 입력할 수 있으며, "값" 필드
에 적당한 기호를 선택하고 "설명" 필드에 내용을 입력한다.

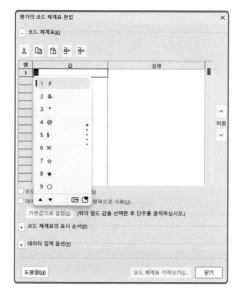

값의 정의와 설명 작성이 완료되면 〈확인〉을 눌러 닫는다.

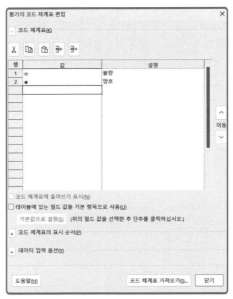

"필드 사용자 정의" 창을 닫은 후 테이블 상에 열 삽입을 통해 "평가" 필드를 삽입시킨 다음 각 작업에 대해 정해진 값의 목록을 활용하여 자료를 입력할 수 있다.

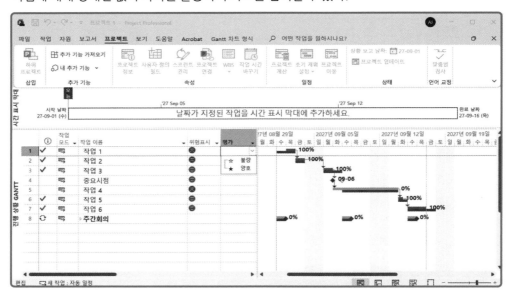

: : Note : :

값 목록과 그룹화
값 목록을 통해 일정한 값을 각 작업에 부여한 다음 그룹화 기능을 사용하면 각 값에 해당되는 작업들의 세부 정보를 집계해 볼 수 있다.

보고서 관리

1. MS Project의 시각적 보고서 기능에 대해 알아본다.
2. MS Project의 보고서 기능에는 어떤 형식이 있는지 알아본다.

MS Project에서는 다양한 형태의 보고서 기능을 지원한다. 프로젝트의 초기 계획 수립 후 프로젝트 진척현황을 보고서를 통하여 확인할 수 있으며, 이는 프로젝트 관리 정보의 재사용이 가능하게 한 것이라 하겠다. 먼저 MS Project에서는 어떠한 형식의 보고서를 지원하는지 알아본 다음 MS Project의사용법으로 다양한 형태의 보고서 활용 방법을 알아본다.

1.1 시각적 보고서 기능

　　MS Project는 Microsoft Office Excel 및 Microsoft Office Visio 의 피벗 다이어그램을 이용한 "시각적 보고서" 를 생성해 준다. 생성된 보고서에서 표시할 필드를 선택할 수 있으며 보고서가 표시되는 방식을 빠르게 수정할 수 있다. 기본적으로 제공하는 보고서 외에도 사용자가 보고서 서식을 생성하고 수정해서 사용할 수 있으며 보고 데이터를 OLAP 큐브 형식 또는 Microsoft Office Access 데이터 베이스 형식으로 저장할 수 있다.

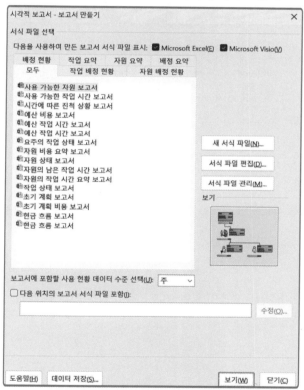

　　시각적 보고서의 데이터 형식은 아래와 같이 6가지로 나누어지며 요약 형식은 시간적 흐름이 없이 작업, 자원 , 배정별 보고서를 생성해 준다.

　　작업 배정 현황 : 시간에 따른 작업별 통계 데이터를 사용한 보고서 작성.

　　자원 배정 현황 : 시간에 따른 자원의 종류와 자원 별 통계 데이터를 사용한 보고서 작성

배정 현황 : 시간에 따른 진척 상황, 예산 비용 등의 작업에 배정된 자원의 종류와 자원별 데이터를 사용한 보고서 작성

작업 요약 : 각 작업 별 요약 데이터를 사용하여 보고서 작성

자원 요약 : 각 자원 별 요약 데이터를 사용하여 보고서 작성

배정 요약 : 각 배정 자원 별 요약 데이터를 사용하여 보고서 작성

1.2 MS Project의 보고서 기능

MS Project는 사용자가 원하는 정보에 따라 커스터마이징이 가능한 보고서 기능을 제공한다. 보고서 메뉴를 선택하면 미리 정의된 보고서들과 시각적 보고서가 나타난다.

원하는 보고서의 종류를 선택하면 출력할 수 있는 몇 가지 보고서의 형태를 선택할 수 있다.

1.2.1 개요

프로젝트 공정, 상위 작업 정보, 요주의 작업, 프로젝트 마일스톤 등 종합적인 프로젝트 정보를 담고 있다.

1.2.2 진행 중

작업 정보에 대한 다양한 보고서를 담고 있다. 예를 들어 시작하지 않은 작업, 진행 중인 작업, 완료된 작업, 일정보다 늦은 작업 등이다.

1.2.3 비용

비용 정보에 대한 다양한 보고서를 담고 있다. 예를 들어 프로젝트 전체 기간 중 작업에 배정된 예산, 예산을 초과한 작업이나 자원, 기성고 정보 등이다.

1.2.4 자원

자원 정보에 대한 다양한 보고서를 담고 있다. 예를 들어 프로젝트 기간 중 모든 자원에 배정된 작업 일정, 특정 인력에 대한 작업 일정, 1주일 간의 작업 일정, 초과 배정 상태가 존재하는 작업 일정 등이다.

1.2.5 대시보드

프로젝트 개요와 작업 시간 개요. 비용 개요 등을 제공한다.

1.2.6 사용자 지정

사용자가 원하는 정보를 담아 신규 보고서를 생성하거나 기존의 보고서를 편집한다.

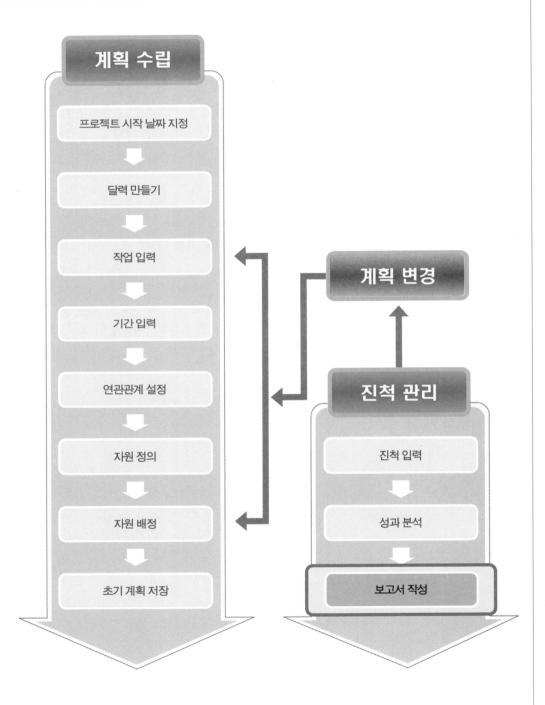

시각적 보고서 만들기

보고서는 프로젝트 이해관계자들간의 문서화된 커뮤니케이션 수단으로 프로젝트를 성공적으로 완수하는 필수적인 요소이다. 하지만 보고서는 경영층, 상위관리자, 내부검토용, 고객보고 등에 사용되는 데이터의 종류와 보고시점이 다른 경우가 많아 프로젝트 수행 중 많은 시간을 필요로 한다.시각적 보고서는 빠르고 다양한 차트 포맷의 변경과 보고서 안에서 포함시키고자 하는 데이터를 변경시키는 기능을 통해 프로젝트 관리에 도움을 준다. 또한 시각적 보고서는 사용자 로컬에 OLAP (On Line Analytical Processing) 큐브와 Microsoft Office Access 데이터 베이스 형식으로 프로젝트 데이터를 저장시켜 시점 별 프로젝트 데이터를 관리할 수 있도록 하고 있다.

시간의 흐름에 따라 과거부터 현재까지 프로젝트 현황이 어떠한지 파악할 수 있는 "시간에 따른 진척 상황 보고서" 를 사용하여 보고서를 만들어 보기로 하자. "시간에 따른 진척 상황 보고서" 는 기성고 추이 분석을 위한 보고서로 일정 기간 동안의 기성고 데이터의 변화 추이를 살펴볼 수 있다. [보고서 → 시각적 보고서] 메뉴를 선택한다.

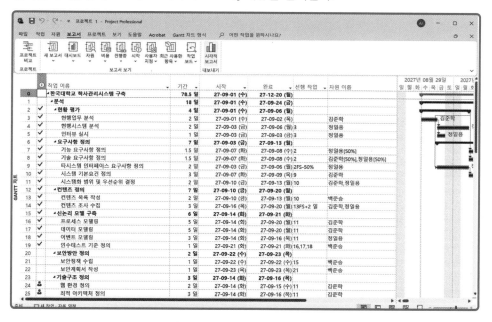

보고서에 표현할 데이터 측정주기를 '주' 로 선택하고 "배정 현황" 탭의 "시간에 따른 진척 상황 보고서" 를 더블 클릭 하거나 "보기" 버튼을 누른다.

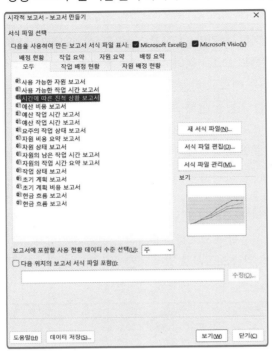

화면의 아래쪽에 보고서 생성을 위한 데이터 수집 상황에 대한 진행 바가 나오고, 완료되면 Excel 창이 열리면서 보고서가 뜨게 된다.

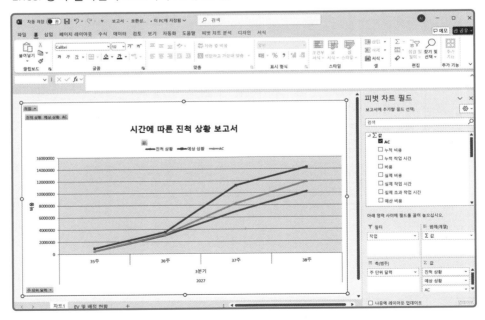

보고서는 "피벗차트 시트" 와 "테이블 시트" 로 구성되어 있으며 기성고의 기본 지표인 진척 상황(BCWP), 예상 상황(BCWS), AC(ACWP)필드가 선택되어 있다. 보고서의 필드는 피벗 테이블 필드 목록의 선택을 통해 추가, 삭제할 수 있다. "테이블 시트" 로 이동해 기성고 분석을 위한 데이터를 확인하고 분석 주기와 기간을 설정하여 보고서에 표현할 필드명을 수정한다.

다시 "피벗차트 시트" 로 돌아가 차트를 확인하고 차트의 오른쪽 버튼 클릭으로 "차트 종류 변경" 을 통해 원하는 차트 형식으로 변경한다.

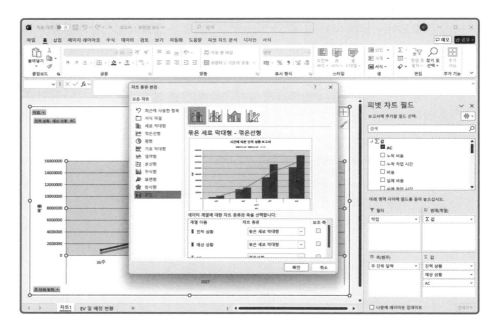

보고서는 Microsoft Office Visio를 통해서도 생성 가능하며 데이터간의 연관관계 분석에 용이하다. Visio 보고서를 살펴보기 위해 [보고서 > 시각적 보고서 > 배정요약 > 작업 상태 보고서] 를 선택한다. Visio 보고서는 아래 그림과 같이 피벗 패널, 피벗 다이어그램, 피벗 툴바로 구성되어 있다. .

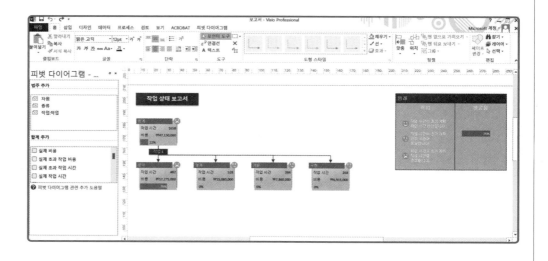

피벗 테이블에서 원하는 작업의 레벨과 필드를 선택하고 피벗 툴바를 사용하여 다이어그램 객체들의 위치를 조절할 수 있다. 프로젝트 작업의 "개요 수준 3" 으로 보고서를 작성하기 위해 피벗 차트에서 최상위 작업을 선택하고 피벗 테이블의 작업을 클릭하여 원하는 수준의 작업을 선택한다.

피벗 다이어그램에 필드를 추가하고 레이아웃을 변경하기 위해 피벗 테이블에서 '실제 작업 시간', '실제 비용' 필드를 선택하고 피벗 다이어그램에 [방향 〉 왼쪽에서 오른쪽] 레이아웃을 지정하면 아래 그림과 같은 보고서가 생성된다.

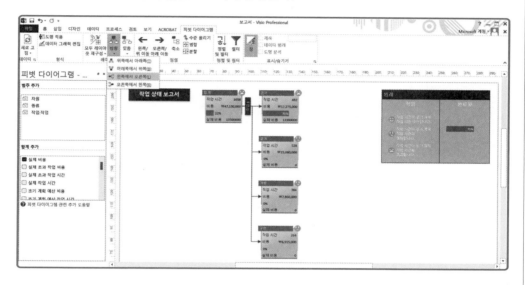

2.2 하이퍼링크로 문서 연결하기

관련 문서 파일을 연결하는 방법 중에 Gantt 차트 보기에서 하이퍼링크를 삽입시키는 방법
이 있다. 하이퍼링크를 삽입할 작업을 선택한 다음 [링크] 메뉴를 선택한다.

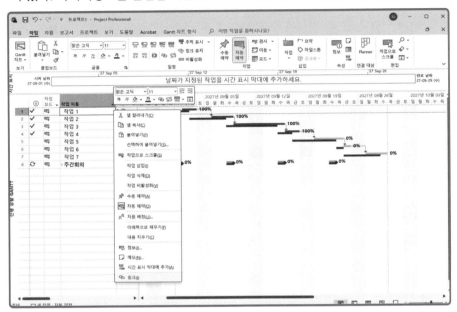

"하이퍼링크 편집" 창이 열리고 연결할 문서를 찾은 다음 〈확인〉 버튼을 눌러 닫는다.

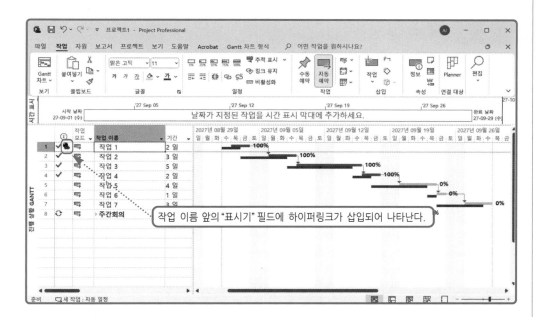

하이퍼링크를 클릭하면 관련되는 문서가 사용 가능한 형태로 열리게 된다.

: : Note : :

문서 삽입 두 가지 방법
① "작업 정보" 창의 "메모" 탭 활용
② 하이퍼링크 활용

2.3 메모 활용

프로젝트와 관련된 여러 가지 자료나 산출물을 작업과 연관성있게 관리하려면 메모를 활용하는 것이 바람직하다. "작업 정보" 창을 열고 "메모" 탭으로 이동한다.

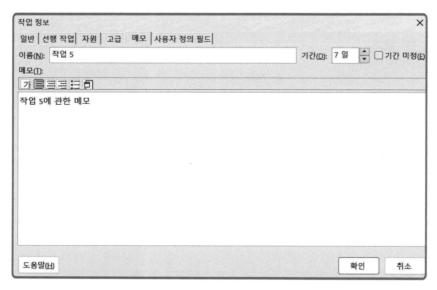

메모에는 각 작업과 관련된 문서의 목록이나 작업과 관련된 모든 텍스트 정보를 작성 및 저장할 수 있다.

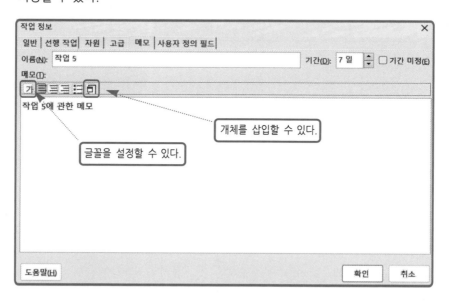

〈글꼴〉 아이콘을 누르면 "글꼴" 창이 나타난다.

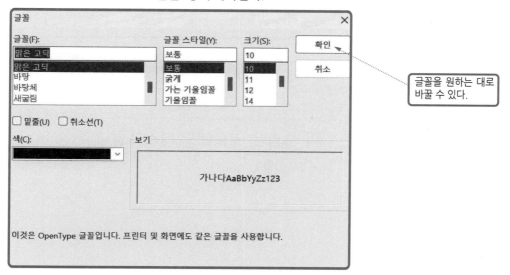

글꼴을 원하는 대로
바꿀 수 있다.

〈개체 삽입〉 아이콘을 누르면 "개체 삽입" 창이 열리고 '새로 만들기' 옵션을 선택하면 처음부터 파일을 만들어서 작성이 가능하며, 기존에 작성된 문서를 붙일 때에는 '파일로 부터 만들기' 옵션을 선택한다.

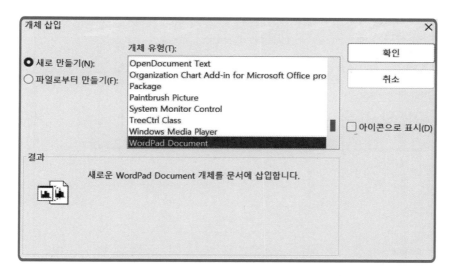

예를 들어 워드패드로 문서로 작성하여 붙일 때에는 "개체 유형" 에서 '워드패드 문서' 를 선택하면 워드패드가 열리게 된다.

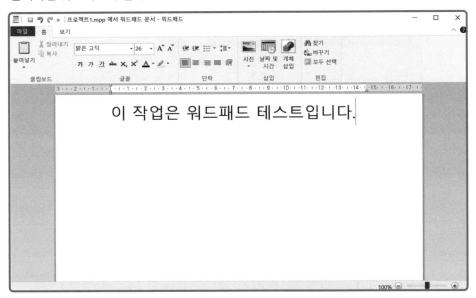

문서의 작성을 마치고 저장을 하면 "작업 정보" 창의 "메모" 탭에 나타나게 된다.

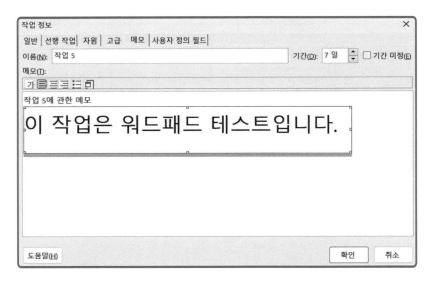

또는 "개체 삽입" 창에서 '아이콘으로 표시' 를 체크하면 파일 전체가 아이콘으로 연결된다.

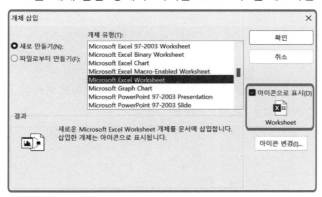

문서 전체가 아이콘으로 연결되어 나타나고 아이콘을 누르면 문서가 열리면서 읽을 수 있게 된다.

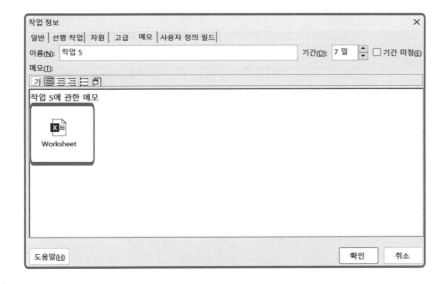

2.4 엑셀로 내보내기

작성된 MS Project 파일(mpp)을 엑셀 파일(xls)로 변환하는 방법에 대해 알아보자.

[파일 > 다른 이름으로 저장] 메뉴를 선택하면 "다른 이름으로 저장"창이 나타나면서 파일의 형식을 지정하도록 한다. 먼저 '저장 위치' 를 지정하고 파일의 형식은 목록을 열어 'Microsoft Excel 통합 문서' 로 선택한 다음 〈저장〉 버튼을 누른다.

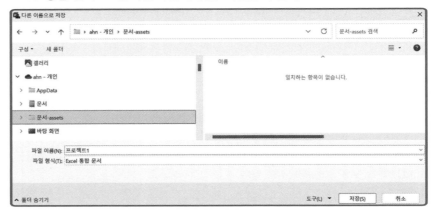

〈다음〉 버튼을 눌러 계속 진행한다.

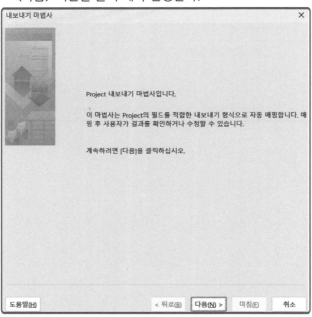

'선택한 데이터' 옵션을 선택하고 〈다음〉 버튼을 누르면 맵의 종류를 선택하는 마법사가 나타난다.

먼저 '기존 맵' 으로 내보내기를 한다. 기존 맵 사용이 익숙해지면 후에 새 맵으로 만들어 사용하여 보도록 하자.

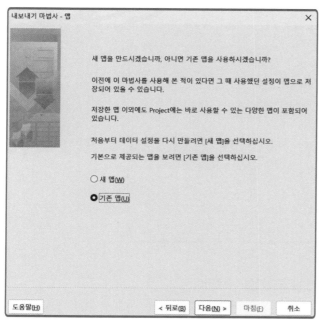

아래 화면과 같이 선택하고 〈다음〉 버튼을 누른다.

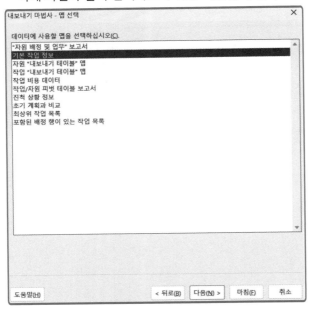

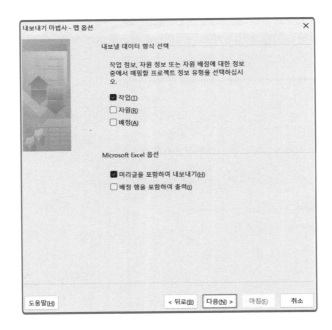

〈마침〉 버튼을 눌러 내보내기를 완료한다.

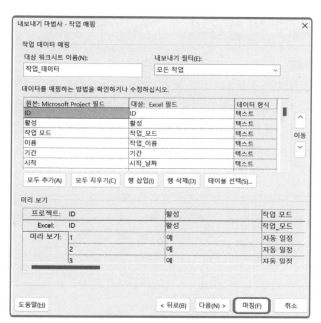

지정한 경로에 있는 엑셀 파일을 열어서 확인해 보면 아래와 같이 나타난다.

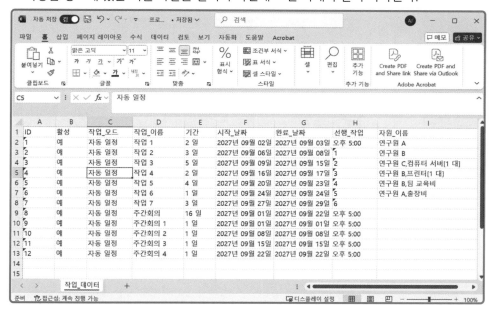

2.5 Gantt 차트에 메모 작성하기

각 작업과 관련된 추가적인 정보는 "작업 정보" 창에 있는 "메모" 탭과 하이퍼링크 이외에도 Gantt 차트 보기의 차트 영역에 직접 메모를 입력할 수도 있는데 해당 작업을 선택한 다음 [Gantt 차트 형식 〉 그리기] 를 선택하면 툴 바 위치에 그리기 툴 바가 추가되어 도형을 그리거나 메모를 추가할 때 사용되는 기능이 제공된다.

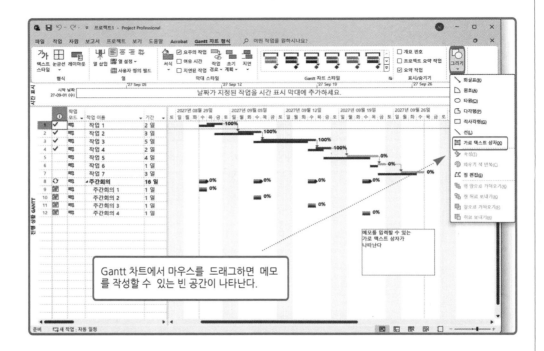

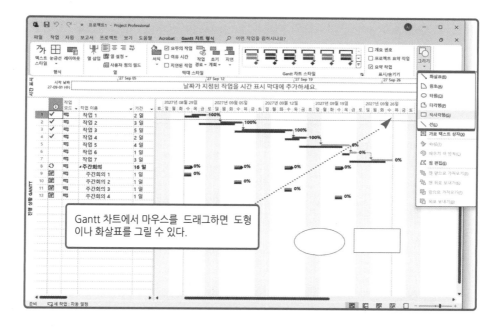

Gantt 차트에서 마우스를 드래그하면 도형이나 화살표를 그릴 수 있다.

2.6 그림 복사

중요 작업의 강조 또는 효과적인 의사소통을 위해 테이블 배경 셀 강조 기능을 사용하여 Excel과 비슷한 방법으로 셀의 배경색을 변경해서 다른 셀과 구분할 수 있다. 배경색을 지정할 셀을 선택하고 우측 버튼을 클릭하여 "텍스트 스타일"을 선택하면 배경색 또는 글꼴을 변경할 수 있다.

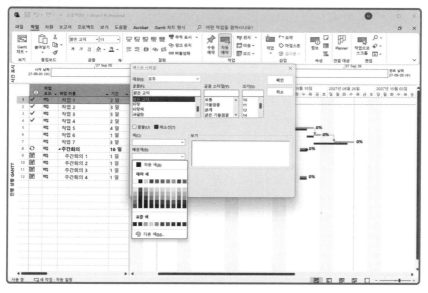

현재 작성중인 프로젝트의 내용을 화면, 프린터, GIF 이미지 파일로 복사시킨다. 원하는 보기를 선택한 다음 [작업 > 클립보드 > 그림 복사] 메뉴를 선택한다. '화면' 으로 선택하는 경우는 클립보드에 복사가 되고, '프린터' 로 선택하는 경우는 바로 프린터로 출력된다. 'GIF 이미지 파일' 을 선택하는 경우는 GIF파일이 만들어 진다.

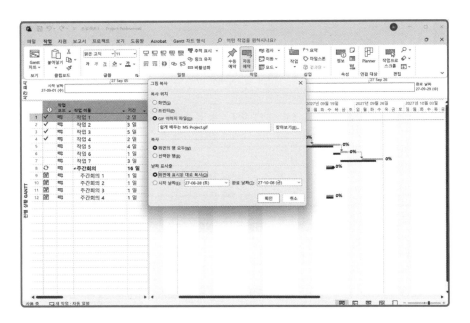

테이블에서 작업을 선택하고 해당 작업만 출력을 원하는 경우에는 '선택한 행' 을 선택하면 되고, 특정 기간의 작업들에 대한 출력을 원한다면 "날짜 표시줄" 의 '시작 날짜', '완료 날짜' 에 설정하면 된다.

Chapter 10

진척 입력 [진척 상황을 평가하는 방법]

한 개의 작업이 종료되었다면 단위 작업의 진척도는 100%일 것이다. 그러나 월요일 부터 금요일까지 수행하는 작업이 목요일까지 진척되었다면 어떻게 평가해야 하는가? 평가하는 방법은 여러 가지가 있다. 첫 번째 방법은 0/100 방법으로, 작업이 완전히 완료 되었을 때만100%로 인정하며 나머지는 0%로 평가하는 방법이다. 다음은 50/50 방법으로, 시작에서 완료시까지를 50%, 완료 후에는 100%로 평가하는 방법이 있다. 또 진척 상황을 퍼센트로 측정하는 방법도 많이 사용되고 있다. 원활한 프로젝트 관리를 위해서는 정확한 진척 상황의데이터 입력이 선행되어야 한다.

Chapter 11

진척 관리 [기성고 관리(EVM)란 무엇인가?]

과거 프로젝트 관리는 산출물의 완료 일정을 중심으로 관리되었다. 그렇기 때문에 원가 관리는 단순히 월별 혹은 단계별로 일정 관리와는 별도로 관리되었다. 그러나 일정과 원가는 분리할 수 있는 것이 아니며 서로 연동되고 영향력을 줄 수 있는 요소인 것이다. 이러한 모순을 해결할 수 있는 방법으로 대두되고 있는 기법이 바로 기성고 관리(EVM) 방법이다. 기성고 관리 방법은 원가와 일정을 한 가지 관점에서 관리하는 방법으로, 예를 들면 10명의 인부가 하루 10만원의 일당으로 일하는 PJT에서는 10일 간의 인건비는 1,000만원이 된다. 이프로젝트에 한해서 1,000만원은 10일의 일정과 동일하게 생각할 수 있으며 이것이 기성고관리 방법의 핵심적인 관점이다.

Chapter 12

일정 관리 [일정 관리를 효과적으로 하려면?]

일정 관리는 일정을 계획과 동일하게 유지시키는 것이며 주요 제약 사항인 종료 일정을 준수하여 프로젝트를 수행하는 것을 말한다. 원활한 일정 관리를 위해서는 주요 경로의 중점적인 관리가 필수적이다. 주요 경로 상에 있는 작업에서 지연이 발생한다면 이것은 전체 프로젝트 납기에 영향을 미치게 된다. 주요 경로는 MS Project의 PND에 표시되면 주요 경로 상의 자원들도 확인할 수 있다. 주요 경로 상의 작업과 자원들을 잘 관리하는 것이 일정 관리의 핵심적인 내용인 것이다.

Chapter 13   **비용 관리 [비용 관리를 효과적으로 하려면?]**

프로젝트의 사용할 수 있는 비용은 프로젝트 원가이다. 원가의 개념은 프로젝트를 수행하는데 필요한 비용 이외에는 여유가 없다는 것을 말한다. 만일 불필요하게 비용을 많이 소모하게 되면 정해진 실행 원가내의 수행은 불가능해지게 된다. 그렇기 때문에 비용 관리, 즉 실행 원가의 준수는 중요한 것이다. 원활한 비용 관리를 위해서는 프로젝트 비용 사용을 효과적으로 감시하는 것이 필요하며, 현재까지의 결과를 가지고 앞으로의 진행 상황을 예측하는것이 반드시 필요하다. 기성고 관리 기법에서의 CPI, 즉 원가 효율성에 대한 상시 관리 체계를 구축하여야 하며, 이러한 원가 관리 자료는 MS Project를 사용한다면 손쉽게 관리가 가능하다.

Chapter 14   **위험 관리 [MS Project를 이용한 위험 관리]**

위험과 문제의 다른 점은 위험은 확률적인 부분이며 아직 문제화되지 않았다는 것이고, 문제는 이미 발생한 사건이며 해결해야 될 사항이라는 점이다. 프로젝트를 관리하는 입장에서 생각해보면 문제는 해결 방법대로 수행하면 되지만, 위험은 대응 방법에 대한 계획 수립, 위험식별, 감시 등 문제보다 복잡한 부분이 많이 있다. 그렇기 때문에 위험 관리가 어려운 것이다. MS Project를 이용한 위험 관리는 성과 관리를 통해 위험을 식별하는 것과 작업과 자원간의 관계로 위험을 식별하는 것으로 크게 나눌 수 있으며, 그 핵심에는 EVM과 이력 자료의 활용이 중요한 부분으로 적용되고 있다.

Chapter 15   **보고서 관리 [프로젝트 보고서의 사용에 대하여]**

프로젝트의 보고서는 중요한 의사소통 수단이다. 프로젝트의 현황 그리고 진척 상황을 분석하여 필요한 이해 당사자들에게 효율적으로 제공하는 것이 보고서의 가장 큰 목적이라고 할 수 있다. 보고서를 효과적으로 작성하기 위해서는 우선 이해 당사자의 정보 요구를 분석하여 프로젝트 진행 상황에 맞게 이해 당사자들에게 정보를 제공해야 한다. 정보의 핵심적인 것은 진척 상황이며, 가장 좋은 표현 방법은 EVM을 활용하는 것이다. 일정과 원가에 대한 정보 제공 그리고 보고서로서의 가시성을 높이는 작업도 또한 중요한 일이다. 이를 위해 MS Project의 효율적인 활용이 반드시 필요한 것이다.

Key Point

● 엑셀 파일을 MS Project에서 어떻게 사용할 수 있는가?

● MS Project에서 필터링과 그룹화 기능 활용하기

● MS Project의 사용자 정의 기능이란?

● 프로젝트 통합 관리란 무엇인가?

MS Project

MS Project 고급 기능 사용하기

MS Project 를 이용하여 프로젝트 를 관리하면서 고급 자

료를 도출해낼 수 있도록 해주는 기능들에 대하여 설명한다. 프로젝트 관리에는 큰 영향을 미치지는 않으나 프로젝트 관리자 또는 경영층에서 원하는 데이터를 만드는데 활용할 수도 있으며, 프로젝트 관리자가 MS Project를 보다 쉽고 용이하게 사용할 수 있도록 하는 설정 및 관리 방법을 제공하기도 한다.

MS Project

엑셀 파일과 **MS Project** 연동

1. 의사소통 관리 계획 시 고려할 사항을 파악한다.
2. 의사소통의 종류에 대하여 알아본다.
3. 의사소통에 관한 예를 제시할 수 있다.
4. 효과적인 의사소통을 위한 PM의 역할에 대해 알아본다.

MS Project는 프로젝트 관리 진척 현황을 다양한 보고서 형식으로 작성 가능한 기능을 제공하고 있다. 또한 MS Project는 역으로 프로젝트 관리자들이 주로 사용하는 엑셀에서의 자료를 MS Project로 이관하여 정보의 재사용이 가능하도록 도와준다. 이번 장에서는 이러한 MS Project의 고급 기능과 관련하여 의사소통 관리에 대한 이론을 학습하며 효과적인 의사소통을 위한 PM의 역할에 대하여 알아본다. MS Project의 사용법으로는 엑셀 파일의 이관 방법 및 MS Office와의 연동 방법에 대하여 배워보자.

1.1 의사소통

의사소통(communication)은 우리가 일반적으로 생각하는 단순한 정보의 전달만을 거론하는 것이 아니라 프로젝트 전반에 걸쳐 수집한 정보를 어떻게 생성, 취합, 분류, 보관, 배포할 것인가를 결정하는 것이다. 프로젝트와 관련된 다양한 이해당사자는 관점 또는 시점에 따라 다양한 프로젝트의 진행 정보를 필요로 한다. 의사소통에서 가장 중요한 것은 이와 같은 이해당사자들의 프로젝트 정보 요구 사항(information needs of stakeholder)을 식별하는 것이다.

1.2 의사소통 방법

1.2.1 의사소통 관리 계획 시의 고려사항은 다음과 같다.

1) 어떤 정보가 언제 수집되어야 하는가?
2) 누가 이 정보를 받을 것인가?
3) 수집된 정보의 취합과 저장에는 어떤 방법을 쓸 것인가?
4) 누가 누구에게 보고할 것인가?
5) 보고 체계는 어떻게 정의할 것인가?
6) 각 보고 단계 별 정보의 배포 주기는 어떻게 할 것인가?

의사소통 관리 계획은 프로젝트 관련 조직이나 개인에게 일관성 있게 정보가 전달되고, 그들이 프로젝트 기간 중에 내리는 의사결정이 올바르게 이루어지도록 고려하여야 한다.

1.2.2 폼과 템플릿

1) 의사소통을 위해 부가적으로 발생하는 업무를 줄인다.
2) 이해 당사자들에 따라 요구하는 보고의 형태가 다르더라도 많은 부분이 중첩된다.
   통합적인 템플릿으로 보고 및 의사소통을 준비하고 필요 부분만 발췌하여 이해 당사자들에게 제공하면 많은 시간을 아낄 수 있다.
3) 의사소통 준비자가 무엇을 어느 정도로 준비해야 하는지에 대한 지침서를 제공한다.

1.2.3 의사소통의 종류

1) 공식적 의사소통(formal communication)
　조직의 연결선을 따라 정보가 전달되며, 주로 문서로 이루어진다.
- Formal Written : 복잡한 문제 해결,프로젝트 계획,프로젝트 헌장,주요 계약 관련 등
- Formal Verbal : 발표

2) 비공식적 의사소통(informal communication)
　조직의 명령 체계와 상관없이 개인적 네트워크를 통해 이루어지며, 공식적 의사 소통의 경직성을 보완한다.
- Informal Written : 메모, e-mail
- Informal Verbal : 회의, 일상적 대화

: : Note : :

Written Communication의 장단점

장점	단점
• 복잡한 문제를 명확하게 표현할 수 있다. • 의사소통 내용을 보존할 수 있다. • 반복적 사용이 가능하다.	• Verbal communication에 비해 집중력이 떨어진다. • 정보의 전달이 불확실하다.

1.2.4 의사소통의 예

1) 회의
- 그룹 간의 상호작용과 이해를 명확화시키는 것을 돕는다.
- 수신자의 이해도를 파악하기 위한 조치가 필요하다.
- 회의 중에 다루어지는 정보 중 일부만 필요한 사람에게는 시간의 낭비를 가져온다.

2) 메모
- 간단히 작성된 문서로서 프로젝트 이슈에 대한 빠른 레퍼런스를 제공한다.

3) 보고
- 뒷받침하는 관련 데이터를 포함하게 되는 자세한 문서로써 리뷰와 평가를 위해 충분한 정보를 제공해야 한다.

4) 발표
- 공식적인 장소에서 문서화된 자료와 발표자의 설명을 통하여 정보를 전달한다.
- 일방적인 의사소통이 되는 경향이 있으며, 청자가 화자의 전달하고자 하는 바를 이해 했는지 파악하기가 어렵다.

5) 인터넷/인트라넷
- 인터넷/인트라넷을 통한 e-mail, 채팅, 뉴스그룹, 포럼, PC-to-PC 등이 있다.
- 공식적, 비공식적 방법의 조합, 상호 협력적인 개인 대 개인, 개인 대 그룹 간의 세션을 가상의 공간에서 구축할 수 있다.
- 원격지에 떨어져 있는 인력 간의 의사소통을 위한 비용 대비 효과적인 방법이다.

6) 비공식적 접촉
- 전화, 부서방문 등
- 열린 의사소통을 위한 자유로운 환경을 형성한다.
- 일부 정보가 대상자에 따라서 반복 전달해야 하는 경우가 생기며, 개인적이고 비공식 적인 접촉의 증대는 그룹 간의 공식적인 의사소통 채널을 무력화시킬소지가 있다.

7) Kick-off meeting
- 프로젝트가 시작되기 전에 전체 팀원이 참여하여 각 분야의 담당자가 각자의 계획을 전체 팀원에게 설명하는 과정이다.

1.3 효과적인 의사소통을 위한 PM의 역할

효과적인 의사소통자로서 PM은 많은 시간을 타인과의 의사소통에 소비(80%)하며 그 중 약 50%를 팀원과의 의사소통에 소비한다. 즉 프로젝트에서 PM의 대부분의 시간을 의사소 통에 할당한다는 것이다. PM은 다음의 사항에 유의하여야 한다.
1) 팀원 간의 비공식적인 의사소통의 중요성을 인지하라.
2) 인간관계의 중요성을 인지하라.
3) 단순히 지시만 내리는 것이 아니라 신뢰에 바탕을 둔 쌍방향 의사소통을 하라.
4) 의사소통 촉진자(communication facilitator)
5) 의사소통 장애자(communication blocker)의 제거
6) 효과적인 미팅

1.3.1 불필요한 회의, 보고 등이 발생하지 않도록 고려해야 한다.

   1) 의사 소통에 참석하는 사람들 (보고 준비자, 보고 당사자, 회의 참석자 등) 의 시간을 빼앗는다.
   2) 의사 소통의 중요도를 희석시키게 되어 관련자들이 둔감해져 중요한 사안들을 놓치게 된다.

1.3.2 필요에 따라 발생하게 되는 의사소통(need-base requirement)은 PM에 의하여 관리되어야 한다.

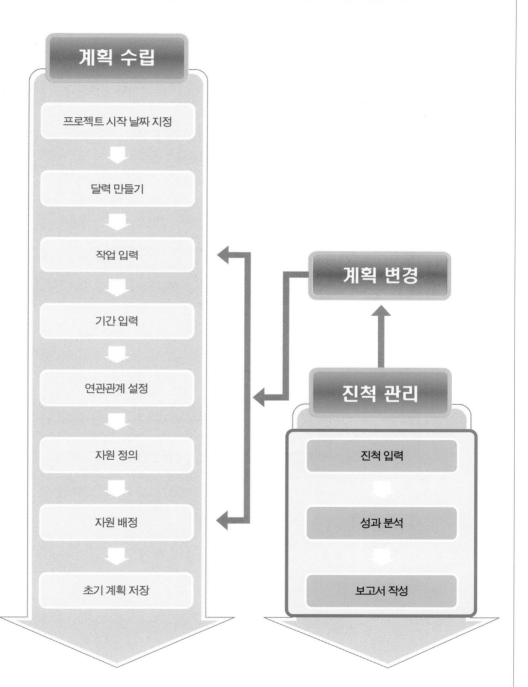

2.1 MS Excel과 MS Project의 연동

2.1.1 엑셀로 작성한 파일을 MS Project로 이관하는 방법

MS Project를 프로젝트 중간에 적용하는 경우 기존에 작성된 엑셀 파일(xls)에서 수립한 계획 정보를 MS Project에서 재사용 할 필요가 있다. 다음의 순서에 따라 한 단계씩 진행해 나가면 엑셀 파일에서 MS Project 파일(mpp)로의 변환이 완료된다.

[파일 〉 열기] 메뉴를 선택하고 "열기" 창을 연다. 먼저 '파일 형식' 을 아래와 같이 설정하고 불러 올 엑셀 파일을 선택한 다음 〈열기〉 버튼을 누른다.

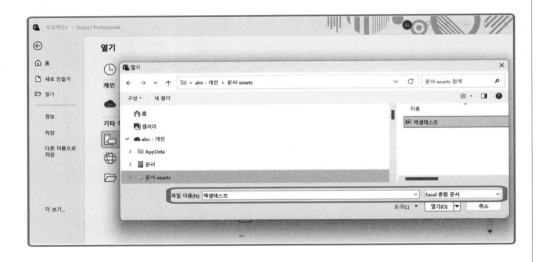

"가져오기 마법사" 창이 나타나면 〈다음〉 버튼을 눌러 다음 단계로 이동한다.

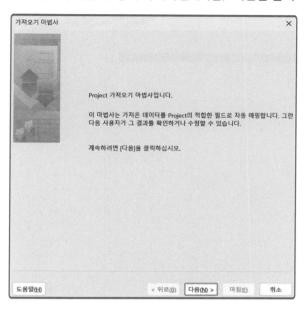

'기존 맵' 옵션을 선택하고 〈다음〉 버튼을 누른다.

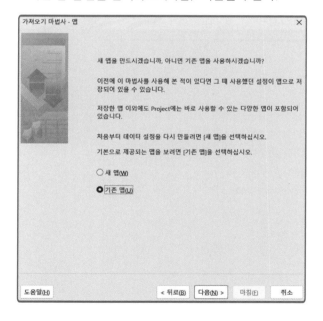

아래와 같이 기존 맵 중에서 '기본 작업 정보' 맵을 선택하고 〈다음〉 버튼을 누른다.

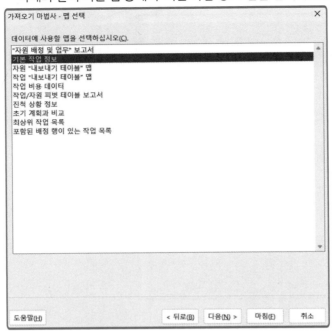

파일을 가져올 방법을 선택하고 〈다음〉 버튼을 누른다.

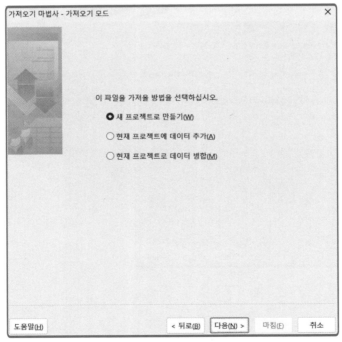

맵 옵션을 아래와 같이 기본 설정으로 선택하고 〈다음〉 버튼을 누른다.

"원본 워크시트 이름" 의 목록에서 불러올 엑셀 파일의 해당 워크시트를 선택한 후, 기본 설정이 틀릴 경우에는 〈모두 지우기〉 버튼을 눌러 원본 엑셀 파일 필드의 실제 필드명으로 설정한 다음 MS Project상에 매핑시킬 필드로 설정한다. 〈다음〉 버튼을 누른다.

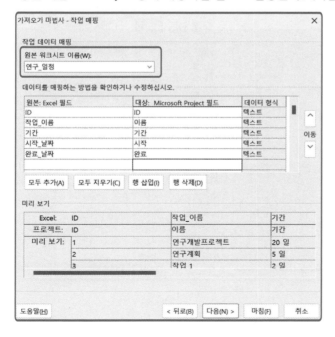

마지막 단계를 알리는 메시지 박스가 나타난다. 〈마침〉 버튼을 누른다.

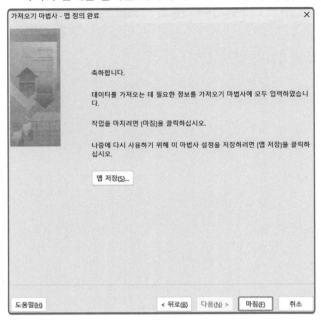

변환된 내용을 비교해 보면 엑셀에서 정의한 시작 날짜와 종료 날짜는 엑셀 정보와 동일하게 MS Project로 이관 되었으나, 개요 수준은 〈한 수준 내리기〉 아이콘을 활용해서 재산정할 필요가 있다.

█ MS Project　　　　　　　　　　　**█ MS Excel**

▌작업의 수준 재조정하기

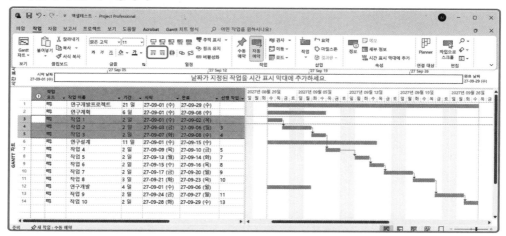

▌최하위 작업과 상위 단계와의 수준 재조정 결과

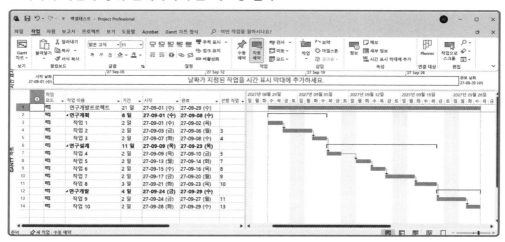

이제 마지막으로 최상위 프로젝트 이름 연구개발프로젝트 이하 모든 작업 및 단계를 선택하고 〈한 수준 내리기〉 아이콘을 누르면 전체 계층 구조화가 완료된다.

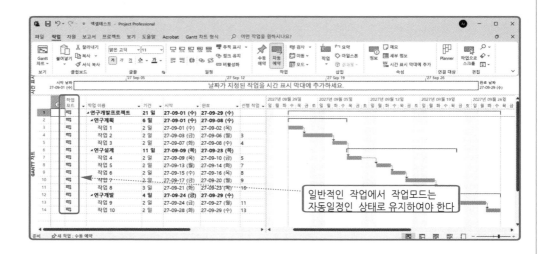

만일 작업2의 시작 날짜가 작업1의 완료 날짜에 영향을 받으면서 결정될 수 있다면, 작업1은 작업2의 선행작업이 되는 연관관계를 가진다. 선행관계 설정은 '작업2'를 더블 클릭하여 "작업 정보" 창을 연 다음 "선행 작업" 탭으로 이동하고 '선행 작업' 의 ID를 찾아 FS관계를 만든다.

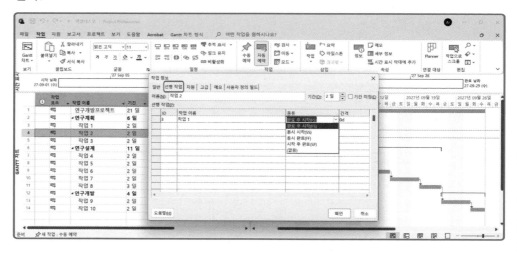

앞에서 엑셀 파일로 부터 MS Project로 변환하는 방법을 배웠다. 지금 부터는 MicroSoft 365 제품에 MS Project 자료를 제공하기 위한 변환 방법을 학습해보자. 해당 MicroSoft 365 제품에 MS Project 자료를 제공을 위해 변환하고자 하는 작업들을 선택한다.

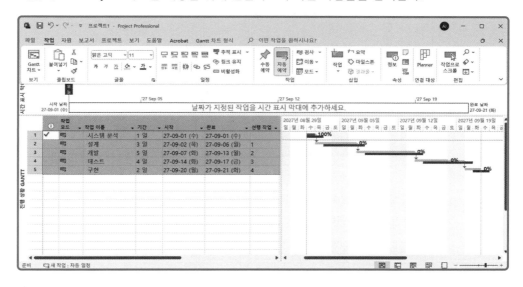

[작업 > 복사 > 복사] 메뉴를 선택한다.

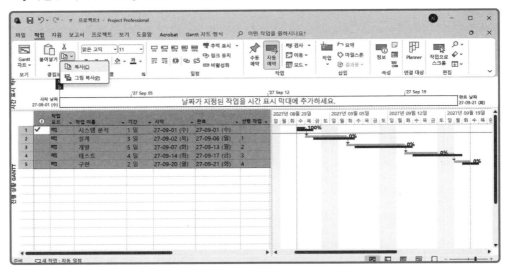

MS PowerPoint 를 열어서 새 파일을 선택 한 후 화면에 붙여 넣기를 하면 복사한 MS Project 작업 화면이 나타난다.

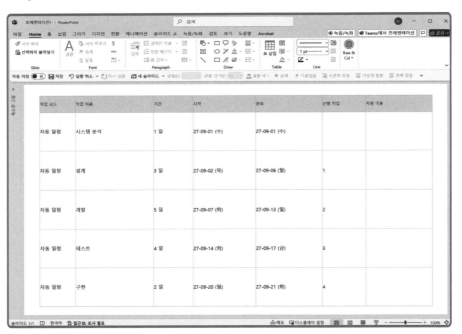

MS Project의 화면을 그림파일 형태로 MicroSoft 365와 연동하고자 한다면 [작업 〉 복사 〉 그림복사] 메뉴를 선택한다.

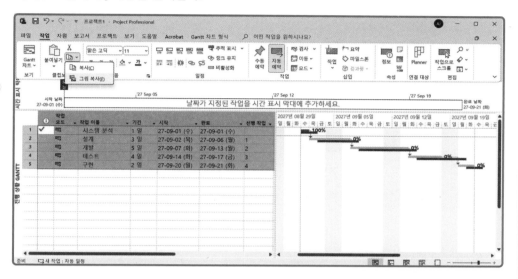

그림복사 메뉴가 나타나면 [화면] 을 선택하고 [확인]을 선택한다.

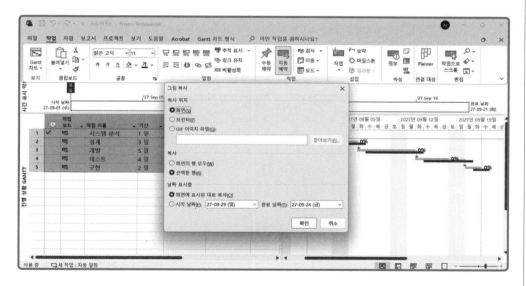

MS PowerPoint 를 열어서 새 파일을 선택 한 후 화면에 붙여 넣기를 하면 복사한 MS Project 작업 화면과 간트 화면이 나타난다.

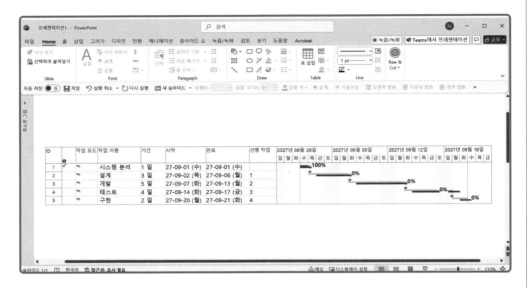

선택한 작업을 GIF 그림 파일로 저장하여 MicroSoft 365와 연동 하고자 한다면 [GIF 이미지 파일] 을 선택 한다.

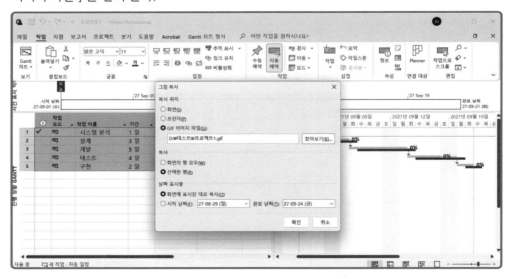

저장 된 GIF 파일을 MS Word에서 그림 파일 삽입 기능을 이용하여 불러온 후 문서에 삽입하면 MS Project 화면을 문서에서 편집 사용할 수 있다.

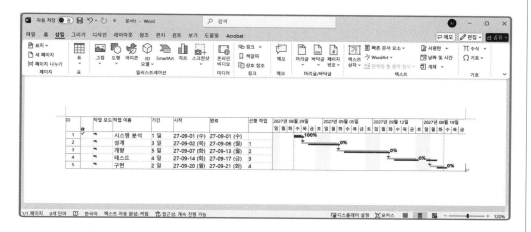

MS Project

Chapter 17

필터링 및 그룹화

1. 필터링 및 그룹화의 기능을 이해한다.
2. 정렬과 개요 코드에 대하여 알아본다.
3. 요주의 작업에 대하여 알아본다.

MS Project의 고급 기능으로서 MS Office와의 연동에 대하여 살펴보았다. 이번 장에서는 프로젝트 관리 시 생성된 각 작업들을 효과적으로 관리하기 위한 필터링, 그룹화, 정렬, 개요 코드에 대하여 알아본다. 먼저 이론을 학습하고 다음으로 각각의 기능들에 대하여 실습을 진행한다. 이로써 학습자는 프로젝트 관리를 보다 편리하고 효율적으로 수행할 수 있을 것이다.

이번 장에서는 만들어진 작업들을 효과적으로 관리하기 위해 필터링 기능, 그룹화 기능을 활용하여 원하는 조건에 맞는 작업을 효과적으로 검색 및 집계하는 방법을 배우게 된다.

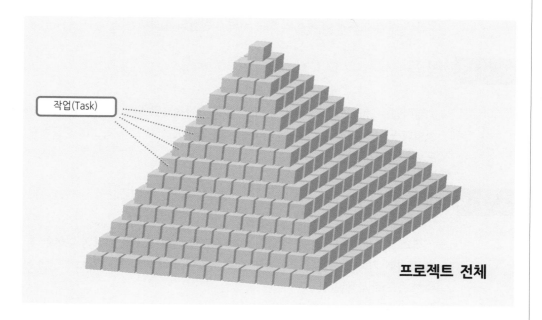

위 그림에서와 같이 프로젝트는 수많은 특수하고 개별적인 작업으로 구성되어 있으며, 이러한 개별적인 작업을 잘 관리하는 것이 전체적으로 프로젝트를 잘 관리하는 것이다. WBS상에 존재하는 개별 작업을 관리하기 위해서는 사용자가 원하는 조건에 맞는 작업을 손쉽게 찾거나 분류해야 한다. 이러한 기능에 해당되는 것이 지금부터 설명하는 필터링, 그룹화, 정렬, 개요 코드이다.

1.1 필터링

컴퓨터 기반 프로젝트 관리 도구의 가장 큰 이점은 프로젝트의 복잡하게 얽혀있는 정보를 저장하고 필요한 때에 찾아낼 수 있도록 지원해 주기 때문이다. 정확한 정보를 입력하는 것은 사용자의 몫이지만 이후 그 자료를 분석해 주는 역할은 도구가 해주게 되는데, MS Project의 필터링 기능이야 말로 이러한 역할의 가장 핵심이라 할 수 있다.

1.2 그룹화

필터링이 특정한 조건에 맞는 작업을 검색하는 것이라면, 그룹화는 분류 기준에 따라 모든 작업을 분류하는 것을 말한다. 여기서 적용될 수 있는 기준은 기간의 크기, 날짜 범위, 작업량의 크기, 소속, 자원의 이름 등 매우 다양하다. 필터링과 가장 큰 차이점은 분류된 그룹 별로 집계가 된다는 점이다. 필터링은 단순히 원하는 작업의 목록을 얻는 반면 그룹화는 원하는 그룹의 작업 목록과 이 목록의 모든 자료가 합산되어 보여진다.

1.3 정렬

필터링, 그룹화와 더불어 다수의 작업을 효과적으로 나열하여 조회하는 또 다른 기능으로 정렬이 있다. 정렬은 사용자가 원하는 순서 기준에 의해 모든 작업이 오름차순 또는 내림차순으로 나열되는 것을 말한다.

1.4 개요코드

개요 코드는 사용자가 각 작업에 대해 일정한 분류 기준을 정하여 부여한 후에 위에서 언급한 그룹화 기능을 활용하여 손쉽게 내부 분류 기준에 따라 프로젝트의 진행 상황을 분석하기 위한 용도로 사용된다.

MS Project 활용하기

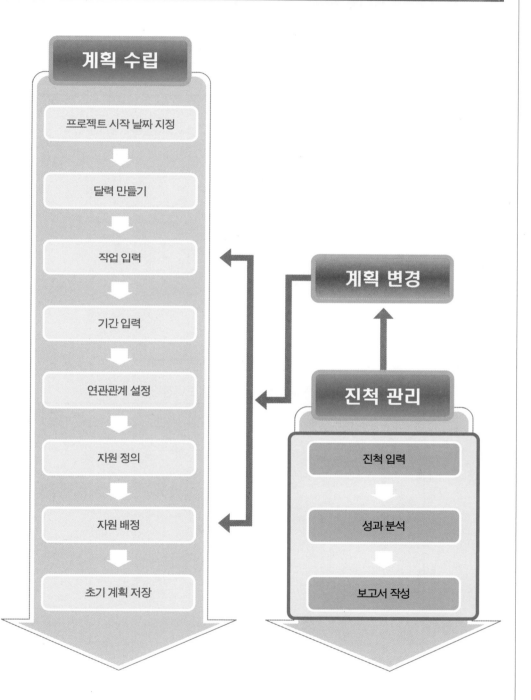

계획 수립

프로젝트 시작 날짜 지정

↓

달력 만들기

↓

작업 입력

↓

기간 입력

↓

연관관계 설정

↓

자원 정의

↓

자원 배정

↓

초기 계획 저장

계획 변경

진척 관리

진척 입력

↓

성과 분석

↓

보고서 작성

2.1 필터링 실습

2.1.1 필터링 일반

모든 프로젝트의 작업들 중에서 완료된 작업만을 골라내려면 필터링 기능을 통해 가능하다. [보기 > 필터 : 완료된 작업] 메뉴를 선택한다.

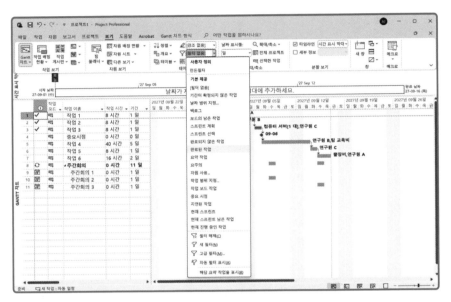

그 결과 모든 작업 중에서 완료된 작업만 보여진다.

이번에는 반대로 [보기 > 필터 : 완료되지 않은 작업] 메뉴를 선택하면 아래와 같이 완료되지 않은 작업만 보인다.

메뉴 상에 나타나 있는 주요 필터를 살펴보면, 요약 작업, 요주의, 중요 시점 등이 있으며 각각 해당되는 조건의 작업만을 검색하여 보이도록 한다.

: : Note : :

요주의

요주의란, 프로젝트 관리에서 매우 중요한 주요 경로(critical path)를 의미하며, 지연이 될 경우 프로젝트 지연을 초래하는 여유시간이 0인 작업의 모임을 말한다. 진행 상황 Gantt 차트에 빨간색 막대로 나타나는 작업이다.

2.1.2 자동 필터

[보기 > 필터 : 자동 필터 표시] 메뉴를 선택하면 Gantt 차트 보기의 테이블 상단 필드명 오른쪽에 버튼이 나타난다.

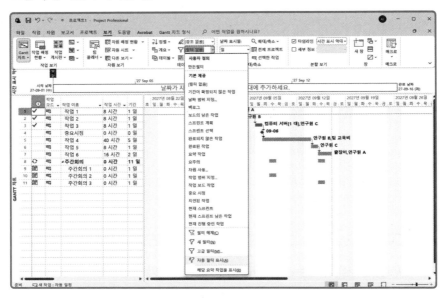

화살표가 그려진 이 버튼을 누르면 각 필드 값의 범위 및 목록이 나타난다.

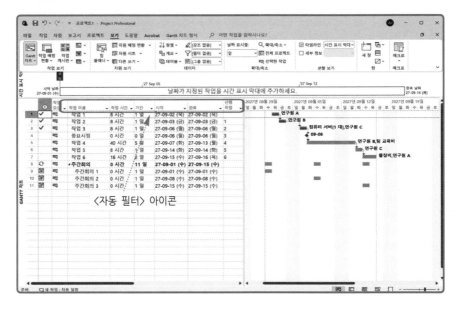

〈자동 필터〉 아이콘

"작업 이름" 필드의 목록에서 [필터 > 사용자 지정] 을 선택한다.

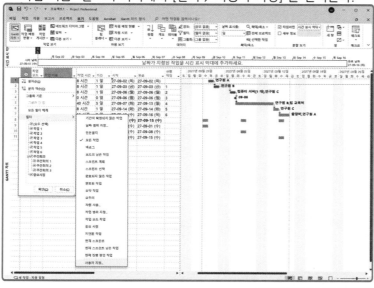

"사용자 정의 자동 필터" 창이 나타
나면 '이름' 에 회의를 포함하는 작업
을 검색하기 위하여 '회의' 라고 입력
하고 〈확인〉 버튼을 누른다.

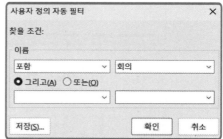

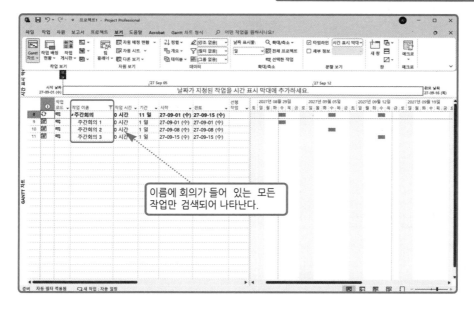

이름에 회의가 들어 있는 모든
작업만 검색되어 나타난다.

이번에는 "작업 시간" 필드에 있는 화살표 버튼을 눌러 "사용자 정의 자동 필터" 창을 열어서 '작업 시간'의 범위로 원하는 작업을 검색해 볼 수 있다. 아래의 예는 작업 시간이 10시간 보다 크고 30시간 보다 작은 작업을 보는 사례이다.

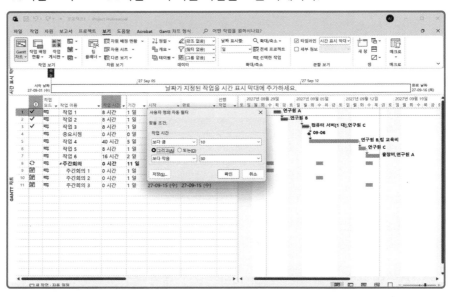

작업6만 16시간으로 위 조건을 만족하므로 Gantt 차트 보기에 나타난다.

이번에는 [보기 > 필터 : 고급 필터] 메뉴를 선택하여 고급 필터 기능을 살펴보자. 고급 필터란 앞의 자동 필터에서 다루지 않은 더 많은 필터와 사용자 정의 필터를 만드는 기능을 제공한다.

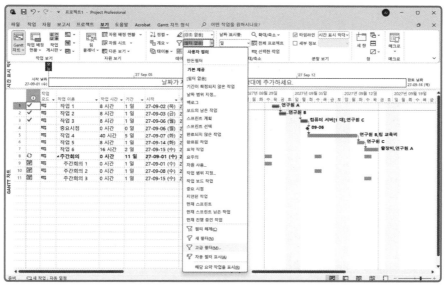

[고급 필터] 메뉴를 선택하면 아래와 같이 "고급 필터" 창이 열린다. 작업과 관련된 보기에서는 "필터링할 항목"의 '작업' 유형이 기본적으로 선택되어 있으나, '자원' 유형을 선택하면 자원 필터로 목록이 다르게 나타난다. MS Project에서는 모든 정보가 자원과 작업으로 크게 나뉘도록 되어있다. 따라서 자원과 관련한 필터링을 적용할 경우에는 자원 유형을 선택하면 된다.

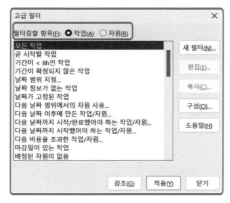

'자원' 유형을 선택하면 자원 정보를 필터링할 수 있는 필터 목록으로 바뀐다. 고급 필터 중에서 몇 가지 필터의 용도를 살펴보기로 하자.

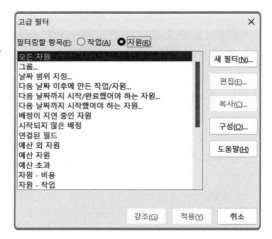

2.1.3 날짜 범위 지정

날짜 범위 지정 필터를 선택하고 〈적용〉 버튼을 누른다.

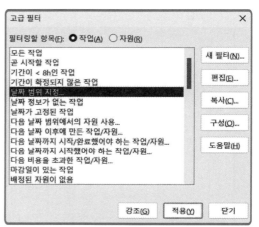

오른쪽과 같이 시작 날짜를 설정 하는 창이 열리고 시작 날짜를 선택한 다음 〈확인〉 버튼을 누른다.

바로 이어서 두 번째 창이 열리면서 완료 날짜 조건을 설정하도록 한다.

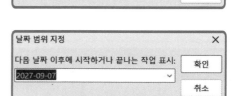

그러면 시작 날짜와 완료 날짜 사이에 속하는 모든 작업이 필터링되어 나타난다.

2.1.4 새 필터

"고급 필터" 창에서 〈 새 필터 〉 버튼을 누르면 "필터 정의" 창이 열린다. 여기에서 사용자가 원하는 조건의 필터를 만들어서 활용할 수 있다.

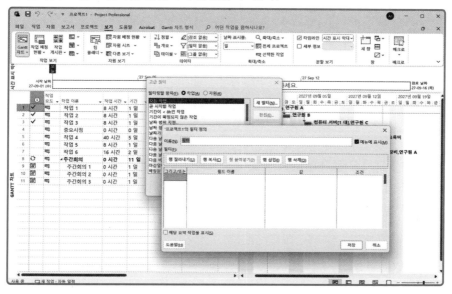

필터의 이름을 사용자가 알아보기 쉽게 입력한다. 마우스로 "필드 이름" 을 선택한 다음 목록을 열어 조건으로 사용할 필드를 찾아 선택한다.

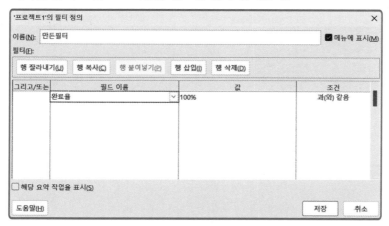

위의 창에서 순서대로 이름, 필드 이름, 값의 크기, 필터링 조건을 설정한 다음 〈확인〉 버튼을 누른다.

• 필터 이름 : 만든필터	• 값 : 100%
• 필드 이름 : 완료율	• 조건 : 과(와) 같음

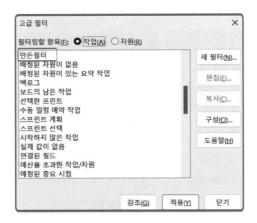

〈적용〉 버튼을 누르면 사용자가 정의한 필터가 적용되어 검색 결과를 보기 상에 보여준다.

여기에서 사용자가 정의한 필터의 효과는 기존에 제공되는 필터 중에서 완료된 작업과 필터링 결과가 동일하다. 사용자 정의 필터의 유리한 점은 새로운 조건을 추가하거나 다른 조건을 설정하면서 보다 정확하게 찾고자 하는 작업을 찾는데 편리하다.

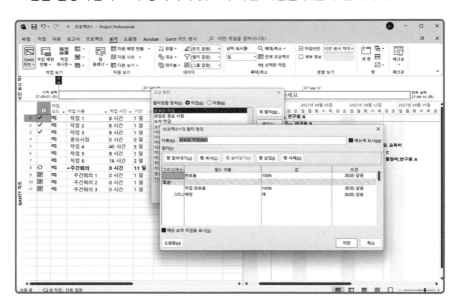

사용자가 정의한 필터를 선택한 다음에 〈편집〉 버튼을 누르면 이전에 만들어진 조건을 볼 수 있으며, 새로운 조건을 추가하기 위해서는 기존에 설정된 조건 아래의 새로운 행에 새로운 조건을 기존의 조건과 AND, OR 연산을 사용하여 이어나갈 수 있다.

: : Note : :

사용자가 정의한 필터의 편집뿐만 아니라 기존에 제공되는 필터도 편집 가능하다.

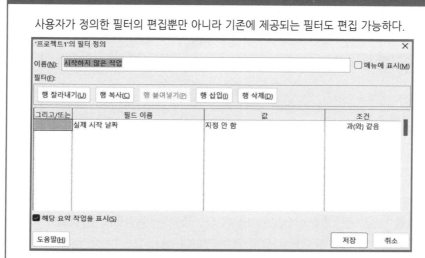

"고급 필터" 창에서 '시작하지 않은 작업'을 선택하고 〈편집〉 버튼을 누르면 "필터 정의" 창을 통하여 조건을 알 수 있으며, 이러한 기존 필터의 조건을 통해서 사용자가 새로운 필터를 만들 때 참조할 수 있다.

고급 필터의 복사 기능을 사용하여 기존 필터를 복사한 다음, 이를 변형시켜 사용자 정의 필터로 만들 수도 있다.

2.1.5 필터링 연습

필터링 기능을 사용하여 전체 프로젝트 일정에서 특정 기간 동안의 실적을 필터링해 본다. [보기 > 필터 > 고급 필터] 메뉴를 선택하여 "고급 필터" 창을 연다.

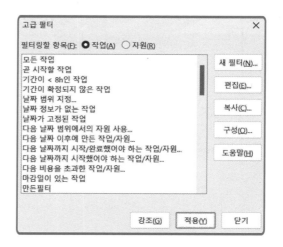

〈새 필터〉 버튼을 눌러 "필터 정의" 창을 띄워 보자.

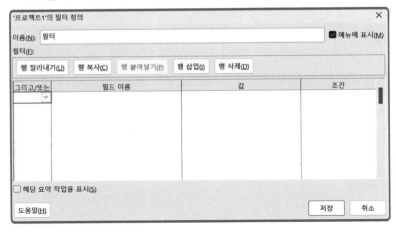

필터의 "이름" 을 '고객용 집계' 로 입력하고, "필드 이름" 에서 '시작 날짜' 를 선택한 후에 "값"을 '2027년 9월 1일'로 선택하고 "조건"을 '보다 크거나 같음'으로 설정한다. 다음 행에서 "그리고 / 또는" 필드에 '그리고' 를 지정한 다음, 필드 이름은 '완료날짜'로 선택하고 값을 '2027년 09월 30일'로 입력한다. 조건은 동일하게 설정하고 〈확인〉 버튼을 눌러 "필터 정의" 창을 닫으면 사용자 정의 필터가 생성된다. 이 때 '해당 요약 작업을 표시' 를 체크하면 요약 작업으로 집계 가능하다.

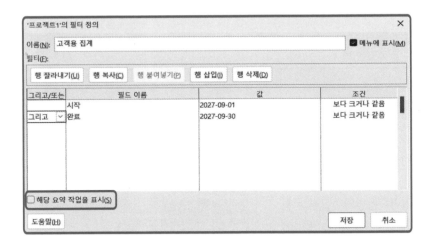

생성된 '고객용 집계' 필터가 "고급 필터" 창의 목록에 나타나며 반영하기 위해 〈적용〉 버튼을 누른다. 그 결과 프로젝트의 한달간의 실적이 집계된다.

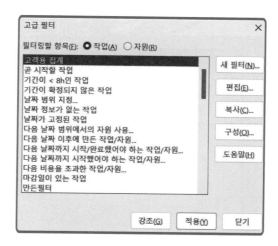

2.2 그룹화 실습

2.2.1 그룹화 일반

그룹화의 효과를 가장 손쉽게 알 수 있는 방법은 메뉴에서 [보기 > 그룹화 : 기간]을 선택해 보는 것이다.

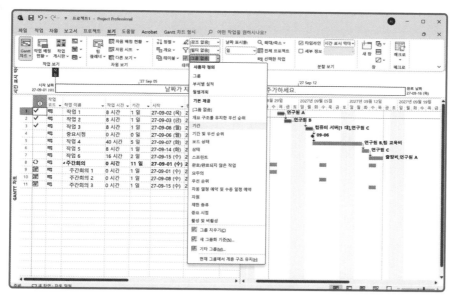

:: Note ::

그룹화는 사용자가 보기 원하는 조건의 특별한 보기이므로 보통 때에는 그룹화 안함 상태를 유지하는 것이 바람직하다.

아래와 같이 기간의 크기에 따라 모든 작업이 분류, 집계되어 나타난다.

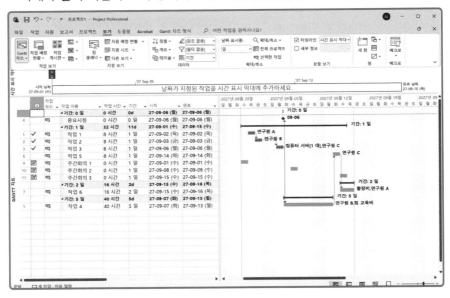

[보기 > 그룹화 : 기타그룹] 메뉴를 선택해 보자.

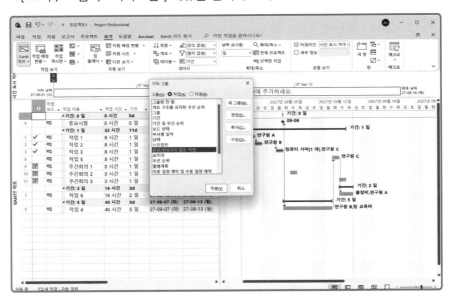

"기타 그룹" 창이 열리면서 메뉴에 나타나지 않은 더 많은 그룹화 조건이 보인다. 이중에서 '완료 / 완료되지 않은 작업' 을 선택하고 〈적용〉 버튼을 누르면 모든 작업이 완료된것과 완료되지 않은 것으로 분류되어 나타난다.

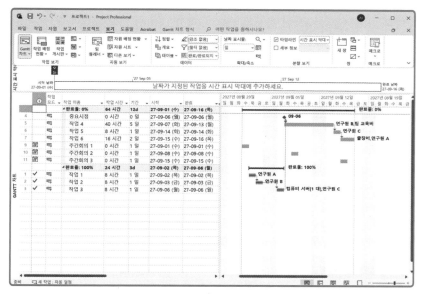

"기타 그룹" 창에서 〈새 그룹〉 버튼을 누르면 새로운 그룹을 정의할 수 있는 창이 열린다.

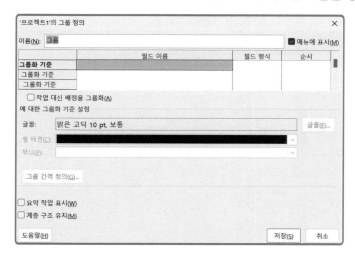

이 창에서는 메뉴에 나타나지 않는 조건으로 새로운 그룹을 정의할 수 있으며, 그룹의 이름을 구분할 수 있도록 정의하고 그룹화 기준을 필드 이름 중에서 선택하여 설정할 수 있다.

- 그룹 이름 : 월별 계획
- 필드 이름 : 완료

〈그룹 간격 정의〉버튼이 활성화 되면 누르고 이어서 다음의 내용을 설정한다.

- 그룹화 기준 : 월
- 시작 : 10월 1일 (월의 시작점을 매월 1일로 함)
- 그룹 간격 : 1 (매 1개월 단위로 구분)

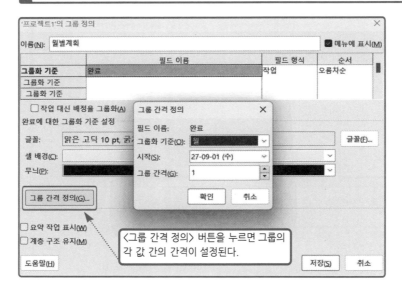

이 그룹은 각 작업의 완료 일짜를 기준으로 월 별로 분류하기 위한 것이다. 〈확인〉 버튼을 누르면 "기타 그룹" 창의 목록 중에 '월별 계획' 이라는 새로운 그룹이 나타난다. 〈적용〉 버튼을 누르면 결과가 진행 상황 Gantt 보기에 나타난다.

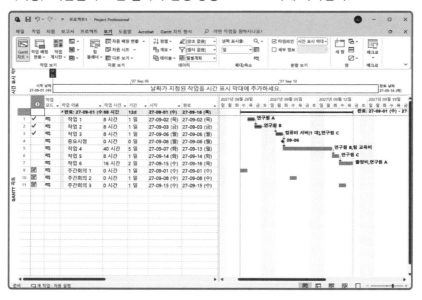

진행 상황 Gantt 보기에서 자원 별로 작업의 내용을 보고 싶은 경우에는 자원 배정 현황 보기를 하지 않아도 그룹화 기능을 대신 사용할 수 있다.

2.2.2 사용자 정의 그룹화

[보기 > 그룹화 : 새 그룹화 기준] 메뉴를 선택한다.

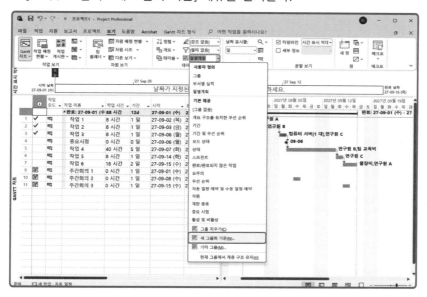

"그룹 정의" 창이 열린다. '그룹화 기준' 행의 "필드 이름" 을 '자원 이름' 으로 설정한 다음 그룹 정의 이름을 자원 그룹으로 지정한 후 〈적용〉 버튼을 누른다.

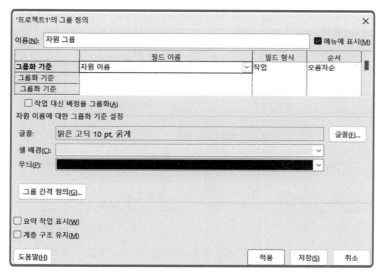

자원 이름에 의해 작업의 목록이 분류되어 나타나며, 각 자원 이름 별로 집계되어 바탕화면색이 구분되어 나타난다.

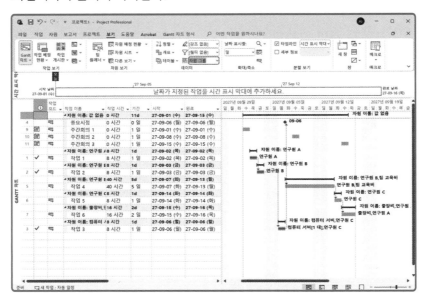

"그룹화 정의" 창에서 정의한 새로운 그룹은 기타 그룹에 추가되어 있다.

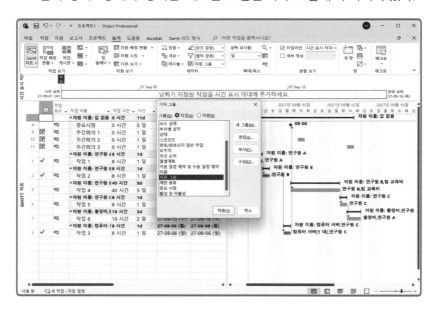

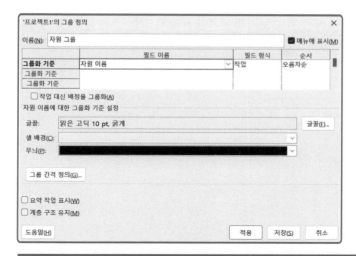

: : Note : :

"기타 그룹" 창에 새 그룹을 추가시키는 방법

[보기 > 그룹화 정의 > 새 그룹화 기준] 메뉴를 이용하여 새 그룹을 추가하고 이름을 정의한다.

그룹화하지 않은 상태란, 개요 구조에 의해 그룹화된 상태를 말한다.

2.2.3 자원 배정 현황에서 자원 그룹화 사용하기

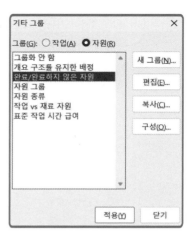

대표적인 자원 보기인 자원 배정 현황에서 자원 그룹화를 사용한 사례를 살펴보고자 한다.

[보기 > 자원 배정 현황] 메뉴를 선택한 다음에 [보기 > 그룹화 > 기타 그룹] 메뉴를 선택한다. "기타 그룹" 창이 열리면 "그룹"의 유형을 '자원' 으로 선택하고 하단의 그룹 목록 중에서 '완료/완료하지 않은 자원' 을 선택하여 〈적용〉 버튼을 누른다.

아래와 같이 자원 배정 현황 보기에 완료율에 따라 그룹 별로 분류 및 집계되어 나타난다.

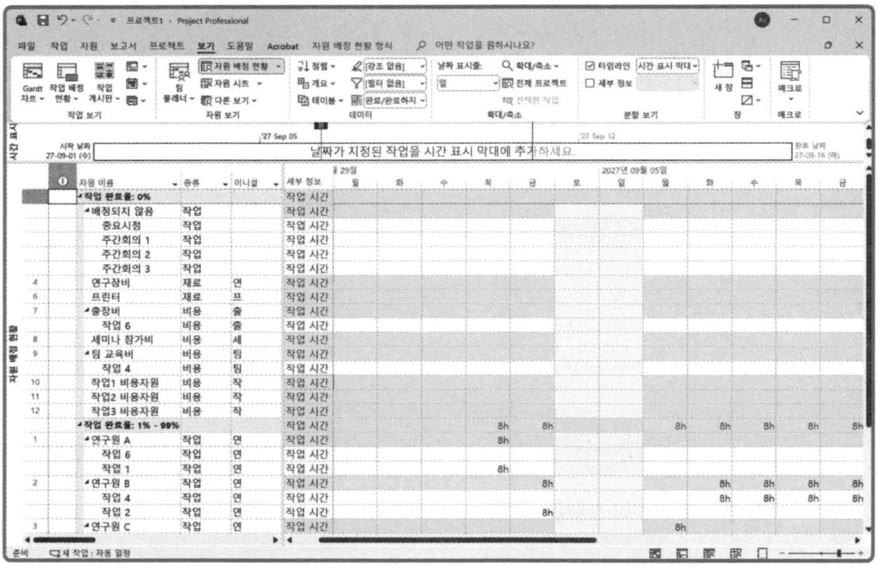

2.2.4 그룹화 연습

사용자 정의 필드와 그룹화 기능을 이용하여 전체 프로젝트에서 9월 실적만 별도로 집계하여 보자.

:: Note ::

① 사용자 정의 필드에 특정 월의 값을 자동으로 계산하고 저장한다.
② 그룹화 기능을 사용하여 집계한다.

[프로젝트 > 사용자 정의 필드] 메뉴를 선택하여 "필드 사용자 정의" 창을 연다. '종류'를 '텍스트'로 선택하고, 텍스트 필드 이름을 '월구분' 으로 입력한 다음 〈확인〉 버튼을 눌러 새 이름으로 바꾼다.

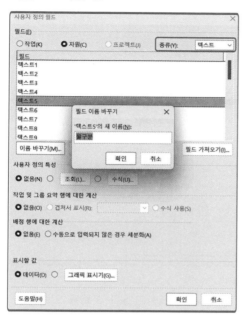

〈수식〉 버튼을 눌러 아래와 같이 "식 편집" 의 월구분 필드에 식을 입력한다. 시작 날짜 값을 Month함수로 처리하여 if문의 결과가 참이면 그 작업은 9월에 시작하는 업무이며 필드에 '9' 을 자동 입력한다.

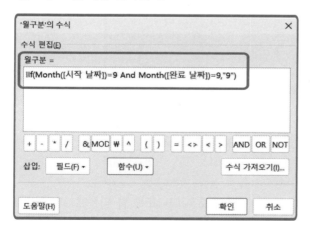

〈확인〉 버튼을 눌러 "식" 창을 닫는다. 그 다음 〈확인〉 버튼을 눌러 "필드 사용자 정의" 창을 닫는다.

[보기 〉 그룹화 〉 새그룹화 기준] 메뉴를 선택한다. "그룹화 사용자 지정" 창의 "필드 이름"을 앞에서 만든 '월구분 (텍스트5)' 필드로 선택한다.

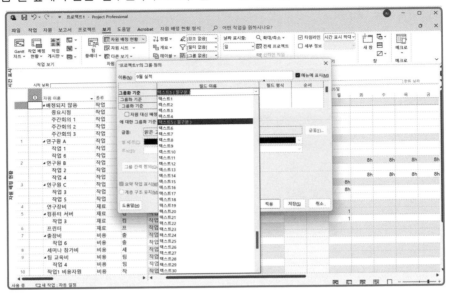

〈저장〉 버튼을 눌러 "그룹 저장" 창이 나타나면 그룹의 이름을 입력하고 〈확인〉 버튼을 누른다.

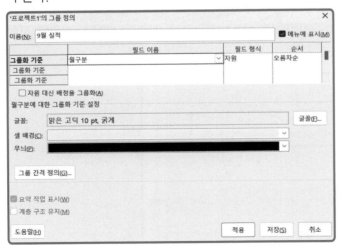

그룹 이름을 "9월 실적" 이라는 그룹으로 나타나도록 한 다음에 9월 실적 그룹화 적용 시키면 9월 실적이 그룹화 및 집계되어 나타난다.

[보기 > 정렬 > 정렬 기준] 메뉴를 선택하여 "정렬" 창을 연다.

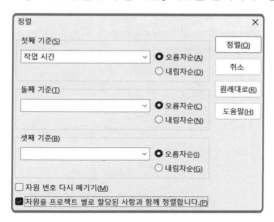

"첫째 기준"을 '작업 시간' 으로 선택하고 차순은 '오름차순' 그대로 둔 다음 〈정렬〉 버튼을 눌러 정렬시킨다.

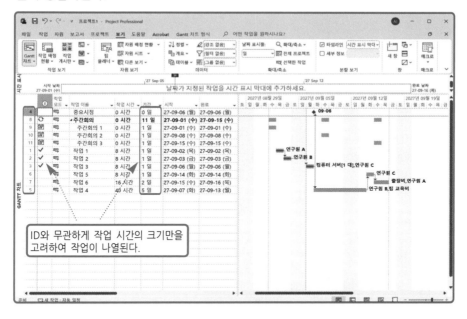

2.4 개요코드

각 작업의 주관 부서를 개요 코드로 처리하는 사례를 통해 개요 코드를 이해하여 보기로 하자. 보기의 테이블 상에 개요 코드를 삽입하고자 하는 위치에 마우스로 필드 전체를 선택한 다음 마우스 오른쪽 버튼을 눌러 [사용자 정의 필드] 항목을 선택한다.

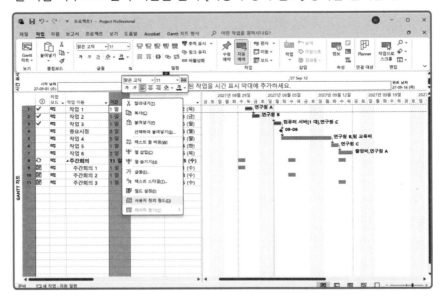

아래와 같이 "사용자 정의 필드" 창이 열리면 '종류'에서 '개요 코드' 로 선택한다.

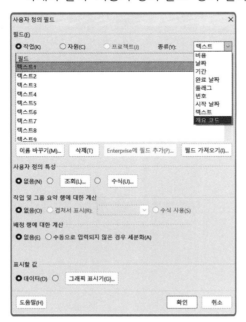

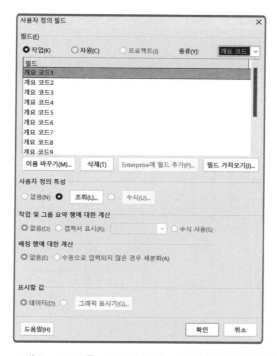

'개요 코드2'를 선택한 다음 〈이름 바꾸기〉 버튼을 눌러 이름을 '부서명'으로 바꾸고 〈확인〉
버튼을 누른다.

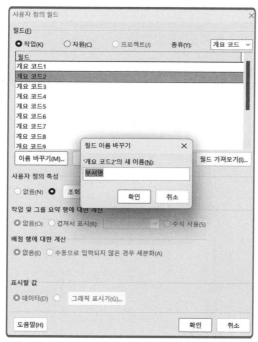

가운데 '사용자 정의 특성'의 〈조회〉 버튼을 눌러 "코드 체계표 편집" 창을 연 다음 '코드 마스크(옵션)' 영역을 확장시키고 〈마스크 편집〉 버튼을 눌러 코드의 계층 구조 크기를 설정한다. 예를 들어 본부, 사업부, 팀 단위의 3개 레벨로 조직이 구성되어 있으면 3개 행까지 문자를 선택하여 나타나게 한다. 사업부와 팀 2개 레벨로 된 조직 구성이라면 2개 행까지 문자를 선택하여 나타나게 한 다음 〈확인〉 버튼을 눌러 닫는다.

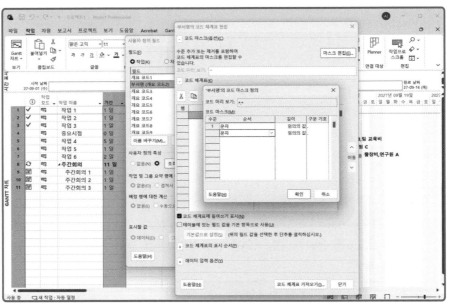

'코드 마스크' 입력이 끝났다면 '코드 체계표'를 입력한다.

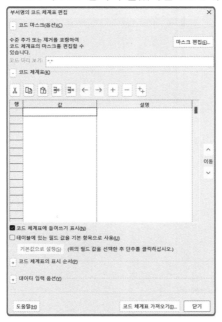

"값" 필드에 조직도 상에 나오는 사업부명과 팀명을 입력한다. 사업부 아래에 속하는 팀을 선택한 다음 상단의 〈한 수준 내리기〉 버튼을 눌러 조직 구조를 계층화시킨다.

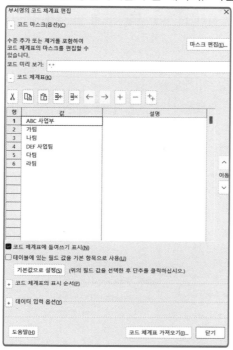

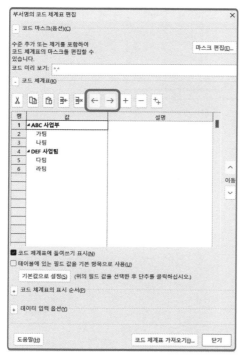

계층적인 구조를 가진 조직의 코드 체계표가 완성되었다. 위창에서 〈닫기〉 버튼을 눌러 창을 닫고 계속해서 "사용자 정의 필드" 창의 〈확인〉 버튼을 눌러 모든 창을 닫는다. 이제 만들어진 "개요 코드" 필드를 열 삽입을 통해 보기에 나타나도록 한 다음 각 작업에 책임 부서를 지정하는 일만 남아 있다.

　다음 화면에서 보면 "개요 코드" 필드가 삽입될 위치에서 마우스로 필드 전체를 선택한 후에 마우스 오른쪽을 눌러 [필드설정] 항목을 선택한다. [필드설정] 창이 나타나면 "필드 이름" 목록에서 앞에서 만든 '개요 코드2 (부서명)'을 선택한 다음에 〈확인〉 버튼을 눌러 테이블상에 '부서명' 이라는 개요 코드 필드가 나타나도록 한다

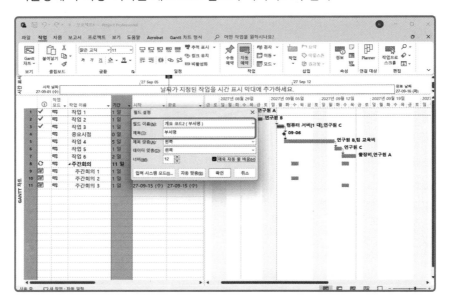

"부서명" 필드를 누르면 아래와 같이 조직도가 계층 모양으로 나타나면서 손쉽게 주무 부서를 지정할 수 있다.

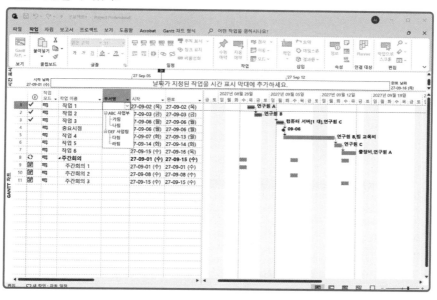

부서의 지정이 완료되면 아래와 같이 각 작업의 주무 사업부와 팀명이 나타나게 된다.

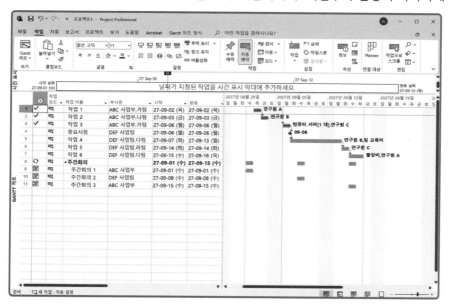

이제 앞에서 배운 그룹화 기능을 사용하여 부서명으로 모든 작업을 그룹화해 보기로 하자. [보기 > 그룹화 : 기타 그룹] 메뉴를 선택하여 "기타 그룹" 창이 열리면 〈새 그룹〉 버튼을 누른다.

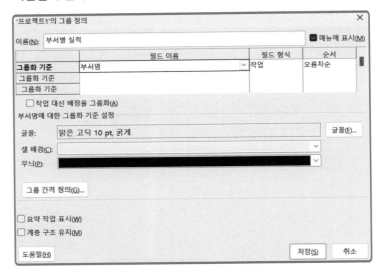

새로 만드는 그룹의 "이름"을 '부서별 실적'으로 정의하고 "필드이름"은 '부서명 (개요 코드2)'로 선택하여 〈확인〉 버튼을 누른다.

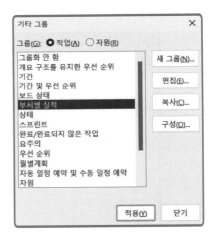

"기타 그룹" 창에 정의한 '부서별 실적' 그룹이 나타나며 〈적용〉 버튼을 누르면 부서별로 그룹화 되어 나타난다.

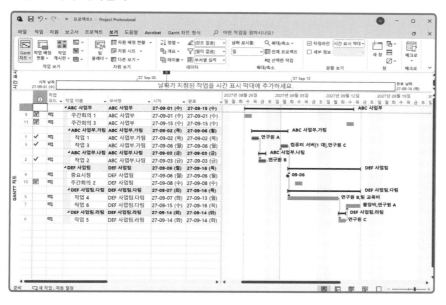

:: Note ::

개요 코드도 사용자 정의 필드의 하나이며 특수한 사용자 정의 필드이다.

MS Project

사용자 정의

1. MS Project의 필드, 테이블, 보기 간의 관계를 이해한다.
2. 사용자 정의 기능에 대해 설명할 수 있다.
3. 사용자가 필드를 만들기 위해서 어떠한 단계를 거쳐야 하는지 알아본다.

MS Project에서 제공하는 기능에는 기본 기능과 더불어 사용자 정의 기능이 있다. 이번 장에서는 사용자 정의 기능에 대하여 상세히 알아본다. 사용자 정의 기능을 통하여 PM은 보다 효율적이고 적합한 자료를 조합하여 결과물로 얻어낼 수 있는 장점이 있다. 먼저 사용자 정의란 무엇이며 어떠한 것인지에 대한 이론을 학습한 다음에 MS Project의 사용법으로 이론 학습에서 제시된 기능을 상세히 실습하여 사용자 정의 기능을 익히도록 한다.

1.1 사용자 정의란?

1.1.1 MS Project 구조

MS Project에서는 기본적으로 제공하는 필드, 테이블, 보기 이외에도 사용자가 원하는 형태로 조합 또는 조립해서 만들어 쓸 수 있도록 유용한 기능을 제공하고 있다. 이러한 사용자 정의가 가능한 대상으로는 사용자 정의 필드, 사용자 정의 테이블, 사용자 정의 보기, 사용자 정의 폼 등이 있으며, 「Chapter 14. 위험 관리」에서 학습한 Stoplight와 같이 보다 특수한 형태의 사용자 정의 필드도 여기에 속하게 된다.

MS Project의 사용자 정의 기능에 대하여 설명하기에 앞서 지금까지 학습하면서 친숙해진 MS Project의 화면에 대해 다시 한 번 살펴보기로 하자. 다음 그림은 MS Project의 필드, 테이블, 보기를 알기 쉽도록 도식적으로 나타낸 것이다. MS Project에서 가장 포괄적으로 자료를 담는 단위는 보기(View)이다. MS Project는 여러 가지 보기를 통해 프로젝트 관리의 관련 정보를 볼 수 있다.

MS Project 실행시 처음 접하게 되는 기본 보기인 Gantt 차트도 보기의 하나로써, Gantt 차트는 MS Project의 가장 대표적인 보기라고 할 수 있다. 보기에는 테이블, 필터, 그룹을 포함한다. 보기보다 한 수준 아래인 단위가 테이블이며, 테이블을 구성하는 것은 1개 이상의 필드이다. 보기에 따라 적합한 여러 가지 테이블이 붙게 되며 사용자가 보기와 테이블의 조합을 다르게 할 수 있다. 또한 차트가 없는 보기가 있는데, 그대표적인 것은 자원 시트라 할 수 있다.

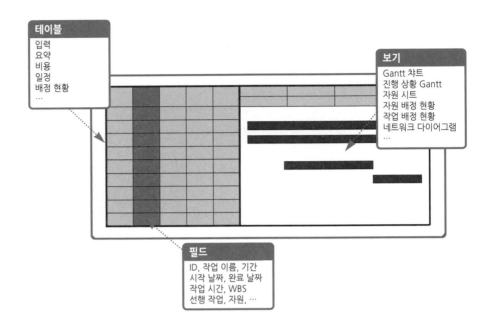

위 그림의 설명에서와 같이 MS Project는 여러 가지 보기에 다양한 테이블이 존재하고, 테이블에는 여러 개의 필드가 작업 별로 다양한 자료를 저장하고 있다. 사용자 정의 기능이란, 이러한 세 가지 주요 대상에 대하여 사용자가 원하는 내용, 형태로 만들어져서 사용할 수 있도록 하는 것을 말한다.

::: Note :::

① 테이블은 자료를 저장하는 가장 최소 단위인 필드의 조합이다.
② 하나의 보기에는 여러 개의 테이블이 존재한다.

1.1.2 사용자 정의 필드

필드는 MS Project에서 개별적인 자료를 저장하는 최하위 단위이다. 기간, 시작 날짜, 완료 날짜, 작업 시간, 자원 이름, 작업 이름 등 다양한 필드가 제공되고 있다.
이외에도 「Chapter 17. 필터링 및 그룹화」에서 개요 코드 만들기를 통하여 사용자가 원하는 필드를 만들어 사용할 수 있다는 사실을 알게 되었다. 개요 코드도 특수한 사용자 정의 필드라고 이해할 수 있다.

사용자가 필드를 만들기 위해서는 다음의 두 단계를 거쳐야 한다.

1.1.3 사용자 정의 보기

　MS Project는 보기를 중심으로 구성되어 있다. 보기는 사용자가 원하는 프로젝트와 관련된 정보를 포괄적이고 광범위하게 연결시켜서 보여주는 정보 단위이다. 이미 정의되어 있는 보기 이외에도 사용자가 원하는 자기만의 보기를 만들고자 할 경우에는 기존의 보기를 수정하거나 새롭게 만들어서 사용할 수 있다.

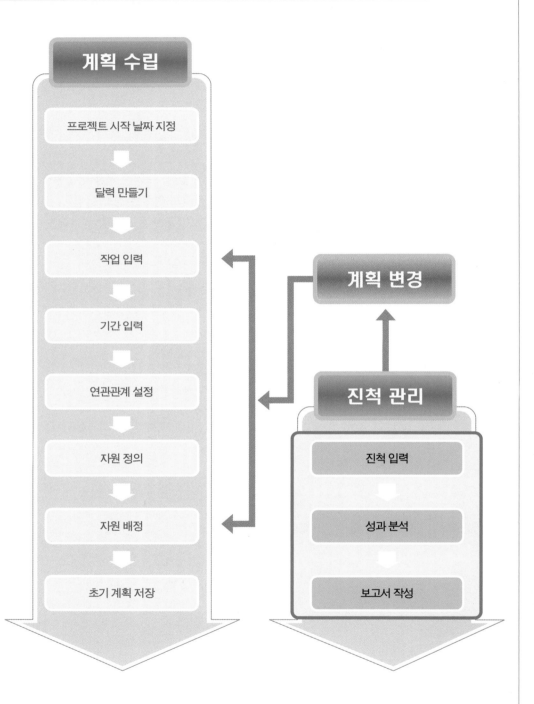

2.1 기존 테이블과 보기 조합하기

먼저 가장 대표적인 Gantt 차트 보기를 예로 들어보자. Gantt 차트 보기에서 기본적으로 설정된 테이블은 입력 테이블이다. 입력 테이블은 여러 개의 다양한 테이블 가운데 하나이다. 아래 화면에서와 같이 테이블의 왼쪽 모서리 부분을 마우스로 클릭하면 테이블 전체가 선택된다. 이 상태에서 마우스 오른쪽을 누른다.

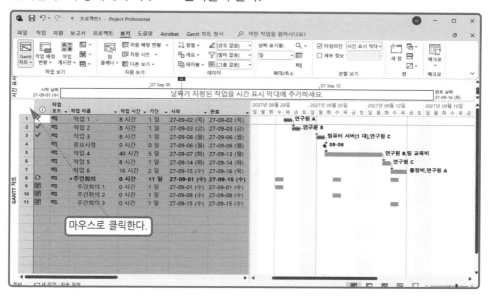

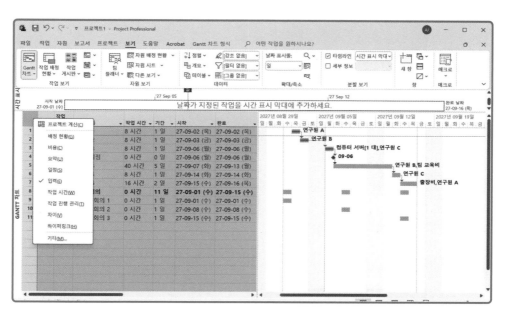

여러 가지 테이블의 목록이 나타나면서 [입력] 항목이 선택되어 있는 것을 알 수 있다. 현재 테이블은 입력 테이블이라는 뜻이다. 다른 항목을 선택하면 선택할 때마다 다른 테이블로 바뀐다.

아래는 [비용] 항목을 선택했을 때 보이는 비용 테이블이 조합된 Gantt 차트 보기이다.

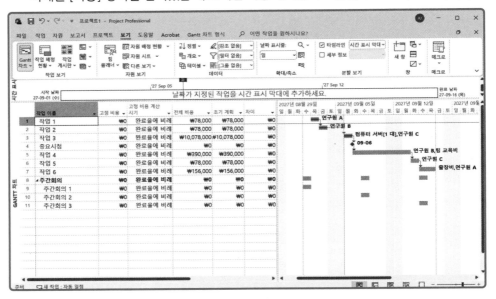

테이블을 [작업 시간] 항목으로 바꾸면 아래와 같이 나타난다.

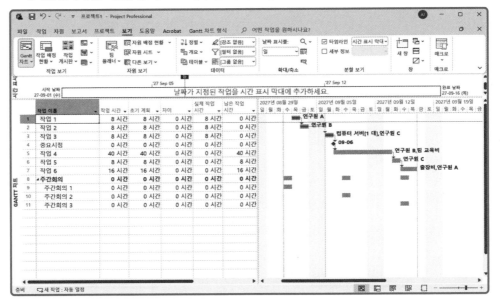

Gantt 차트는 그대로 있으면서 다른 테이블로 내용을 바꾸어 가면서 볼 수 있게 된다. 또한 [기타] 항목을 선택하여 "기타" 창을 열면 팝업 메뉴 항목 외의 다양한 테이블을 선택할 수 있다.

다른 보기에서도 테이블을 바꿀 수 있다. 따라서 테이블과 보기는 사용자가 원하는 대로 얼마든지 조합이 가능해지며 새로운 테이블과 새로운 보기를 만들 수도 있고 기존 테이블과 조합하여 볼 수도 있다.

> : : Note : :
>
> 처음 Gantt 차트 보기를 열었을 때 기본적으로 설정된 테이블은 입력 테이블이다.

2.2 사용자 정의 필드

만약에 관련 문서라는 사용자 정의 필드를 만든다고 할 경우에 가장 먼저 관련 문서라는 필드 만들기 부터 해야 한다. 테이블의 아무 필드나 마우스로 선택한 다음 마우스 오른쪽을 눌러 [사용자 정의 필드] 라는 항목을 선택한다.

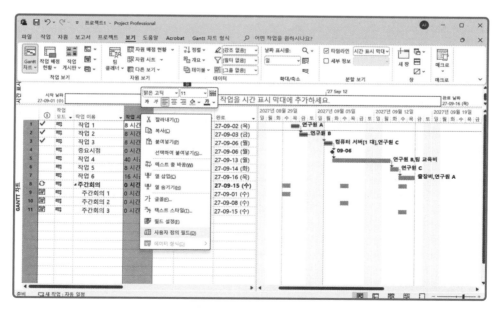

"필드 사용자 정의" 창이 열리면서 사용 가능한 필드의 종류가 나타난다.

'종류' 목록을 열어 보면 MS Project에서 사용 가능한 모든 자료 유형이 나타난다. "사용자 정의 필드"의 성격에 가장 가까운 자료 유형을 선택하면 된다. 예를 들어 일반적인 문서 목록인 경우에는 '텍스트' 유형이 적당하다. 사용하고자 하는 자료가 일자인 경우에는 날짜를 사용하는 것이 바람직하다.

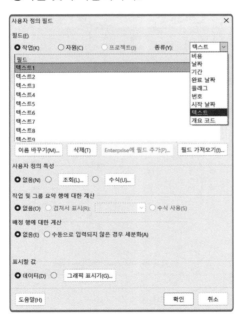

임의의 텍스트 필드 하나를 선택한 다음 〈이름 바꾸기〉 버튼을 눌러 "필드 이름 바꾸기" 창에서 '관련 문서' 라는 이름을 입력하고 〈확인〉 버튼을 눌러 이 텍스트 필드의 이름을 고유하게 정의한다. 다시 〈확인〉 버튼을 누르면 새로 정의한 필드 만들기 작업이 완료된다.

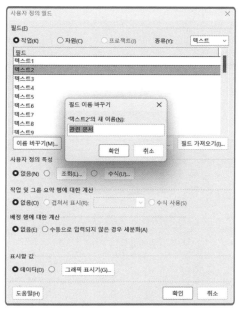

지금까지 만든 필드를 보기 위해서는 두 번째 단계로 해당 열을 삽입하여야 한다. 삽입하고자 하는 위치에서 마우스의 오른쪽 버튼을 눌러 [열 삽입] 항목을 선택하면 "열 정의" 창이 나타나면 텍스트2(관련 문서)를 선택한다.

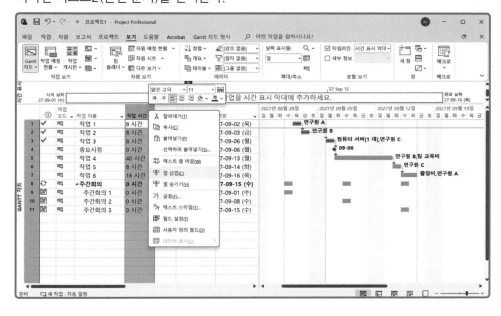

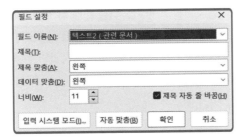

"필드 이름" 목록을 열고 필드 설정을 찾아 〈확인〉 버튼을 누르면 원하는 필드 설정 정보를 입력 할수 있다.

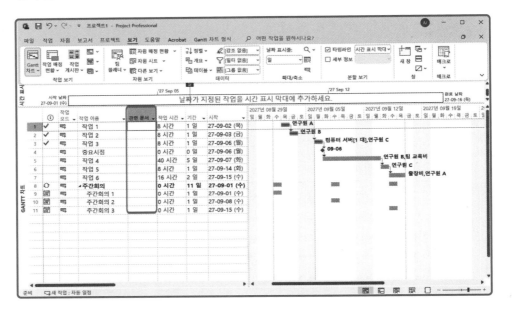

:: Note ::

열 숨기기

열 삽입과 반대로 테이블에 보이는 필드를 숨기고 싶을 때에는 해당 필드를 선택하고 마우스 오른쪽 버튼을 눌러 [열 삽입] 바로 아래 있는 [열 숨기기] 항목을 선택하면 가능하다.

2.3 사용자 정의 테이블

2.1에서 설명한 바와 같이 "기타" 창을 열어 〈새 테이블〉 버튼을 누르면 아래와 같이 "테이블 정의" 창이 나타난다.

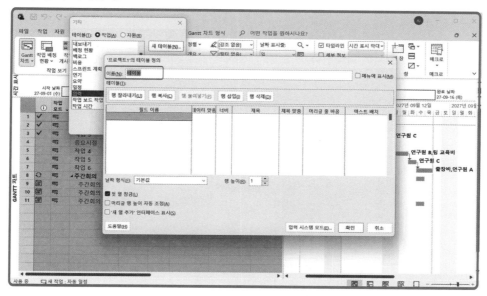

새로운 테이블의 이름을 지정한 다음 "필드 이름" 으로 내려와서 새 테이블에 담길 필드 정보를 선택한다.

모든 필드의 선택이 끝나면 〈확인〉 버튼을 눌러 테이블을 생성한다.

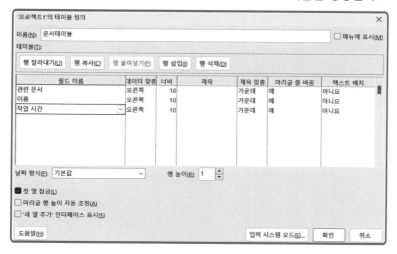

"기타" 창에서 새롭게 생성된 테이블의 이름을 확인해 볼 수 있다. 〈적용〉버튼을 누르면 현재의 보기에 나타난다.

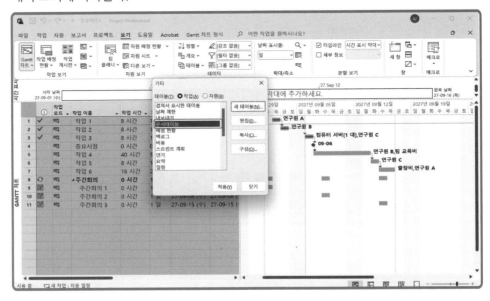

Gantt 차트 보기에 지금까지 보아왔던 것과는 매우 다른 테이블이 나타난다. 기존의 ID 열이 있어야 할 필드에 "관련 문서" 라는 사용자 정의 필드가 들어와 있으며, "이름" 과 "작업시간" 의 자료가 왼쪽에서 오른쪽 정렬로 나타나기 때문에 매우 조잡해 보인다. 이것을 보다 세련되게 수정하려면 "기타" 창을 통해 이 테이블을 선택한 다음 〈편집〉을 하면 된다.

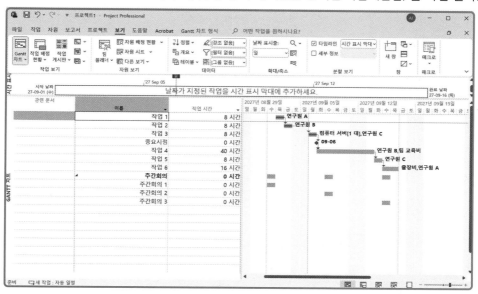

수정이 완료되면 〈확인〉 버튼을 눌러 닫는다.

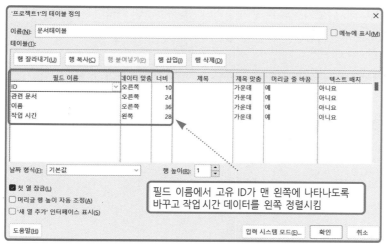

필드 이름에서 고유 ID가 맨 왼쪽에 나타나도록 바꾸고 작업 시간 데이터를 왼쪽 정렬시킴

새로운 테이블로 변환하면 아래와 같이 기존의 입력 테이블 대신 다른 테이블이 Gantt 차트 보기에 보여지게 된다.

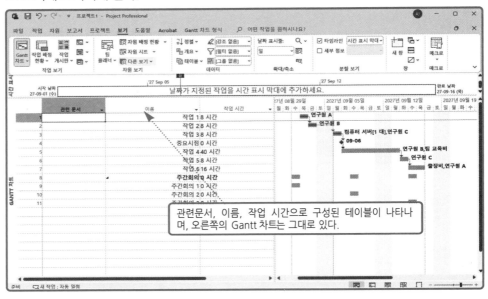

관련문서, 이름, 작업 시간으로 구성된 테이블이 나타나며, 오른쪽의 Gantt 차트는 그대로 있다.

2.4 사용자 정의 보기

상단 메뉴에서 [보기 > 다른 보기 > 기타] 를 선택하면 지금까지 사용했던 테이블 관련 "기타" 창이 아닌 보기의 종류를 선택할 수 있는 "기타" 창이 나타난다.

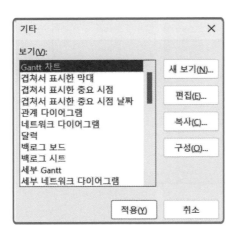

MS Project가 제공하는 기본적인 보기를 모두 볼 수 있으며 현재 선택되어진 보기는 'Gantt 차트' 이다.

〈새 보기〉 버튼을 누른다. "새 보기 정의" 창이 열리면 〈확인〉 버튼을 누른다.

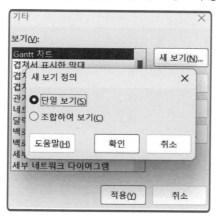

현재 관리 중인 프로젝트의 "보기 정의" 창이 열린다.

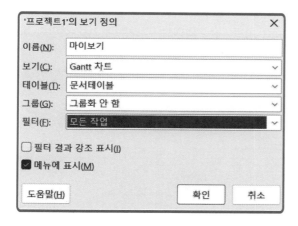

"이름" 필드에 사용자 정의 보기의 이름을 '마이보기' 라고 입력한다. " 보기" 는 그대로 'Gantt 차트' 로 둔다.   그 이유는 Gantt 차트를 기반으로 한다는 것을 의미하며, 이것은 원하는 형태의 다른 보기로 바꿀 수도 있다. "테이블" 은 앞서 사용자 정의했던 테이블 이름을 선택하여 나타나게 한다.   "그룹" 은 '그룹화 안함' 으로 선택한다.   "필터" 는 '모든 작업' 으로 설정한다.

〈확인〉 버튼을 누르면 "기타" 창에 '마이보기' 가 나타난다.

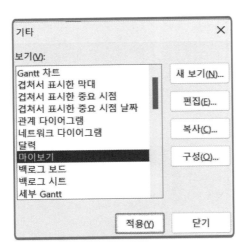

〈적용〉 버튼을 누르면 Gantt 차트 대신 '마이보기' 라는 보기로 화면이 바뀌면서 새로운 보기로 전환된다.

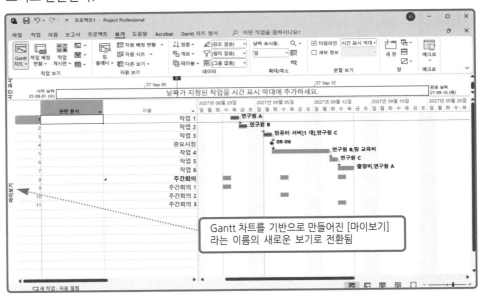

Gantt 차트를 기반으로 만들어진 [마이보기] 라는 이름의 새로운 보기로 전환됨

이 보기를 손쉽게 볼 수 있도록 메뉴에 표시하고자 한다면 [보기 > 다른 보기 > 기타] 메뉴를 눌러 "기타" 창을 연 다음 "보기" 의 목록에서 '마이보기' 를 선택하고 〈편집〉 버튼을 누른다.

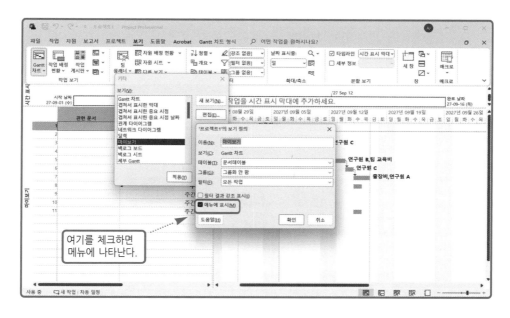

여기를 체크하면
메뉴에 나타난다.

이전과는 약간 다른 "보기 정의" 창이 나타나며, 이 창에서 내용을 수정 할 수 있는데 '메뉴에 표시' 에 체크하면 [보기] 메뉴에 나타난다.

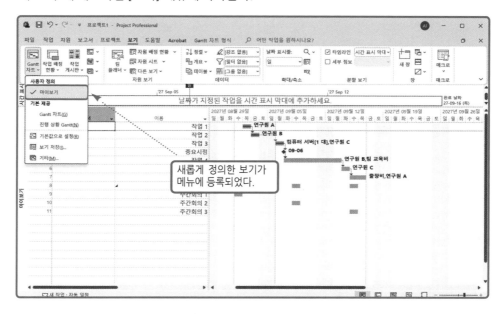

새롭게 정의한 보기가
메뉴에 등록되었다.

2.4.2 사용자 정의 보기에 필터 추가하기

사용자 정의 보기 만들기를 통해 테이블과 보기의 관계를 알 수 있었다. 테이블은 보기에 종속적인 관계이며, 보기에 필터나 그룹을 포함시킴으로써 보다 사용자가 원하는 정보만을 선택적으로 볼 수 있도록 개선시킬 수 있다.

현재 새롭게 만들어진 사용자 정의 보기에 필터를 추가하려면 [보기 > 다른 보기 >기타] 메뉴를 눌러 "기타" 창을 연 다음 해당 보기를 선택하고 〈편집〉 버튼을 눌러 수정을 위한 "보기 정의" 창을 연다.

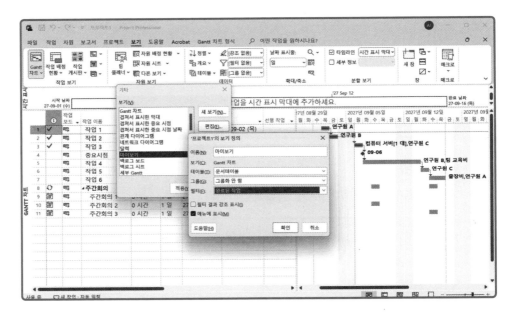

"필터" 목록을 열어 '모든 작업' 이 아니라 '완료된 작업' 으로 필터를 특정하게 선택한다. 〈확인〉 버튼을 눌러 닫은 다음 "기타" 창에서 〈적용〉 버튼을 눌러 보자.

다음과 같이 앞으로 프로젝트를 열 때마다 사용자가 정의한 마이보기에 필터가 적용되어 완료된 작업만을 보기에 보여준다.

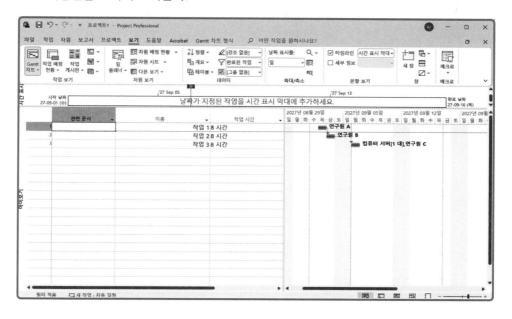

[보기 > 다른보기 > 기타] 메뉴를 선택하고 <편집> 버튼을 눌러 나타나는 "보기 정의" 창에서 '필터 결과강조 표시'에 체크를 하여 적용시켜 보자.

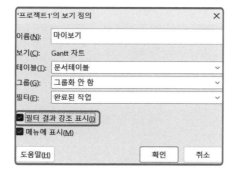

아래와 같이 모든 작업이 보이면서 필터링된 작업은 노란색으로 표시된다.

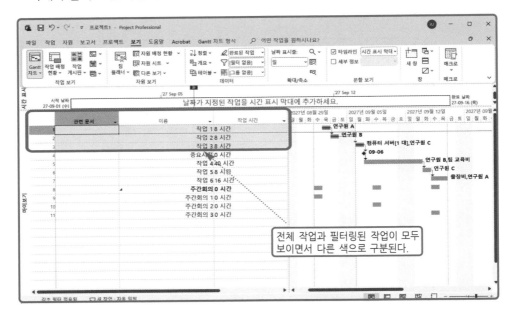

전체 작업과 필터링된 작업이 모두
보이면서 다른 색으로 구분된다.

:: Note ::

Gantt 차트 기반의 사용자 정의 보기는 [파일 〉 옵션] 메뉴를 통해 나타나는 "옵션" 창에서 기본
보기가 'Gantt 차트' 로 설정되어 있으면 항상 MS Project가 열릴 때 맨 처음 볼 수 있다.

2.5 사용자 정의 폼

2.5.1 팀 플래너

MS Project에 는 사용자가 정의 할 수 있는 팀 프래너 기능이 있다.

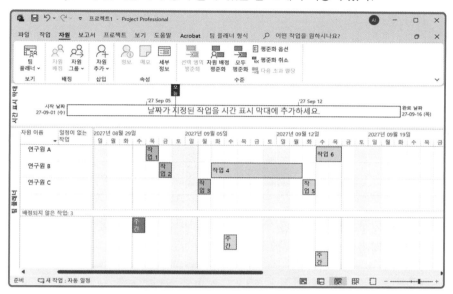

팀 플래너를 활용하여 자원 별 작업 일정을 파악하고 재조정 할 때 편리하다. [자원 > 팀 플래너] 메뉴를 선택한다.

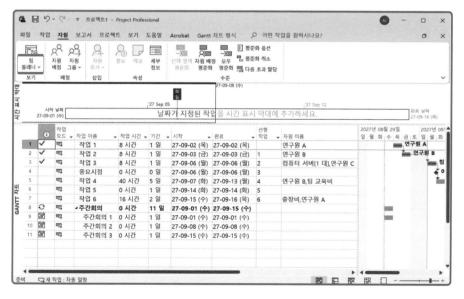

팀 전체의 자원 별 작업 배정 현황이 일정과 함께 표시 된다.

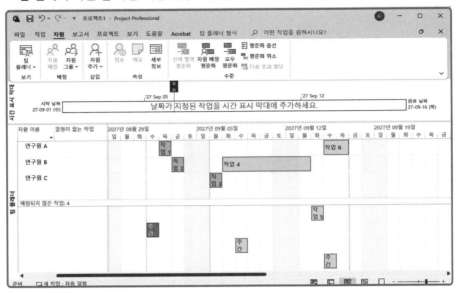

배정 되지 않은 작업 5를 연구원 C 에게 배정 하려면 작업5를 마우스로 드래그해서 연구원 C 에게 재조정 배정 시키면 된다.

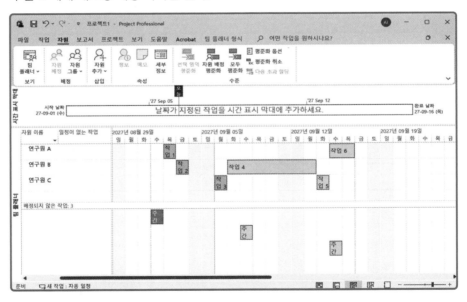

작업5의 자원배정을 다시하고 싶다면 작업5를 마우스로 지정하고 오른쪽 버튼을 누르면 메뉴가 활성화 된다.

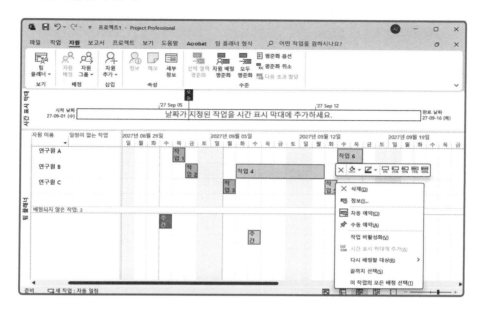

다시 배정 할 대상을 지정하면 자원 재배정이 이루어 진다.

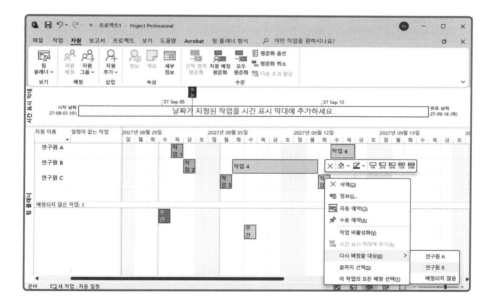

2.5.2 시간 표시 막대

시간 표시 막대는 일정 전체를 대상으로 중요한 작업들과 마일 스톤을 표시 할 수 있는 기능이다.

시간 표시 막대를 활성화 시키려면 [보기 > 타임라인] 을 선택하면 된다.

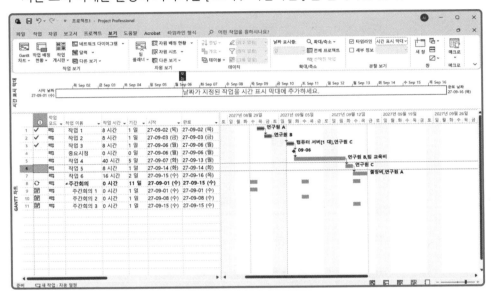

시간 표시 막대와 GANTT차트 사이 경계선을 아래로 내려 전체화면에 표시한다.

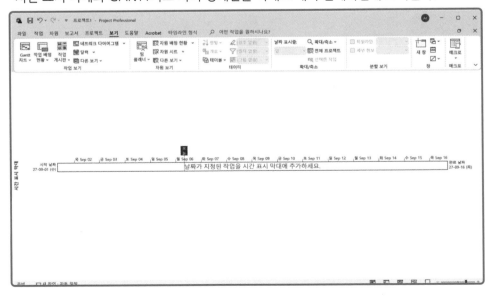

시간 표시 막대에 작업을 표시하려면 마우스 오른쪽 버튼을 눌러 메뉴를 활성화 시킨다.

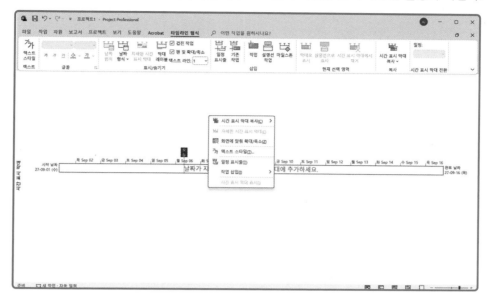

표시 되기 원하는 작업을 불러 오기 위하여 [작업삽입 > 기존 작업]을 선택한다.

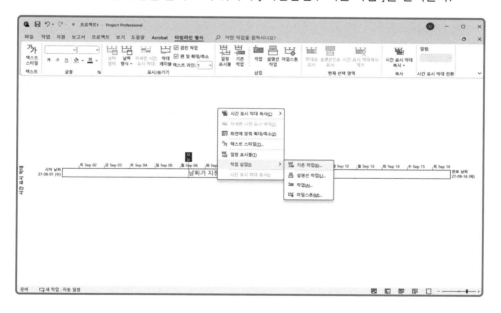

시간 표시 막대에 작업을 추가 할 수 있는 메뉴가 활성화 된다.

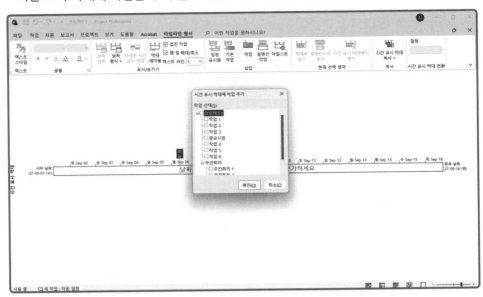

시간 표시 막대에 나타내고 싶은 작업을 선택 한다.

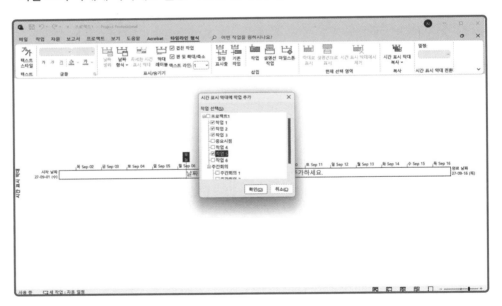

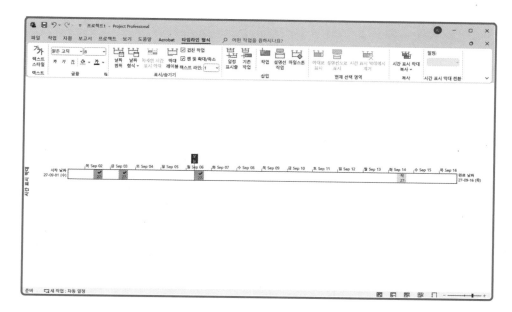

시간 표시 막대를 메일로 전송하거나 프레젠테이션 시킬 수 있다.

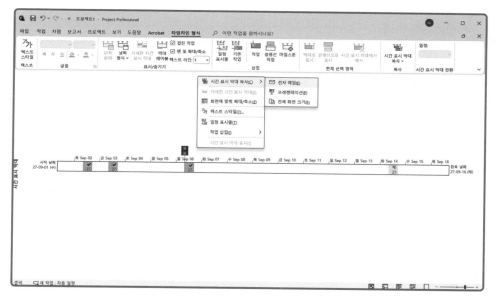

2.5.3 진행선

프로젝트 진행 상황 관리를 위하여 MS Project는 진행선 표시 기능을 가지고 있다.

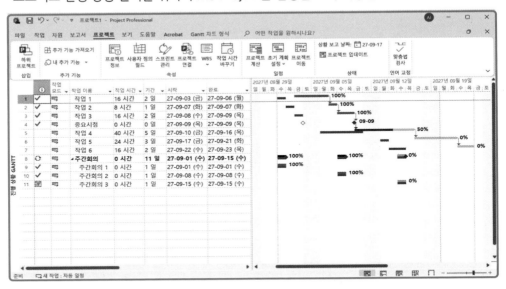

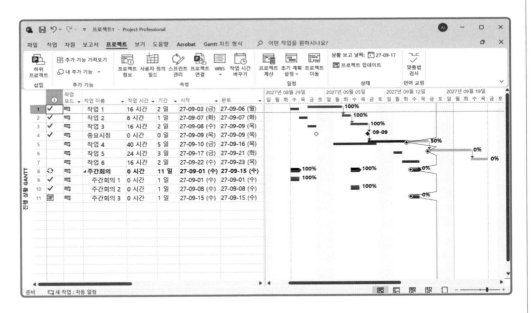

Gantt 차트 화면에서 마우스 오른쪽 버튼을 누르면 진행선 메뉴를 선택할 수 있다.

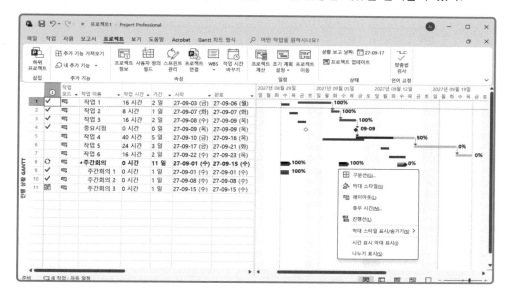

진행선 메뉴가 나타나며 날짜/간격을 지정 할 수 있다.

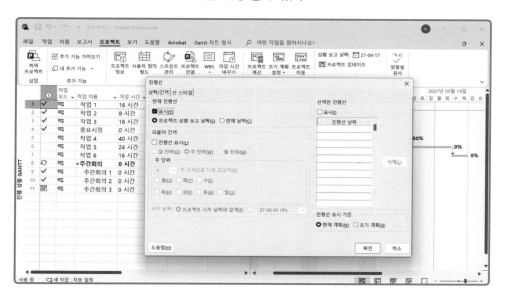

진행선 메뉴에서 선 스타일을 지정 할 수 있다.

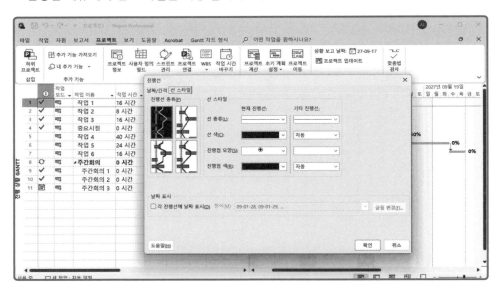

진행선에 관한 다양한 선 스타일을 사용하여 프로젝트 진행 상황을 표시 할 수 있다.

: : Note : :

잘못 올려진 필드는 선택한 다음 Delete 키를 눌러 삭제 가능하다.

진행선의 [날짜 / 간격 > 현재 진행선] 메뉴에 표시를 선택하고 확인을 누르면 진행선이 간트 화면에 표시된다.

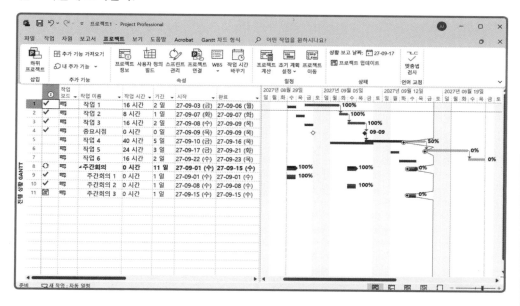

MS Project

Chapter 19

프로젝트 통합 관리

1. MS Project에서의 프로젝트 통합 관리란 무엇인지 알아본다.
2. 자원 pool의 개념을 알아본다.
3. MS Project를 통한 프로젝트 통합 관리의 이점을 설명할 수 있다.

지금까지 MS Project를 통한 프로젝트 관리에 있어서 계획을 수립하고 진척 관리를 하며 유용한 고급 기능들에 이르는 대부분의 사용법을 학습하였다. 프로젝트 통합 관리에서는 이러한 MS Project 결과물이라 할 수 있는 파일들을 서로 간에 연동하여 통합적으로 관리하는 방법에 대하여 알아본다. 이것은 프로젝트 관리 차원이나 자원의 활용 측면에서 매우 효율적인 방법이다. 먼저 MS Project에서의 프로젝트 통합 관리의 의미와 자원 pool에 대하여 학습한 다음 MS Project의 사용법으로 MS Project 파일(mpp)의 연동 방법과 자원 pool을 만드는 방법에 대하여 알아본다.

1.1 프로젝트 통합 관리(Project integration management)

일반적으로 프로젝트는 여러 사람이 관련되는 경우가 대부분이며 내부적인 조직을 갖게 된다. 이렇게 대규모 프로젝트에서 여러 개의 내부 조직이 존재하는 경우, 1명의 PM이 MS Project를 사용하여 1개의 단일 WBS를 만들기가 매우 어렵다. 단일 프로젝트 관리 파일을 만든다고 해도 이후 프로젝트를 제대로 관리해 나가기가 어렵다. MS Project Server를 사용하는 경우 이런 문제를 근본적으로 해결할 수 있다. 하지만 서버 환경으로 구축해야만 가능한 일이며, 이 책의 범위를 넘어서서 더 많은 사항을 알아야만 한다.

이번 장에서는 MS Project Professional 또는 Standard만을 사용하여 파일 단위로 할 수 있는 통합 프로젝트 관리 방법을 살펴보기로 한다. 아래 그림에서와 같이 PM 아래에 3명의 PL이 존재한다고 가정하면, 각 PL이 작성한 맡은 업무 영역 별 WBS가 있을 것이고 이들 3개의WBS의 모든 정보를 PM이 가진 한 개의 WBS에 합산되어 나타나도록 하는 것이 통합 프로젝트의 개념이다.

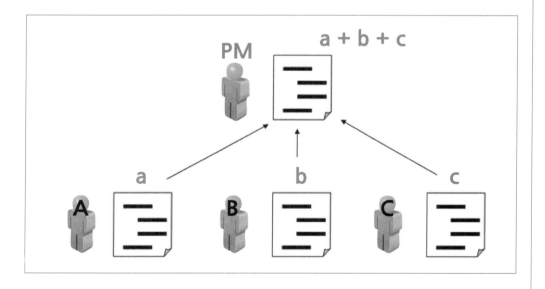

프로젝트의 통합 관리를 위해서는 통합하려는 마스터 프로젝트 파일을 두고 여러 개의 서브 프로젝트 파일들을 계층적으로 구성함으로써 가능하다.

1.2 통합 자원 관리(Resource pool)

큰 규모의 프로젝트에서는 자원의 활용 측면에서 자원을 여러 개의 작은 프로젝트가 공동으로 사용하는 경우가 많다. 다음 그림에서와 같이 자원1은 A 프로젝트와 B 프로젝트를 동시에 지원하며, 자원2는 B 프로젝트와 C 프로젝트를 동시에 지원한다.

회사 내에 고정된 인력 pool을 만들고, 여러개의 프로젝트를 운영하는 프로젝트 관리기법을 "Project Portfolio Management" 라 부른다.

앞서 언급한 바와 같이 MS Project Server를 활용하면 보다 체계적인 포트폴리오 관리를 할 수 있으나, MS Project Professional 이나 Standard를 가지고도 이와 유사하게 자원을 통합 관리 할 수 있다.

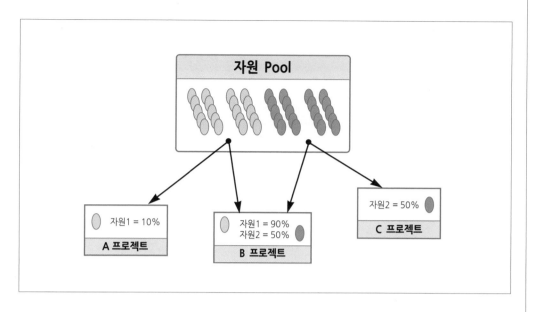

　자원을 여러 프로젝트에서 공동으로 사용하는 개념이 자원 pool이다. 위 그림에서와 같이 자원1은 A 프로젝트 10%, B 프로젝트 90%로 배분되어 있으며, 하루에 10%의 작업 시간은 A 프로젝트를 위해 일하고 90%의 작업 시간은 B 프로젝트를 위해 일하게 된다.

　자원2의 경우에는 B 프로젝트와 C 프로젝트 모두 50%씩 합이 100%가 되도록 배정되어 일한다. 오전에는 B 프로젝트에서 어떤 일을 하고 오후에는 C 프로젝트에서 다른 일을 하게 된다.

　이것을 MS Project에서 구현하기 위해서는 자원 pool이 정의 되어있어야 한다. 그리고 이 자원 pool을 공동으로 사용하는 여러 개의 프로젝트가 있어야 한다. 별도의 프로젝트에서는 각 프로젝트에 별도의 자원 목록이 있는 것이 아니라 자원 pool에서 자원을 가져다 써야 한다.

: : Note : :

　자원 pool은 다수의 프로젝트에서 공동으로 자원을 활용하는 개념이다.

🔘 MS Project 활용하기

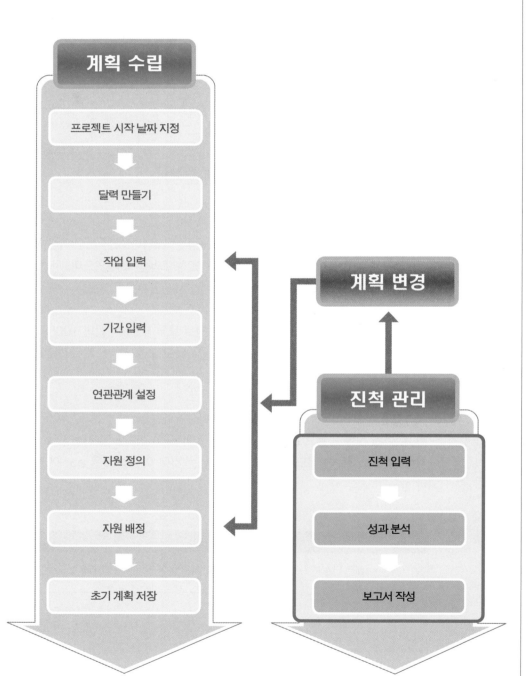

계획 수립

- 프로젝트 시작 날짜 지정
- 달력 만들기
- 작업 입력
- 기간 입력
- 연관관계 설정
- 자원 정의
- 자원 배정
- 초기 계획 저장

계획 변경

진척 관리

- 진척 입력
- 성과 분석
- 보고서 작성

2.1.1 서브 프로젝트 파일 삽입하기

[통합 마스터 파일]이라는 이름으로 프로젝트 파일을 하나 만든다. 이 프로젝트 파일을 마스터 프로젝트 파일로 사용할 것이다. 프로젝트 파일을 열어 "작업 이름" 필드의 첫 번째 셀을 선택한 다음에 [프로젝트 > 하위 프로젝트 삽입] 메뉴를 선택하여 서브 프로젝트 파일을 삽입해 보자.

"프로젝트 삽입" 창이 열리고 삽입하고자 하는 서브 프로젝트 파일이 있는 경로를 선택한 다음에 해당 파일을 선택하고 〈삽입〉 버튼을 누른다.

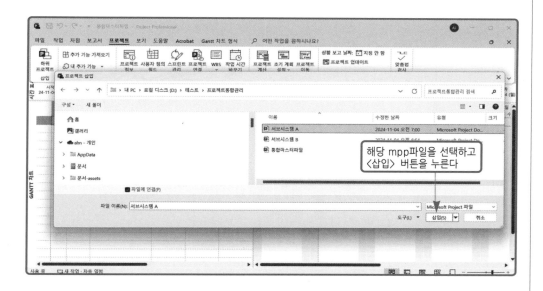

서브 프로젝트 파일의 이름이 "작업 이름" 필드에 나타나면서 삽입이 완료된다. 동일한 방식으로 다른 서브 프로젝트 파일을 삽입한다.

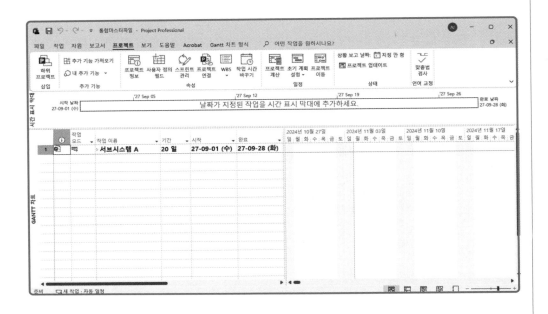

모든 서브 프로젝트 파일의 삽입이 완료되면, 이 서브 프로젝트 파일을 하나로 통합시키는 프로젝트 이름을 화면과 같이 행을 새로 삽입하여 입력하고 서브 프로젝트 파일을 한 수준내리기하여 계층 구조를 완성시킨다.

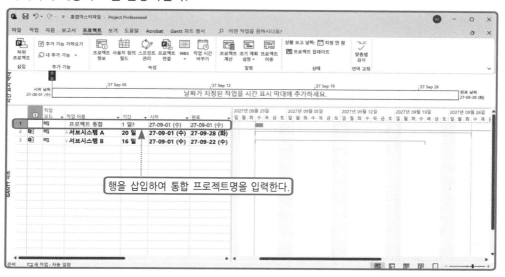

행을 삽입하여 통합 프로젝트명을 입력한다.

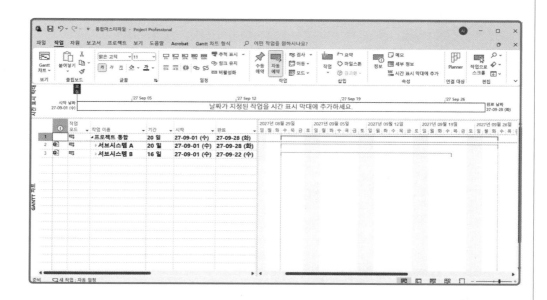

이번에는 테이블 전체를 선택하고 모든 하위 작업을 보기 위해 [보기 > 개요 > 하위 작업 표시] 메뉴를 눌러보자.

테이블 전체 선택

테이블의 모든 내용을 선택하는 방법은 테이블 왼쪽 상단 모서리의 사각형 부분을 누름으로써 가능하다.

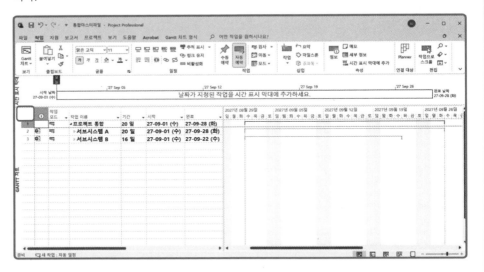

보기에서 테이블의 종류를 바꿀 경우에도 여기를 눌러서 전체 선택한 다음 마우스의 오른쪽 버튼을 눌러 나타나는 팝업 메뉴를 사용하여 테이블의 종류를 바꿀 수 있다.

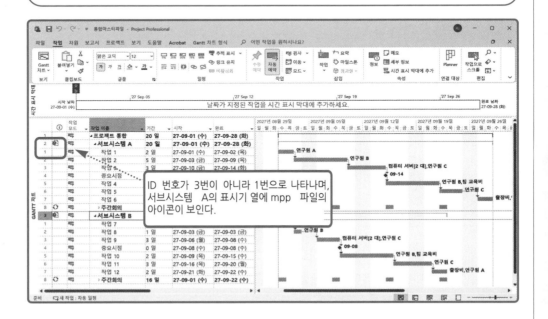

ID 번호가 3번이 아니라 1번으로 나타나며,
서브시스템 A의 표시기 열에 mpp 파일의
아이콘이 보인다.

서로 다른 파일로 존재하는 두 개의 서브 프로젝트 파일이 마치 통합 마스터 파일에 존재하는 것처럼 보인다. 서브 프로젝트 파일 연결로 인한 다른 점이 있다면 "ID" 필드의 번호가 각 서브 프로젝트 파일에서의 고유 번호로 나타난다는 점과 "표시기" 필드에 하위 파일임을 나타내는 아이콘이 보인다는 점이다.

2.1.2 서브 프로젝트 결과 집계하기

여러 개의 서브 프로젝트 파일에 진척 결과를 입력하여 마스터 프로젝트 파일에서 집계가 되는지 확인해 보자. 예를 들어 서브 시스템 A에 속하는 작업1을 100% 완료하고 서브 시스템 B에 속하는 작업7의 완료율을 100%하면 통합 마스터 파일에서는 두 개 작업의 실적이 합산되어 나타난다. 이것은 두 서브 프로젝트 파일이 통합 마스터 파일에 물리적으로 연결되어 있어 서브 프로젝트 파일의 일정 변동이나 실적 발생 등 모든 변경 사항이 즉시 반영되기 때문에 가능하다.

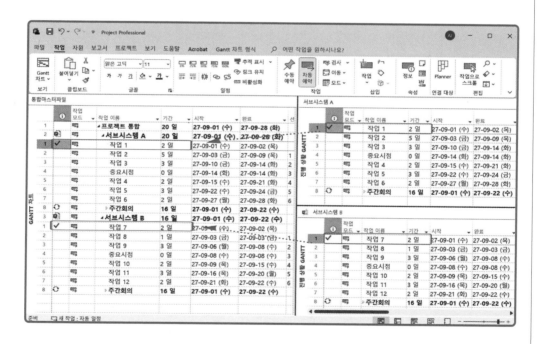

반대로 통합 마스터 파일에서 계획 변경을 하는 경우에도 즉시 이 변경 사항이 서브 프로젝트 파일에 반영되어 서브 프로젝트 파일의 계획도 동일하게 변경된다.

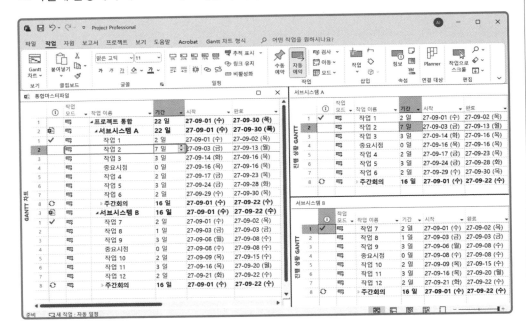

[통합 마스터 파일]에서 '작업2'의 기간을 '5일'에서 '7일'로 변경시키면 동시에 서브 프로젝트 파일인 서브 시스템 A의 '작업2'가 '5일'에서 '7일'로 기간이 바뀐다.

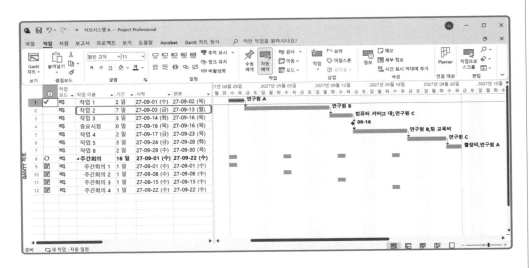

이와 같이 서브 프로젝트 파일에서 특정 작업의 기간이나 작업 시간을 변경하면 해당 서브 프로젝트 파일이 속하는 마스터 프로젝트 파일 상에도 동일한 변경이 반영된다. 따라서 PM은 서브 프로젝트 파일의 프로젝트 상황을 실시간으로 볼 수 있으며 상황에 대해 동일한 정보를 기반으로 정확한 의사결정을 내릴 수 있다. 이것이 통합 프로젝트 기능의 효과이며 Project Server를 사용하지 않아도 파일 단위로 통합 기능을 구현할 수 있는 방안인 셈이다.

2.1.3 서브 프로젝트의 작업 간 연관관계 설정하기

각각의 서로 다른 서브 프로젝트에 속하는 두 작업 간에도 연관관계를 설정할 수 있다. 간단히 연관관계를 설정할 두 작업을 [통합 마스터 파일]에서 선택한 다음에 연관관계 관련 메뉴를 사용함으로써 가능하다. 또 다른 방법으로는 후행 작업이 속하는 서브 프로젝트 파일을 연 다음, 그 작업을 더블 클릭하여 "작업 정보" 창을 열고 "선행 작업" 탭으로 이동한 후 아래와 같이 선행 작업의 ID를 직접 입력한다.

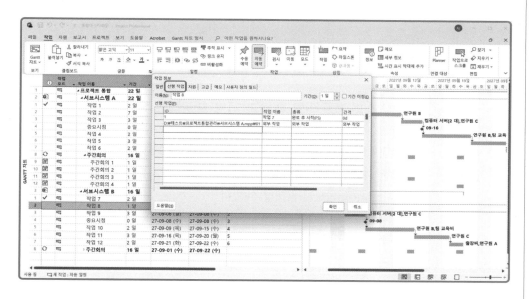

후행 작업이 속하는 서브 프로젝트 파일인 [서브 시스템 B]에서 후행 작업의 "작업 정보" 창을 연 다음에 선행 작업의 파일 경로와 함께 ID 번호를 입력하면 연관관계가 설정되면서 선행 작업의 글꼴이 회색으로 바뀌고 비활성화 된다. 그 이유는 후행 작업만 가지는 이 파일에서는 선행 작업이 가지는 파일에 접근이 가능하지 않기 때문이다.

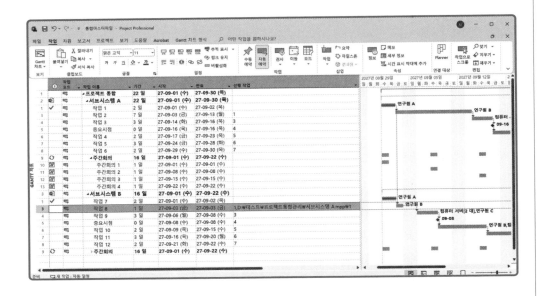

[통합 마스터 파일]에서 보면 두 개의 서브 프로젝트 파일에 속한 두 작업이 위와 같이 연관 관계를 가지면서 나타난다.

2.1.4 마스터 프로젝트 파일과 서브 프로젝트 파일의 연결 끊기

[통합 마스터 파일]에서 서브 프로젝트 파일의 변동 상황을 항상 보기 원하는 경우에는 위에서 설명한 상태를 계속 유지하면 가능하다. 하지만 경우에 따라서 이 연결을 끊고자 할 때는 서로 영향을 주지 않도록 끊어줄 수 있다.

[통합 마스터 파일]에서 삽입된 서브 프로젝트를 나타내는 작업을 더블 클릭한다. "삽입 프로젝트 정보" 창이 열리면서 "고급" 탭으로 이동하면 현재 삽입된 서브 프로젝트의 경로 정보를 볼 수 있다.

‘프로젝트에 연결’의 체크를 해제하면 연결이 끊어진다. 새로운 위치로 파일 경로를 바꿀 경우에도 여기에서 〈찾아보기〉 버튼을 눌러 나타나는 "삽입한 프로젝트" 창에서 바꿀 수 있으며, 새로운 서브 프로젝트 파일로 대체할 수도 있다. 또는 직접 경로 정보를 입력할 수도 있다. 〈확인〉 버튼을 누르면 "삽입 프로젝트 정보" 창이 닫힌다.

삽입이 해제된 이후, 해제 이전의 삽입된 상태에서 연결이 끊어지면 서브 프로젝트의 작업들은 처음부터 이 파일에 존재하는 작업과 동일하게 나타난다.

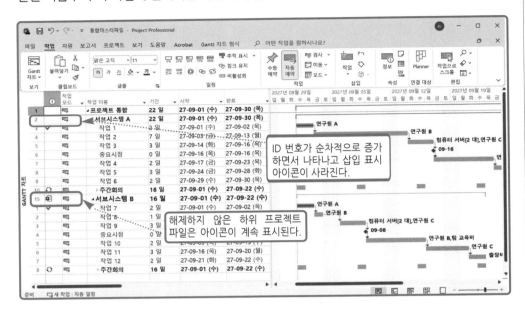

2.2 통합 자원 관리

2.2.1 자원 pool 만들기

[서브 시스템A] 프로젝트 파일을 열어둔다.

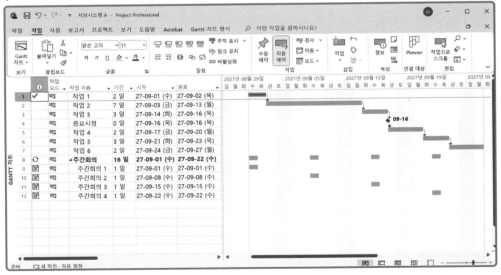

새 프로젝트 파일을 생성하여 [보기 > 자원 시트] 메뉴를 선택하여 자원을 정의한다. 이 프로젝트 파일은 자원만 정의한다. 따라서 별도의 작업을 가지지 않는다. 이 프로젝트 파일의 이름을 [자원풀]이라고 하여 작업을 정의한 일반 프로젝트 파일과 구분한다.

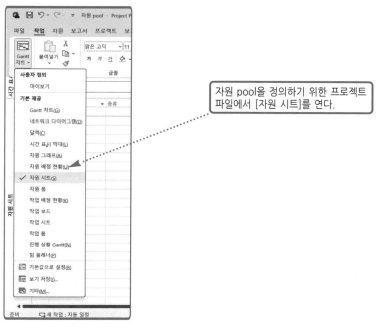

자원 pool을 정의하기 위한 프로젝트 파일에서 [자원 시트]를 연다.

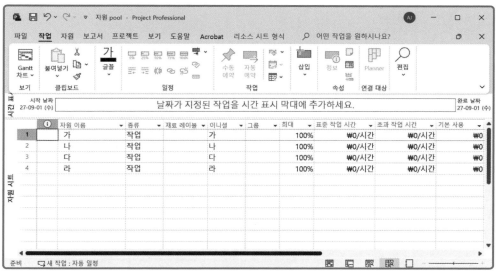

이렇게 정의한 자원 pool로부터 자원을 가져다 쓸 새로운 프로젝트를 정의한다.

[서브 시스템 A]의 자원을 자원풀로 부터 가져오기 위해 [자원 > 자원 그룹 > 자원 공유] 메뉴를 선택한다.

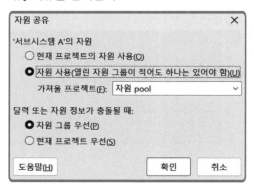

"자원 공유" 창을 열면 '다른 프로젝트의 자원 사용' 옵션을 선택하고 '가져올 프로젝트 목록' 에서 '자원풀.mpp'를 선택한다. 〈확인〉 버튼을 눌러 "자원 공유" 창을 닫는다. 자원을 배정하기 위해 [자원 > 자원 배정] 메뉴를 선택한다.

여기에서 나타나는 자원의 목록은 앞서[자원풀] 프로젝트 파일에서 정의한 자원들이며, 이제 배정을 시작하면 된다.

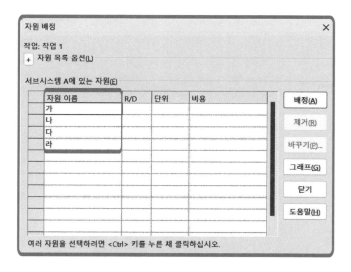

[서브 시스템 A]의 '작업1' 에 자원 '가'와'다'를 배정한다. 그 다음 [서브 시스템 A]와 동일한 내용의 작업을 가진 [서브 시스템 B]프로젝트 파일을 추가로 만들고 [자원풀]에 있는 자원을 [서브 시스템 A]와 동일하게 작업1에 배정한다. 자원 '가'와 '다' 만을 배정하고 배정 작업이 완료 되면 아래와 같이 [자원풀]의 자원 시트 보기 상에서 "자원 이름" 필드의 자원 '가'와 '다'가 모두 빨간색으로 표시되는 것을 확인할 수 있다.

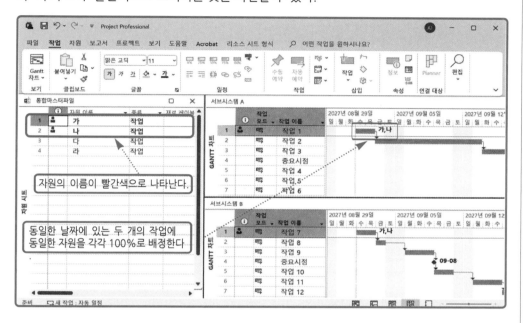

그 이유는 [서브 시스템 A]와 [서브시스템 B]에 자원 '가'와 '다'가 과도하게 할당되었기 때문이다. 만일 각각의 프로젝트 파일에서 배정된 자원의 배정 단위를 50%로 낮추게 되면 어떻게 될까? 아마도 [자원풀]에 속한 자원의 배정 상태가 과도 할당 상태를 벗어나 정상화될 것이다.

: : Note : :

자원 pool에는 작업 배정 현황이 없다.
자원 pool의 역할로 정의된 프로젝트 파일에서는 작업 배정 현황 보기를 열면 아무런 내용이 보이지 않는다. 하지만 자원 배정 현황 보기를 열면 자원 시트에 정의한 자원 별, 날짜 별 작업 시간을 조회할 수 있다. 그 이유는 이 파일에서 정의한 작업이 없기 때문이다.

작업이 정의되어 있는 각각의 프로젝트 파일을 열어 각 작업의 자원 배정 단위를 50%로 낮추면 자원풀에서 자원 배정 현황의 각 자원의 이름이 빨간색에서 검은색으로 바뀐다. 이것은 자원의 배정 상태가 정상화 되었음을 의미한다.

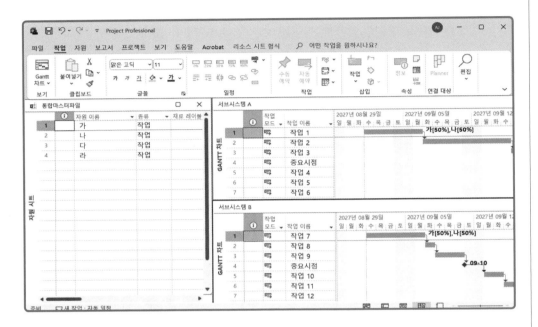

지금까지 살펴본 바와 같이 자원 pool에서는 자원을 정의하고, 물리적으로 서로 다른 여러 개의 프로젝트 파일에서는 실제 수행할 작업의 내용을 정의한 다음에 자원 배정을 할 때 자원 pool 안에 정의된 자원을 사용할 수 있었다. 또한 각 자원의 배정 상태를 실질적으로 관리 할 수 있다.

: : Note : :

마스터 프로젝트 파일과 자원 pool 프로젝트 파일을 함께 쓰기
이상의 설명을 통하여 두 개의 개념을 분리하여 설명하느라 서로 다른 chapter 하였지만, 두 개의 개념을 하나의 프로젝트 파일에서 동시 구현이 가능하다. 즉, 통합 마스터 파일을 통합 자원풀로 정하고 각 서브 프로젝트에서는 공동으로 자원을 활용하며, 또한 서브 프로젝트의 진척 현황을 이 [통합 마스터 파일]로 연계시킬 수 있다.

Chapter16   **엑셀 파일과 MS Project 연동 [엑셀 파일을 MS Project에서 어떻게 사용할 수 있는가?]**

엑셀은 계획 수립 시에 유용하게 사용할 수 있는 도구이다. 프로젝트에서 사용되는 기초 자료와 실적 자료들 중에 가장 많이 사용되는 형식이 엑셀 파일일 것이다. 따라서 엑셀로 작성된 파일을 MS Project로 이관하는 방법을 알아본다. 또한 MS Office와 파일을 연동하는 방법에 대해서도 살펴본다.

Chapter17   **필터링 및 그룹화 [MS Project에서 필터링과 그룹화 기능 활용하기]**

효과적으로 데이터를 원하는 형태로 검색 및 집계하려면 필터링 기능과 그룹화 기능을 활용할 수 있어야 한다. 필터링 기능이란, 데이터들을 필요한 형태로 만들어 주고 분석할 수 있도록 도와주는 기능이다. 필터링에는 일반적으로 요주의 작업, 완료 작업, 중요 시점 등 다양한 분류로 필터링할 수 있으며, 자동 필터와 고급 필터 기능도 제공하고 있다. 필터링이 특정한 조건에 맞는 작업을 검색하는 기능이라면, 그룹화는 분류 기준에 따라 모든작업을 분류하는 것을 말하며 기간, 날짜, 작업량, 소속, 자원의 이름 등 다양한 기준이 있다. 필터링과 그룹화의 가장 큰 차이점은 분류된 그룹 별로 집계가 된다는 점이다. 이러한 고급 기능들을 사용하다버면 보다 나은 정보 가공이 가능하게 될 것이다.

Chapter18   **사용자 정의 [MS Project의 사용자 정의 기능이란?]**

MS Project에는 기본적으로 제공하는 필드, 테이블, 보기 이외에도 사용자가 원하는 형태로 조합 또는 조립해서 만들 수 있도록 하는 사용자 정의 기능이 있다. 사용자 정의가 가능한 대상은 사용자 정의 필드, 테이블 등이 있으며, 특수한 사용자 정의 필드로는 stoplight 기능으로 위험 관리 등에서 활용할 수 있는 기능이 있다. 이러한 사용자 정의 기능을 잘 활용하면 한 단계 높은 MS Project의 세계를 경험할 수 있을 것이다.

프로젝트 통합 관리 [프로젝트 통합 관리란 무엇인가?]

일정 규모 이상의 프로젝트에서는 서브 프로젝트들이 존재한다. 서브 프로젝트란, 프로젝트내에서 모듈 단위로 진행되며 PL이 관리하는 프로젝트를 말한다. 프로젝트에는 적게는 두세개의 서브 프로젝트로부터 많게는 수십여 개의 서브 프로젝트가 존재할 수 있다. 따라서 이러한 서브 프로젝트들을 통합하여 관리하는 것은 매우 중요한 일이고, MS Project를 통해지원되는 중요한 기능 중 하나가 이에 대한 해결책을 제시하고 있다. 통합 관리 대상의 핵심은 일정과 자원들로써 서브 프로젝트 간의 공통적인 일정 관리와 자원 배정 및 자원 관리는프로젝트 전체에서 하나로 반드시 통합 관리되어야 한다.

MS Project

MS Project 활용하기

드디어 MS Project의 다양한 기능과 사용법을 Chapter 01 ~ Chapter 19 에 걸쳐 모두 배워 보았다. 이번 장은 이러한 학습을 마무리하며 공부한 내용을 다시 한 번 점검하는부분으로써, 선정된 case를 가지고 달력 생성부터 초기 계획 설정과 진척 관리를 통한성과 분석, 보고서 작성까지 MS Project의 전 기능을 실습하여 보기로 한다. 이번 실습을 통해 지금까지 학습한 MS Project 내용을 확인하고 정리해 보도록 하자.

MS Project

Chapter 20

프로젝트 실습

프로젝트 적용 **01**

    지금까지 MS Project의 전반적인 사용법에 대하여 이론과 함께 학습하였다. 프로젝트 실습은 본 교재의 마지막 장으로 그 동안 학습한 내용을 바탕으로 하여 실제로 프로젝트를 수행하여 본다. 제시된 간단한 샘플 프로젝트를 단계 별로 MS Project를 사용하여 계획을 수립하고 수립된 계획을 가지고 진척 관리하는 절차를 앞서 배운 기능을 중심으로 진행하여 보기로 한다.

<table>
<tr><td>프
로
젝
트</td><td>임직원들의 사기를 진작하고 견문을 넓혀 국제 경쟁력을 기르기 위해 「전 사원 해외여행 프로젝트」를 추진하고자 한다. 여행지 선정 부터 여행 및 사후 정리까지 모든것을 세부작업으로 인식하고 WBS를 MS Project로 만들고 관리하여 본다.</td></tr>
</table>

    앞서 「Chapter 1. 간단한 MS Project 사용법」에서 제시한 MS Project 맵을 다시 살펴 보자.

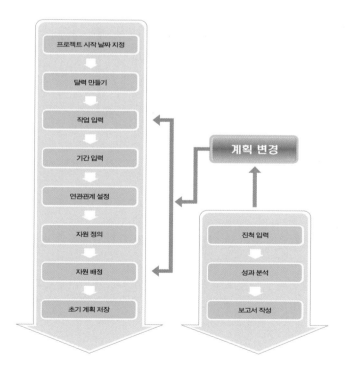

맵을 통해 알 수 있는 바와 같이 프로젝트 관리란, 일련의 순서와 사이클을 그리면서 반복적으로 진행된다. 계획 수립 단계에서 진척 관리 단계로 넘어 갈 때까지는 선행 작업에서 후행 작업으로 순차적으로 진행되나, 일단 계획 수립이 완료되고 완료된 계획을 기반으로 프로젝트를 수행하는 단계에 진입하면 진척 입력과 성과 분석, 분석에 따른 조치 사항으로 현재 계획 변경이 반복적으로 일어나게 된다. 경우에 따라서는 드물게 초기 계획이 변경되는 경우도 발생 한다.

1.1 프로젝트 시작 날짜 정하기

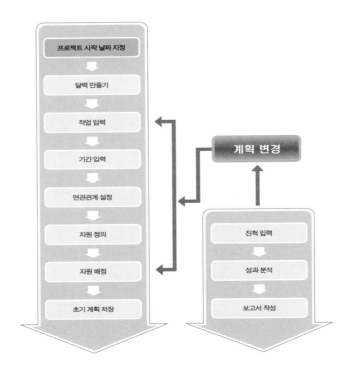

가장 처음에 해야 할 일은 프로젝트의 시작 날짜를 정하는 것이다.

[프로젝트 > 프로젝트 정보] 메뉴를 선택하여 "프로젝트 정보" 창에서 프로젝트 시작 날짜를 정한다.

프로젝트의 '시작 날짜' 를 정하면 해당 되는 날짜에 수직으로 점선이 Gantt 차트 상에 나타난다.

1.2 달력 만들기

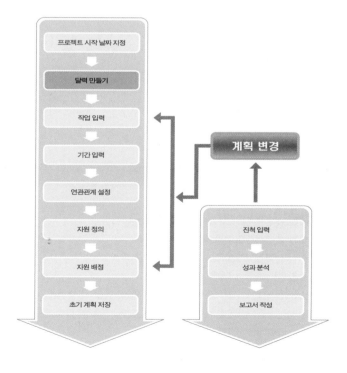

프로젝트 관리 계획 수립 시에 두 번째로 해야 할 일은 프로젝트의 달력을 만드는 일이다. 달력을 만들 때에는 기존에 MS Project에서 제공하는 달력 중에서 휴무일 설정, 근무 시간을 고려하여 가장 유사한 달력을 복사한 뒤 수정하여 프로젝트 달력으로 만들면 된다. 완성된 달력은 "프로젝트 정보" 창에서 '달력' 을 프로젝트 달력으로 설정하면 된다.

1.3 세부 작업 이름 입력

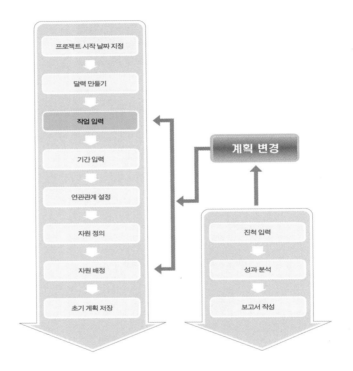

: : Note : :

WBS를 잘 작성하는 방법
- 직접 업무를 하는 사람을 작업에 참여시킨다.
- 유사 프로젝트의 WBS를 참조한다.
- 현실 상황을 반영한다.
- 불확실한 사항에 대해서는 가정을 한다.
- WBS는 단순히 업무의 목록임을 기억하라. WBS가 수행될 상세한 절차를 포함하고 있지는 않다.

그 다음으로 해야 할 일은 작업의 크기에 상관 없이 "작업 이름"을 필드에 나열하는 것이다. 작업을 도출하기 위해서는 관련되는 사람들이 모여서 Brainstorming 방식으로 우선 순위나 중요도를 생각하지 말고 생각나는 대로 필요한 모든 작업을 도출해 내는 것이다. 먼저 엑셀에 작성한 다음에 해당 파일을 MS Project를 열어서 가져오기 맵을 사용하는 것도 방법이다.

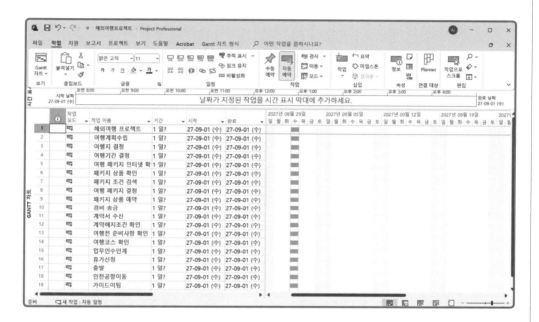

〈새 파일〉 아이콘을 눌러 나타나는 새 프로젝트 파일에 프로젝트를 구성하는 세부 작업 목록을 위 화면과 같이 작성한다.

: : Note : :

WBS 작성 효과

- 매우 상세히 작성된 WBS를 들여다 보는 순간 복잡하게 나열되어 있어 누구라도 프로젝트를 수행할 의욕을 상실할지도 모른다. 하지만 100개의 작업이든 10,000개의 작업이든 상관없다. 모든 WBS는 복잡한 법이며, 단지 있는 그대로의 프로젝트의 모습을 보여줄 뿐이다. 이를 위해 프로젝트를 지극히 단순하게 만들어 준다.
- 작업의 명세를 일일이 따로 적거나 암기할 필요 없이 필요할 때 필요한 부분을 찾아보면 되는 것이다.

1.4 기간 입력

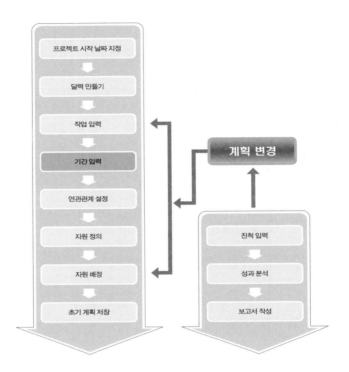

  이어서 해야 할 일은 각 작업의 기간을 산정하여 입력하는 것이다. 기간 산정은 경험을
바탕으로 전문가의 조언을 필요로 한다. 각 작업을 실행에 옮기는 데에는 여러 가지 특별한
상황이 작용하기 때문에 불충분한 검토를 통해 결정된 기간은 프로젝트를 성공적으로 수행
하는데 장애 요소로 작용할 수도 있다. 관련 되는 사람들의 토의를 통해 현실적이며 사실에
기반한 기간 설정이 필요하다.

: : Note : :

기간 산정 방법
- 이전의 비슷한 프로젝트의 이력 정보
- 그 작업을 추진할 사람들의 산정치
- 비슷한 프로젝트를 관리하는 사람들의 전문가적인 판단
- 비슷한 프로젝트를 하는 전문가 또는 산업 조직

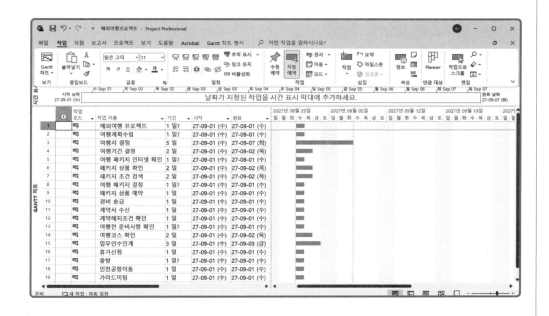

1.5 작업-단계 계층 구조화

이제 해야 할 일은 여러 유사한 작업들과 그 작업군이 속하는 상위 단계 아래에 두는 계층 구조를 만드는 일이다. 계층 구조는 하위에 둘 작업을 선택하고 〈한 수준 내리기〉 아이콘을 사용하여 만들 수 있다.

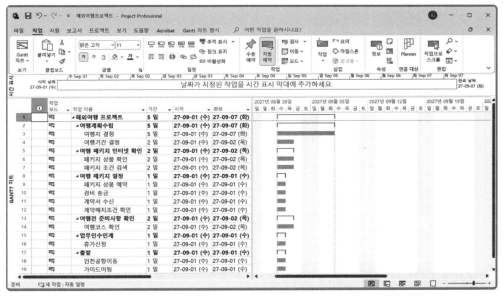

1.6 연관 관계 설정

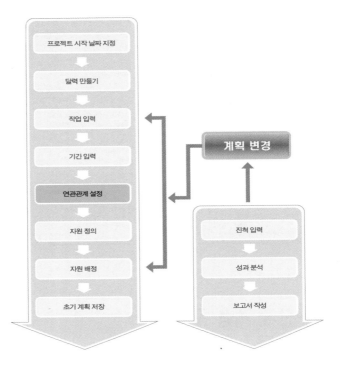

각 작업 간의 연관성을 고려하여 선행 작업과 후행 작업을 정하고 연관관계를 설정한다.

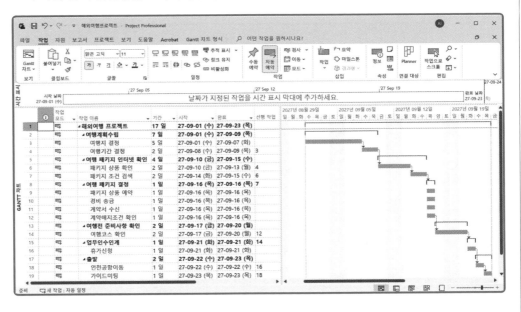

1.7 자원 정의

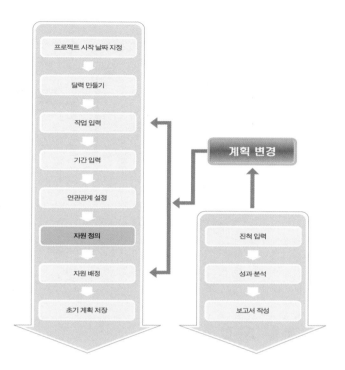

여행에 필요한 모든 물품 및 자원을 자원 시트에 비용과 함께 정의한다.

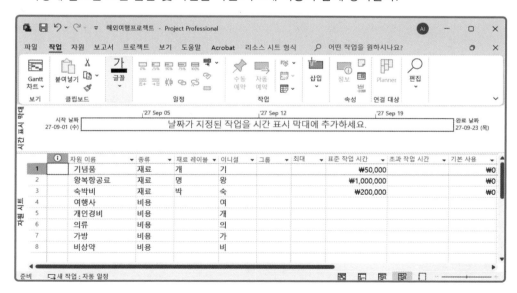

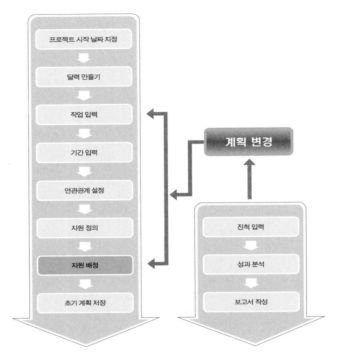

1.8 초기 계획 저장

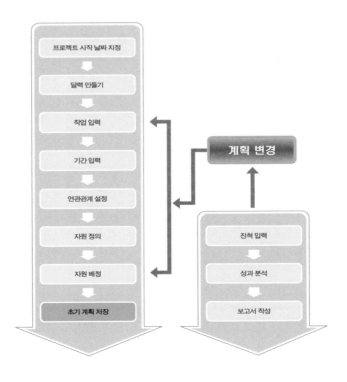

초기 계획을 저장함으로써 프로젝트 관리 계획 수립 단계가 끝나게 된다. 이후 단계에서는 지속적으로 진척을 입력하고 계획을 변경하며 성과를 분석하는 단계로 넘어가게 된다.

초기 계획을 저장하기 위해서는 상단 메뉴에서 [프로젝트 > 초기 계획 설정] 을 선택하고 왼쪽과 같은 "초기 계획 설정" 창을 연다음 〈확인〉 버튼을 누른다.

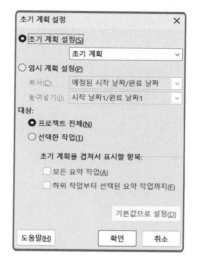

초기 계획을 저장하고, [진행 상황 Gantt] 메뉴를 선택하면 아래와 같이 현재 계획과 초기계획이 각각 두 개의 막대 형태로 보인다. 이제부터 두 값의 비교 연산을 통해 진척상황을 파악할 수 있게 된다.

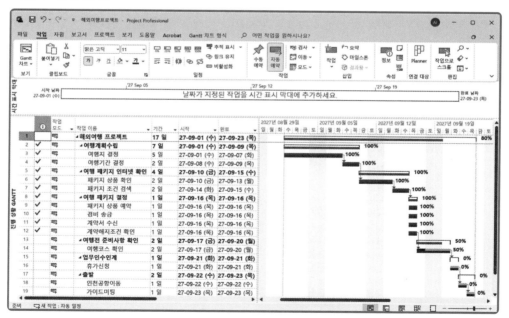

1.9 프로젝트 진척 입력 및 성과 분석

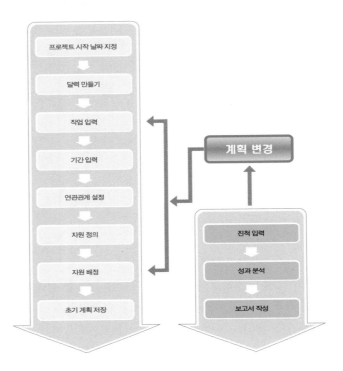

지금부터는 앞서 만들어진 프로젝트 관리 계획을 가지고 실제 프로젝트의 실적과 계획 변경을 반영하면서 지속적으로 프로젝트를 관리해 나간다.

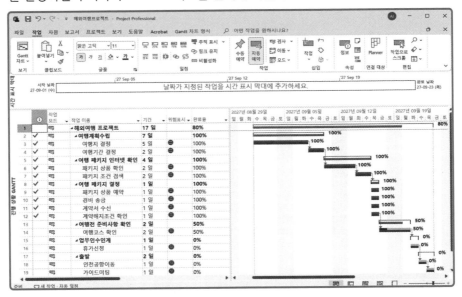

주요경로(Critical path)

MS Project에서 '요주의' 라고 정의된 주요 경로를 이해하기 위해 아래와 같은 작업을 가진 프로젝트 사례를 예를 들어 설명한다.

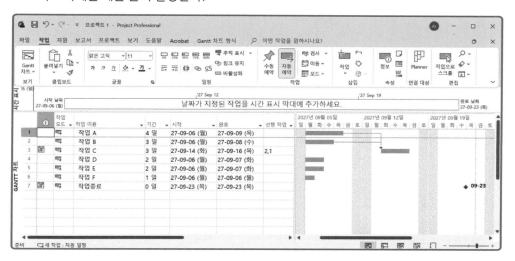

현재 입력 테이블에서 일정 테이블로 변환시키면 아래와 같이 각 작업 별 여유 시간(float or slack)이 나타난다.

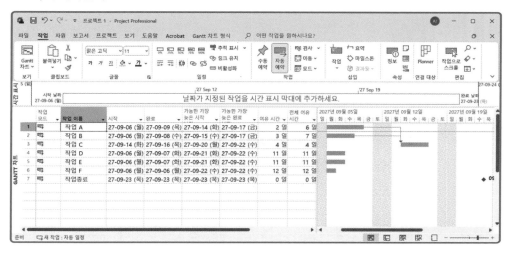

여유 시간이란, 각 작업이 프로젝트가 끝나는 날까지 늘어날 수 있는 시간의 크기이다. 여유 시간에는 시작 여유 시간(free float)과 전체 여유 시간(total float)의 두 가지 종류가 있다. 여유 시간은 앞 작업에 영향을 주지 않는 범위에서 늘어날 수 있는 시간이며, 전체 여유 시간은 프로젝트 종료 날짜까지 늘어날 수 있는 시간의 크기이다. 작업 B가 작업 A보다 여유 시간이 더 많은 이유는 후행 작업인 작업 C와의 간격이 더 길기 때문이며, 각각의 여유 시간과 후행 작업의 여유 시간을 합치면 각 작업의 여유 시간이 구해진다.

작업 A의 시작 날짜는 9월 6일이지만 아무리 늦어도 9월 14일에는 시작해야만 프로젝트 종료일 전까지 작업 A를 완수할 수 있게 된다. 모든 작업들이 최대한 늦게 시작할 수 있는 날짜와 최대한 늦게 끝나는 날짜가 나타나며 여유 시간과 전체 여유 시간을 알 수 있다.

그런데 만일 아래와 같이 연관관계가 바뀌면 어떻게 될까?

작업 C의 선행 작업인 작업 A와 작업 B의 여유 시간이 모두 0일로 바뀌며 단지 전체 여유 시간 3일을 작업C와 공통적으로 갖는다. 이 일련의 작업들은 전체적으로 9월 22일까지 3일 간 연장이 가능하며 그 이상 연장되는 것은 프로젝트의 일정 지연을 초래하게 된다. 그 아래의 작업 A, 작업 B, 작업 C 의 경우에는 계속 여유 시간과 전체 여유 시간을 변동 없이 가지고 있다. 만일 작업 A가 3일 연장되어 전체 여유 시간을 소모해 버리게 되면 전체 여유 시간은 0일로 바뀌게 되며, 다음과 같이 연관 관계로 묶인 작업군 전체 여유 시간이 0일이 된다.

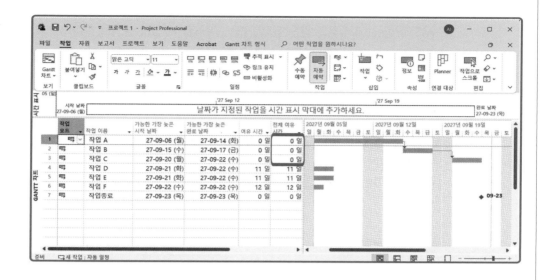

이렇게 전체 여유 시간이 0일인 작업군을 Critical path라 부른다. 우리 말로는 직역해서 주요 경로라 부르며, MS Project에는 요주의라고 되어 있다. Critical path에 속한 작업들은 여유 시간이 없으므로 기간을 최우선적으로 관리해야만 한다. 현재 주요 경로에 속하지 않더라도 계속 연기되다가 여유 시간이 0일이 되면 주요 경로에 속할 수도 있으며, 현재 주요 작업이라도 상황이 바뀌면 주요 작업에서 제외될 수도 있다. 예를 들어 작업 C의 기간이 2일로 줄어들게 되면 1일의 전체 여유 시간이 확보되어 3개 작업 모두 주요 작업에서 제외된다.

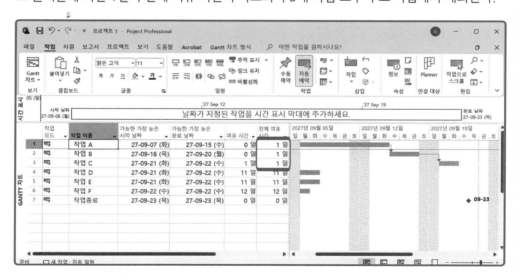

MS Project에서 이와 같은 상태를 쉽게 파악할 수 있는 방법을 알아보자. 진행상황 Gantt 보기에서 현재 계획 Gantt 막대가 빨간색으로 나타나면 주요 작업이다.

또는 [보기 > 다른보기 : 기타] 메뉴를 선택해서 나타나는 "기타" 창에서 '세부 Gantt'를 선택한 다음 〈적용〉 버튼을 누르면 세부 Gantt에서 여유 시간의 크기를 시각적으로 확인 할 수 있다.

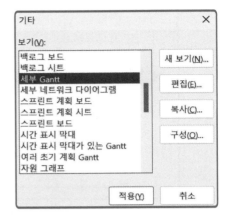

이 세부 Gantt 차트에서 여유 시간이 0인 작업은 모두 막대가 빨간색으로 바뀐다.

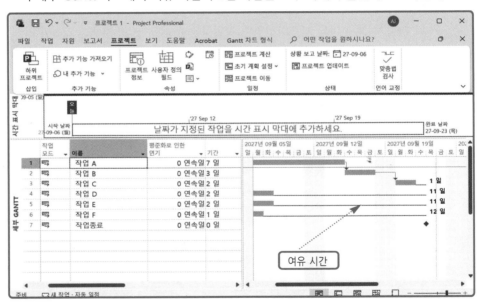

프로젝트 일정 성과 관리 방안
- 어떤 작업이 Critical path상에 있는가?
  - Critical path상에 있는 활동들은 자주 점검하여 잠재적인 문제를 파악하고 일정에 미치는 영향을 최소화 시킨다.
- Critical path에 가까워지고 있는 작업은 무엇인가?
- 그 작업의 위험은 높은가?
- 최소 한 달에 한 번 이상 일정 성과를 관리한다.
- 관리 되지 않으면 팀원의 목표 의식이 약해진다.
- 발견되지 않은 작은 일은 필요 이상의 시간을 소모하게 만들고 결국 큰 문제로 발전한다.

일정 성과 자료의 정확성을 높이는 방안
- 이력 정보를 요청하는 사람에게 그 자료의 용도를 설명해 준다.
  - 사람들은 언제나 그 이유를 알고 있을 때 성취 동기를 얻게 된다.
- 성과 보고서를 자료를 제공해 준 사람에게 준다.
  - 사람들은 무엇이든 이득을 줄 때 더욱 더 성취 동기를 얻는다.
- 공개적으로 정확한 자료를 보고한 사람을 칭찬한다.
- 필요 이상의 자료를 모으지 말라. 모은 자료는 반드시 활용해야 한다.
  - 성과 측정에 도움되는 정보만을 모은다.

MS Project

찾아보기

ㄱ

값 목록 창 289
가능한 한 늦게 139, 143
가능한 한 빨리 17, 139, 143, 147, 148, 159, 160, 300, 334
가져오기 마법사 329
개요 수준 63, 242
개요 코드 344, 368, 369, 372, 375
개체 삽입 창 305, 307
계획 변경 프로세스 31
계획 수립 15, 27, 31, 111, 158, 174, 277
계획 수립 프로세스 31
계획 마법사 145
고급 필터 351, 431
고급 필터 창 351, 352, 355, 357
고정 비용 257, 258, 260
공수 10, 54, 67, 69, 70, 96, 238, 240
공수중심의 기간 산정(effort-driven estimating) 69, 70
공식적 의사소통(formal communication) 324
공정 진척율 225, 240
그래픽 표시기 창 285, 286, 287
그룹 간격 정의 창 360
그룹 저장 창 362, 366
그룹 정의 창 359
그룹화 290, 344, 357, 431
그리기 312

ㄴ

근무 시간 설정 42
글꼴 창 305, 313
기간 10, 12, 16, 53, 66, 141, 153
기간 고정 11, 68, 70, 76
기본 달력 새로 만들기 창 42
기성고 분석(earned value analysis) 197
기성고(EV) 197, 261, 297, 299, 315
기타 그룹 창 358, 363, 374
기타 창(보기) 392, 396
기타 창(테이블) 231, 389

ㄴ

날짜 범위 지정 창 352
날짜 표시줄 창 47
날짜에 시작 139, 149
납기(completion date) 198, 205, 213
네트워크 다이어그램 보기 229
누적 완료율 221
늦은 시작 날짜(late start date) 218
늦은 종료 날짜(late finish date) 218

ㄷ

단위 고정 11, 12, 68, 74
달력 35, 172, 441
달력 보기 230
되풀이 작업 152

되풀이 작업 정보 창 152

ㅁ

마감일 140, 150
마스터 프로젝트 파일 414, 421, 423, 424, 430
마일스톤(milestone) 140
메모 304, 312
몬테 칼로 시뮬레이션 279
물질적 자원 99,253
민감도 분석(sensitivity analysis) 279

ㅂ

발생 가능성(probability) 278
배정 정보 창 125, 270
변경 요청(change request) 250
보고서 293
보기 정의 창 393, 395, 396
보기 표시줄 227
분석 297
비공식적 의사소통(informal communication) 324
비용 13, 95, 96, 99, 103, 125
비용 관리 95, 252
비용 성과 지수(CPI) 262
비용 테이블 126, 257, 265, 270
비용 테이블(창) 125
비 일반 자원(specific resource) 99
빠른 시작 날짜(early start date) 218
빠른 종료 날짜(early finish date) 218

ㅅ

사용자 정의 그룹화 창 361
사용자 정의 보고서 295
사용자 정의 보기 379
사용자 정의 자동 필터 창 349
사용자 정의 테이블 389
사용자 정의 폼 399, 402, 406
사용자 정의 필드 282, 289, 368, 380, 385
사용자 정의 필터 353
사용자 지정 창 402
사용자 폼 정의 창 399
삽입 프로젝트 정보 창 424
새 도구 모음 창 403
새 보기 정의 창 393
서브 프로젝트 파일 417
선행 작업(predecessor) 83, 88, 91
선행(Lead) 시간 85
수식 창 283, 365
수용(acceptance) 280
시작 날짜 16, 35, 44, 46, 83
시작 날짜 기준법(forward path) 218
시작 날짜 차이 224
시작 여유 시간(free float) 218, 452

ㅇ

액티비티(activity) 52, 55, 197, 217
여러 작업 정보 창 17
여유 시간(float or slack) 218
연관관계(dependency) 83
열 삽입 61, 72, 388
열 숨기기 388

열 정의 창 62, 73, 114, 244, 372, 387

영향력(impact) 139, 278

예비비(contigency) 249

예산 할당(cost budgeting) 248

예산(budget) 105, 198

완료 날짜 139, 143, 218

완료 날짜 기분법(backward path) 218

완료 날짜 차이 224

완료율 182

요주의 347, 451

우선 순위 129, 132, 278

원가 기준선(cost baseline) 249

원가 변경 통제 시스템(cost change control
  system) 250

원가 산정(cost estimating) 247

원가 통제(cost control) 249

위험 관리 계획(risk management planning)
  275

위험 노출도(risk exposure) 278

위험 대응 계획(risk response planning) 279

위험 민감도(risk tolerance) 276

위험 분석(risk analysis) 278

위험 식별(risk identification) 277

의사결정 나무 분석(decision tree analysis) 279

의사소통 장애자(communication blocker) 325

의사소통 촉진자(communication facilitator)
  325

의사소통(communication) 323

이전에 완료 140, 143

이해당사자(stakeholder) 161, 249, 277

이후에 시작 140, 147

인도물(deliverable) 53, 55

인력 자원 95, 99

1 reporting period의 법칙 55

1% ~10% 법칙 55

일반 자원(generic resource) 99, 254

일정 관리 227

일정 기준 218

일정 성과 지수(SPI) 224, 232

일정 충돌 145

일정 테이블 451

일정(schedule) 217

입력 테이블 99, 383

ㅈ

자원 95

자원 공유 창 428

자원 그래프 보기 230

자원 배정 111, 114

자원 배정 창 117

자원 배정 평준화 창 128

자원 배정 평준화(resource leveling) 111

자원 배정 현황 보기 118, 135

자원 시트 보기 98

자원 정보 창 125, 265

자원 정의 95

자원 pool 415, 426

자원중심의 기간 산정(resource-driven
  estimating) 70

작업 기간 67

작업 배정 현황 보기 120, 221

작업 시간 고정 12, 68, 78

작업 시간 바꾸기 창 39

작업 시간 테이블 384

작업 시간(work value) 10, 39, 67

작업 업데이트 창 184
작업 연결 87
작업 완료율 221, 238
작업 의존 관계 창 90
작업 자원 99, 253
작업 정보 창 74, 88, 104, 115, 125, 184, 266, 423
작업 패키지(work package) 54, 197
작업량 10, 68, 75
재료 레이블 99, 101, 254
재료 자원 96, 253
전달(transference) 280
전체 여유 시간(total float) 218, 452
정렬 344, 367
정렬 창 367
제거(avoidance) 280
제한 17, 139
제한 해제 17
종료 날짜 35, 83
주요 경로(critical path) 347, 451
주요 액티비티(critical activity) 52
중간 계획 167, 171
중요 시점 140, 153
지연(Lag) 시간 85, 90
진척 관리 158, 179
진척 관리 프로세스 31
진척 상황 일정 표시 테이블 232
진척 입력 181
진행 상황 Gantt 보기 21, 157, 209, 219, 347

ㅊ

창 나누기 135

초과 작업 시간 급여 99, 103
초기 계획 20, 157, 209, 219
초기 계획 버전 관리 162
초기 계획 설정 창 166, 210, 259
초기 계획 지우기 창 169
축소(mitigation) 280

ㅋ

코드 체계표 편집 창 370
테이블 정의 창 389
통합 자원 관리(resource pool) 414, 426

ㅍ

포트폴리오 관리(portfolio management) 414
폼 사용자 정의 창 399, 406
표준 작업 시간 급여 99, 101, 255
품질 기대치 53
프로젝트 관리(project management) 7, 15, 157, 413
프로젝트 라이프 사이클 원가계산(project life cycle costing) 247
프로젝트 라이프 사이클(project life cycle) 31
프로젝트 범위 기술서(project scope statement) 52
프로젝트 삽입 창 417
프로젝트 업데이트 창 188
프로젝트 여유 시간(project float) 219
프로젝트 위험 관리(project risk management) 275
프로젝트 정보 창 21, 46, 192, 234
프로젝트 통계 창 193

프로젝트 통합 관리　413, 417
필드 사용자 정의 창　283, 365, 386
필드 이름 바꾸기 창　387
필터 정의 창　353
필터링　343, 346

ㅎ

하이퍼링크　302
하이퍼링크 편집 창　303
한 수준 내리기　59, 332, 371, 419, 445
한 수준 올리기　59, 332, 371, 419, 445
항목 정보 창　400
현재 계획　157, 219
후행 작업(successor)　83, 423
휴무일 설정　42

A~Z

AC(actual cost)　200, 203, 261, 299
ACWP(actual cost for work performed)　200,
　203, 261, 299
analogous estimating　247
assumptions analysis　278
BAC(budget at completion)　200, 264
backward scheduling　35
BCWP(budget cost for work performed)　200,
　202, 222, 235
BCWR(budgeted cost for work remained)
　200, 207
BCWS(budget cost for eork scheduled)　200,
　221, 233
bottom-up estimating　248

brainstorming　443
business day　55, 69
CA(control account)　200, 201
calendar day　69
checklist　278
code of account　54
contingency　249, 280
cost account　53, 54
CP(critical path)　217, 219, 347, 451
CPI(cost performed index)　200, 204, 261
CV(cost variance)　200, 204, 264
delphi technique　277
dependency　83
documentation review　277
EAC(estimate at completion)　200, 207, 264
EF(early finish date)　218
EPM(enterprise project management)　7, 459
ES(early start date)　218
ETC(estimate to completion)　200, 207
EV(earned vlaue)　197, 200, 222, 235
EVA(earned value analysis)　197
EVMS　197
expert judgment　197
FF(finish-to-finish) 관계　84
FF(free float)　218, 452
float　218, 453
formal verbal　324
formal written　325
forward scheduling　35
FS(finish-to-start) 관계　84
Gantt 차트 보기　15, 46, 58, 73, 104, 114, 135,
　312
if 문　285, 288, 365

informal verbal 324

informal written 324

interviewing 278

kick-off meeting 325

lag 85, 90

lead 85, 91

LF(late finish date) 218

LS(late start date) 219

man-day, md 67

man-hour, mh 67

man-month, mm 67, 182

Microsoft Office Project Professional 8, 413,
  460

Microsoft Office Project Server 8, 460

MS Excel 293, 297, 308

MS Office 293, 335

MS Visio 293, 300

MS Project map 14, 38, 57, 71, 86, 97, 113,
  142, 165, 183, 208, 226, 251, 281, 296, 327,
  345, 382, 416

Office에 그림 복사 마법사 336

OPM3 459

parametric modeling 248

PMB(project management baseline) 200, 201

project calendar 36

PV(planned value) 200, 201, 221, 233

resource calendar 37

resource leveling 111

resource pool 414

scope creep 51

SF(start-to-finish) 관계 84

simulation 279

slack 218, 451

SPI(schedule performed index) 200, 205, 223,
  232, 236

SS(start-to-start) 관계 84

stakeholder 161, 323

stoplight 282

subdeliverable 53

SV(schedule variance) 200, 205, 223, 263

SV% 223, 263

switch 문 288

task calendar 37

TCPI(to complete performance index) 264

TF(total float) 218, 452

top-down estimating 247

tracking 276

utility theory 276, 279

VAC(variance at completion) 264

variance 181, 249

WBS 분해(WBS decomposition) 53

WBS 사전(WBS dictionary) 54

WBS 작성 52

WBS 코드 60

WBS 코드 정의 창 61

WBS(work breakdown structure) 51, 200

work package 54, 197